现代软件工程应用技术

主编 杨晶洁

北京理工大学出版社
BEIJING INSTITUTE OF TECHNOLOGY PRESS

内 容 简 介

本书以一个完整项目——企业设备状况管理系统为主线，用软件工程的思想进行分析和设计。

本书共分10个项目，分别介绍了软件工程概述、UML建模软件以及Microsoft Office Visio 2010的简单使用方法、基于"赠品管理系统"的结构化软件需求分析方法、基于"企业设备状况管理系统"的面向对象软件需求分析方法、基于"企业设备状况管理系统"的系统设计方法、基于"企业设备状况管理系统"的详细设计方法、基于"企业设备状况管理系统"的实现方法、软件项目的测试与维护、软件文档书写方法、Project 2013等内容。

本书适合作为高职院校计算机类专业的教材使用，也可作为软件开发人员的参考用书。

版权专有　侵权必究

图书在版编目（CIP）数据

现代软件工程应用技术 / 杨晶洁主编. —北京：北京理工大学出版社，2017.5（2021.12重印）
ISBN 978-7-5682-3989-9

Ⅰ. ①现… Ⅱ. ①杨… Ⅲ. ①软件工程 Ⅳ. ①TP311

中国版本图书馆CIP数据核字（2017）第091693号

出版发行 / 北京理工大学出版社有限责任公司
社　　址 / 北京市海淀区中关村南大街5号
邮　　编 / 100081
电　　话 / （010）68914775（总编室）
　　　　　（010）82562903（教材售后服务热线）
　　　　　（010）68948351（其他图书服务热线）
网　　址 / http://www.bitpress.com.cn
经　　销 / 全国各地新华书店
印　　刷 / 唐山富达印务有限公司
开　　本 / 787毫米×1092毫米　1/16
印　　张 / 16.75
字　　数 / 389千字
版　　次 / 2017年5月第1版　2021年12月第6次印刷
定　　价 / 43.50元

责任编辑 / 封　雪
文案编辑 / 封　雪
责任校对 / 周瑞红
责任印制 / 李志强

图书出现印装质量问题，请拨打售后服务热线，本社负责调换

前　　言

本书是以任务驱动教学为主线，结合实际案例，配合 UML 统一建模语言和软件工程技术课程的教学而编写的，目的是通过案例设计的综合训练，培养学生实际分析问题、解决问题的能力，帮助学生系统地掌握该门课程的主要内容，更好地完成教学任务。

本书特点

本书以"企业设备状况管理系统"项目为主线，将"企业设备状况管理系统"项目分成不同的任务。每个任务既相对独立又有一定的连续性，教学活动的过程是完成每一个任务的过程。完成"企业设备状况管理系统"项目调研、需求、分析、设计的过程，也就是完成每一个任务的过程。

本书编写偏重于面向对象的分析和设计思想的描述，对面向过程的分析和设计也做了相应的描述。本书与其他同类教材相比有以下优点：

（1）以项目调研、需求、分析、设计、开发为主线；

（2）以任务驱动案例教学为核心；

（3）先有项目讲解，后有实验实训，达到学中做的效果；

（4）本书以一个完整项目——企业设备状况管理系统为主线，用软件工程的思想进行分析、设计，学习完项目，也就完成了对本书知识点的学习。

本书共分 10 个项目，各项目内容简介如下：

项目一：主要介绍软件工程及其相关知识内容。

项目二：主要介绍 UML 建模软件以及 UML 可视化面向对象建模工具——Microsoft Office Visio 2010 的简单使用方法。

项目三：主要介绍基于"赠品管理系统"的结构化软件需求分析方法。

项目四：主要介绍基于"企业设备状况管理系统"的面向对象软件需求分析方法。

项目五：主要介绍基于"企业设备状况管理系统"的系统设计方法。

项目六：主要介绍基于"企业设备状况管理系统"的详细设计方法

项目七：主要介绍基于"企业设备状况管理系统"的实现方法。

项目八：主要介绍软件项目的测试与维护。

项目九：主要介绍基于"企业设备状况管理系统"的软件文档书写方法。

项目十：主要介绍基于"企业设备状况管理系统"的项目管理工具——Project 2013。

本书由杨晶洁主编。杨晶洁负责全书大纲和所有章节的编写，以及对全书各章的修改和审定。本书在编写过程中参阅了国内外同行编著的相关论著，在此致以诚挚的谢意。由于编者水平有限，书中有不当之处，敬请读者多提宝贵意见。

编　者
2017.1.1

目　　录

项目一　软件工程概述 ··· 1
　任务 1.1　软件简介 ·· 2
　　1.1.1　人们对软件的认识 ·· 2
　　1.1.2　软件的发展 ··· 3
　　1.1.3　软件的分类及特点 ·· 3
　任务 1.2　软件工程的产生 ·· 5
　　1.2.1　软件危机的故事 ··· 6
　　1.2.2　软件工程的出现 ··· 8
　任务 1.3　软件项目的生命周期 ·· 10
　　1.3.1　软件项目的准备阶段 ··· 10
　　1.3.2　软件项目的开发阶段 ··· 11
　　1.3.3　软件项目的运行维护阶段 ··· 12
　任务 1.4　软件项目的开发模型 ·· 13
　　1.4.1　传统软件工程的开发模型 ··· 13
　　1.4.2　面向对象软件工程的开发模型 ··· 16
　任务 1.5　结构化方法（面向过程）和面向对象方法的联系 ························ 19
项目二　面向对象的建模语言及工具 ··· 24
　任务 2.1　UML 简介 ··· 25
　　2.1.1　前言 ··· 25
　　2.2.2　UML 概述 ··· 25
　任务 2.2　用例图 ·· 27
　　2.2.1　用例图概要 ··· 27
　　2.2.2　用例图中的事件及解释 ·· 27
　任务 2.3　类图和对象图 ··· 29
　　2.3.1　类图概要 ·· 29
　　2.3.2　类图中的事物及解释 ··· 29
　　2.3.3　对象图 ··· 32
　任务 2.4　时序图 ·· 32
　　2.4.1　时序图概要 ··· 32
　　2.4.2　时序图的作用 ·· 33
　　2.4.3　时序图实例 ··· 33
　任务 2.5　协作图 ·· 33
　　2.5.1　协作图概要 ··· 33
　　2.5.2　协作图中的事物及解释 ·· 34

> 2.5.3 协作图中的关系及解释 …………………………………………………… 34
> 2.5.4 消息标签 …………………………………………………………………… 34
> 2.5.5 协作图与时序图的区别和联系 …………………………………………… 34
> 2.5.6 协作图实例 ………………………………………………………………… 35

任务 2.6 状态图 ……………………………………………………………………………… 35
> 2.6.1 状态图概要 ………………………………………………………………… 35
> 2.6.2 状态图的组成 ……………………………………………………………… 35
> 2.6.3 状态图中的事物及解释 …………………………………………………… 35
> 2.6.4 状态的可选活动 …………………………………………………………… 36
> 2.6.5 状态图实例 ………………………………………………………………… 36

任务 2.7 活动图 ……………………………………………………………………………… 36
> 2.7.1 活动图概要 ………………………………………………………………… 36
> 2.7.2 活动图关系 ………………………………………………………………… 37
> 2.7.3 活动图事物 ………………………………………………………………… 37
> 2.7.4 活动图实例 ………………………………………………………………… 37

任务 2.8 构件图 ……………………………………………………………………………… 38
> 2.8.1 构件图概要 ………………………………………………………………… 38
> 2.8.2 构件图中的事物及解释 …………………………………………………… 38
> 2.8.3 构件图中的关系及解释 …………………………………………………… 39
> 2.8.4 构件图实例 ………………………………………………………………… 39

任务 2.9 部署图 ……………………………………………………………………………… 39
> 2.9.1 部署图概要 ………………………………………………………………… 39
> 2.9.2 部署图中的事物及解释 …………………………………………………… 39
> 2.9.3 部署图中的关系及解释 …………………………………………………… 40
> 2.9.4 部署图实例 ………………………………………………………………… 40
> 2.9.5 关于部署图与构件图 ……………………………………………………… 40

任务 2.10 Microsoft Office Visio 2010 介绍 ……………………………………………… 41
> 2.10.1 Visio 2010 应用领域 ……………………………………………………… 41
> 2.10.2 Visio 2010 安装 …………………………………………………………… 41
> 2.10.3 Visio 2010 卸载 …………………………………………………………… 43
> 2.10.4 认识 Visio 2010 界面 ……………………………………………………… 43

项目三 结构化软件需求分析方法——基于赠品管理系统 …………………………………… 56
任务 3.1 软件项目的可行性分析 …………………………………………………………… 57
> 3.1.1 问题的定义 ………………………………………………………………… 57
> 3.1.2 可行性研究的任务 ………………………………………………………… 58
> 3.1.3 可行性研究过程 …………………………………………………………… 60
> 3.1.4 可行性分析的结论 ………………………………………………………… 60
> 3.1.5 可行性分析文档 …………………………………………………………… 60
> 3.1.6 软件项目开发计划书 ……………………………………………………… 61

任务 3.2　需求分析的任务与步骤 ··· 62
　　　　3.2.1　需求分析的任务 ··· 63
　　　　3.2.2　需求分析的步骤 ··· 64
　　　　3.2.3　需求分析的法则 ··· 65
　　任务 3.3　结构化分析方法 ··· 68
　　　　3.3.1　数据流图 ··· 68
　　　　3.3.2　数据词典 ··· 69
　　　　3.3.3　加工逻辑说明 ··· 71
　　　　3.3.4　实体关系图 ··· 71
　　　　3.3.5　系统流程图 ··· 72
　　任务 3.4　需求分析评审 ··· 73
　　　　3.4.1　需求分析评审的内容 ··· 73
　　　　3.4.2　需求分析评审的主要方法 ··· 74
　　　　3.4.3　需求分析评审的过程 ··· 75
　　任务 3.5　赠品管理系统的需求分析 ··· 76
项目四　面向对象需求分析方法——基于企业设备状况管理系统 ··· 84
　　任务 4.1　面向对象分析方法 ··· 84
　　　　4.1.1　定义系统用例 ··· 84
　　　　4.1.2　领域分析 ··· 85
　　　　4.1.3　类和对象的建模 ··· 86
　　　　4.1.4　建立对象–关系模型 ··· 87
　　　　4.1.5　建立对象–行为模型 ··· 88
　　任务 4.2　企业设备状况管理信息系统的分析设计模型 ··· 89
项目五　软件项目的系统设计——基于企业设备状况管理系统 ··· 99
　　任务 5.1　概要设计 ··· 100
　　任务 5.2　结构化的软件设计 ··· 102
　　　　5.2.1　系统结构图 ··· 102
　　　　5.2.2　系统结构图的类型 ··· 104
　　　　5.2.3　变化分析 ··· 105
　　　　5.2.4　事务分析 ··· 108
　　任务 5.3　面向对象设计概述 ··· 109
　　任务 5.4　系统设计 ··· 111
　　任务 5.5　企业设备状况管理系统总体设计以及类的设计 ··· 112
项目六　软件项目的详细设计——基于企业设备状况管理系统 ··· 119
　　任务 6.1　详细设计 ··· 119
　　　　6.1.1　详细设计概述 ··· 119
　　　　6.1.2　详细设计的基本任务 ··· 120
　　　　6.1.3　详细设计方法 ··· 121

	6.1.4	面向对象的详细设计	125
	6.1.5	类图/对象图简介	126
任务 6.2	人机交互（用户界面）设计		129
任务 6.3	任务管理设计		133
任务 6.4	数据管理设计		134
任务 6.5	企业设备状况管理系统的详细设计		135

项目七　软件项目的系统实现——基于企业设备状况管理系统　145

- 任务 7.1　程序编码的风格　145
  - 7.1.1　语句构造的原则　145
  - 7.1.2　输入/输出技术　148
  - 7.1.3　程序设计的效率　149
- 任务 7.2　语言的选择　150
  - 7.2.1　程序设计语言的发展过程　150
  - 7.2.2　程序设计语言的分类　151
  - 7.2.3　选择程序设计语言的原则　152
- 任务 7.3　源程序文档化　155
- 任务 7.4　企业设备状况管理系统的实现　157
  - 7.4.1　程序员素质的要求　157
  - 7.4.2　规范编码习惯　157

项目八　软件项目的测试和维护　169

- 任务 8.1　软件项目测试的概念　170
  - 8.1.1　软件测试的目标　170
  - 8.1.2　软件测试的内容　170
- 任务 8.2　软件项目测试的方法　172
  - 8.2.1　静态测试与动态测试　173
  - 8.2.2　黑盒测试与白盒测试　174
- 任务 8.3　软件测试的步骤与策略　181
  - 8.3.1　项目测试用例的设计　181
  - 8.3.2　制订测试计划　182
  - 8.3.3　软件测试流程简介　183
- 任务 8.4　面向对象软件测试　186
  - 8.4.1　类测试　186
  - 8.4.2　集成测试　186
  - 8.4.3　系统测试　187
- 任务 8.5　软件项目的调试　187
  - 8.5.1　软件调试过程　187
  - 8.5.2　调试策略　188
- 任务 8.6　软件项目的维护　189
  - 8.6.1　维护的分类　189

8.6.2　软件维护报告 ·· 190
　　8.6.3　软件可维护性 ·· 191

项目九　软件文档与软件工程标准——基于企业设备状况管理系统 ············ 195
　任务 9.1　软件文档简介 ·· 195
　　9.1.1　软件文档定义 ·· 195
　　9.1.2　软件文档作用 ·· 196
　　9.1.3　软件文档的分类 ··· 196
　任务 9.2　软件工程标准 ·· 197
　　9.2.1　软件工程标准简介 ·· 197
　　9.2.2　ISO 9000 国际标准 ··· 198
　　9.2.3　中国的软件工程标准 ··· 199
　任务 9.3　软件产品《用户手册》的标准文档模式 ································ 200
　任务 9.4　企业设备状况管理系统相关文档（参考 2006 版计算机软件文档
　　　　　　编制规范） ··· 202
　　9.4.1　可行性分析（研究）报告（FAR） ····································· 202
　　9.4.2　系统开发计划书（SDP） ··· 206
　　9.4.3　软件需求规格说明书（SRS） ··· 211
　　9.4.4　软件测试计划书（STP） ··· 214
　　9.4.5　概要设计说明书（HLD） ·· 217
　　9.4.6　详细设计说明书（LLD） ·· 222
　　9.4.7　软件测试报告（STR） ·· 224
　　9.4.8　项目开发总结报告（PDSR） ·· 226

项目十　项目管理工具——Project 2013 ··· 231
　任务 10.1　项目管理中的问题及解决方法 ·· 231
　任务 10.2　项目管理及其特点 ··· 232
　　10.2.1　项目管理的知识领域 ··· 233
　　10.2.2　现代项目管理的特点 ··· 234
　任务 10.3　Project 2013 简介 ·· 234
　　10.3.1　Project 2013 的主要功能 ·· 235
　　10.3.2　Project 2013 的常用工作视图 ·· 235
　　10.3.3　使用视图的建议 ·· 235
　任务 10.4　项目文档的创建与管理 ··· 236
　　10.4.1　新建项目文档 ··· 236
　　10.4.2　创建项目计划 ··· 237
　任务 10.5　项目资源管理 ··· 240
　　10.5.1　资源的创建 ·· 240
　　10.5.2　资源的分配 ·· 241
　任务 10.6　项目进度管理 ··· 242

10.6.1 设置比较基准 ··· 242
10.6.2 跟踪项目进度 ··· 243
10.6.3 查看项目进度 ··· 244

参考文献 ··· 256

项目一

软件工程概述

● 项目导读

在研究软件工程技术之前,先来讨论一下在计算机系统中硬件和软件是如何协作工作的,人们常常认为硬件控制软件,实际上硬件是不会控制软件的,而是软件去监控硬件的工作状态,然后再做出反应。计算机软件通过计算机硬件及其相关设备实现功能,硬件受控于软件,在一个系统中两者缺一不可。软件控制硬件的过程如下:软件编程人员编写的程序通过汇编编译器翻译成硬件可以读懂的语言(二进制代码),然后硬件根据这个二进制文件执行相应的操作。如果一个软件的设计、开发过程缺乏科学而有效的实施方法,那么软件系统实际运行时,就很容易漏洞频出,修改、完善困难。因此,一个计算机软件的成功开发和应用,就是要满足用户的业务需求,在一定周期内无差错地运行,并经过实践证明确实能够帮助用户提高核心竞争力、推动业务更好的发展。在实际工作中,用户都非常希望开发有利于自身业务良好发展的软件,避免可能出现的糟糕情况。

"工程"一词是指科学和数学的某种应用,通过这一应用,自然界的物质和能源的特性能够通过各种结构、机器、产品、系统和过程,以最短的时间和精而少的人力做出高效、可靠且对人类有用的东西。一言以蔽之,工程是将自然科学的理论应用到具体工农业生产部门中形成的各学科的总称。因而,"软件工程"(software engineering,SE)是一门研究用工程化方法构建和维护有效的、实用的和高质量的软件的学科。它涉及程序设计语言、数据库、软件开发工具、系统平台、标准、设计模式等方面。在设计和开发软件时,工程化方法与标准化工作往往可以帮助开发者和用户达到共同的期望。在现代社会中,软件应用于多个方面。典型的软件有游戏、嵌入式系统、办公套件、编译器、数据库等。软件工程的思想和方法是针对软件危机提出来的。软件危机出现的特征一方面表现在软件项目开发过程中,完工日期拖后、经费超支,甚至造成工程最终宣告失败等情况;另一方面从整个社会对软件产品的需求而言,软件危机的出现实质是软件产品的供应赶不上需求的增长。1968 年,北大西洋公约组织(NATO)在联邦德国召开的一次国际会议上,计算机科学家们讨论了软件危机的问题,正式提出并使用了"软件工程"这个名词,一门新兴的学科就此诞生了。

● 项目概要

- 软件简介
- 软件工程产生的背景
- 软件项目的生命周期

- 软件项目的开发模型
- 软件技术的发展趋势

读者学习完一些高级编程语言之后，往往习惯性地认为软件工程课程就是教给大家如何开发软件的，而开发软件就是编写程序，这样的认识是片面的，所以，下面先来了解一下软件的发展过程。

任务 1.1 软件简介

1.1.1 人们对软件的认识

20 世纪 40 年代，随着第一台计算机"ENIAC"的诞生，一次科学技术革命（即信息技术革命）开始了，人类社会、生活、办公都发生了巨大的变化。微型计算机以其令人瞠目结舌的速度发展，在科学、军事、经济等社会领域得到越来越广泛的应用，极大地改变了人们原有的工作和生活面貌。在计算机硬件方面，尤其是微处理器日新月异的更新速度，促进了整个运算体系的发展，计算机程序也从硬件中分离出来，从而逐渐形成了软件技术的概念。经过了 70 多年的发展演变，人们对软件有了更为深刻的认识，同时对相应软件研究和应用技术提出了越来越严格的要求。

在学习软件工程之前，首先要先理解两个正确的观点：

1）开发软件不等于编写程序

在软件开发过程中，编写程序只是开发软件所应完成工作的一部分，具体的软件开发工作包括以下几个方面。

（1）问题的定义及规划：开发方调研用户需求及用户环境，开发方和需求方论证项目的技术、经济、市场等可行性并制订项目初步计划。

（2）需求分析：开发方确定系统的运行环境、建立逻辑模型、确定系统的功能和性能要求。

（3）软件设计：包括概要设计和详细设计。

概要设计：建立系统总体结构、划分功能模块、定义各个功能模块的接口，制订测试计划。

详细设计：设计各个模块的具体实现算法，确定各个模块间的详细接口，制订测试方案。

（4）程序编码：编写程序源代码、进行模块测试和调试，编写用户手册。

（5）软件测试：单元测试、集成测试、系统测试、编写测试报告。

（6）实现和运转：对修改进行配置管理，记录修改记录和故障报表，按照用户和软件设计的共同意见进行软件维护。

2）错误做法会导致软件危机

20 世纪 60 年代以前，计算机刚刚投入实际使用，软件设计往往只是为了一个特定的应用而在指定的计算机上进行设计和编制，采用密切依赖于计算机的机器代码或汇编语言，软件的规模比较小，文档资料通常也不存在，很少使用系统化的开发方法，设计软件往往等同于编制程序，基本上是个人设计、个人使用、个人操作、自给自足的私人化的软件生产方式。

60 年代中期，大容量、高速度计算机的出现，使计算机的应用范围迅速扩大，软件开发急剧发展；高级语言开始出现；操作系统的发展引起了计算机应用方式的变化；大量数据处理导致第一代数据库管理系统的诞生。软件系统的规模越来越大，复杂程度越来越高，软件可靠性问题也越来越突出。原来的个人设计、个人使用的方式不再能满足要求，迫切需要改变软件生产方式，提高软件生产率，软件危机开始爆发。软件危机是在开发和维护计算机软件的过程中所遇到的一系列严重问题，主要包含两方面的问题，如何开发软件以满足用户对软件日益增长的需求和如何维护数量不断膨胀的已有软件。

1.1.2 软件的发展

软件的发展主要经历了 4 个阶段。

1）第一阶段：20 世纪 50—60 年代

第一阶段也称为程序设计阶段。最初的二进制机器指令语言程序逐渐被汇编语言程序代替，程序是专为满足某个具体应用而编写的。这个阶段的生产方式是个体手工方式，在这个阶段，硬件成本非常昂贵，程序规模小，占用内存空间也较小。软件的设计通常是在开发者的头脑中进行的，没有什么程序设计方法，除了程序清单代码之外，没有其他文档能有效地保存下来。

2）第二阶段：20 世纪 60—70 年代

第二阶段也称为程序系统阶段。计算机软件程序出现系统化发展，这个时期计算机语言发展很快，出现了应用性高级语言，如 Basic、Pascal、Fortran 等。这个阶段的软件生产方式仍然是个体化开发方法，程序开发出现"软件作坊"形式。这个阶段的硬件价格开始降低，速度、容量、可靠性明显提高，但是此阶段的软件产品的开发仍然没有相应配套的管理体系，出现了运行质量低下、维护工作繁杂甚至不可维护等问题。"软件危机"随之出现。

3）第三阶段：20 世纪 70—90 年代

第三阶段也称为软件工程阶段。开始出现高级语言系统、数据库、网络及分布式开发等。这个阶段的软件生产方式是工程化生产，计算机硬件成本的大幅下降，同时计算机性能的快速提高促使计算机迅速普及，各类用户对计算机软件的需求不断高涨，推动了软件生产走向市场化，同时也迫使软件开发成为一门新兴的工程学科，即软件工程。软件工程技术对软件的开发技术、方法进行改进，如结构化的设计、分析方法和原型化的方法促进了软件生产的过程化和规范化。软件管理在软件生产中起着重要作用，但是，尚未完全摆脱软件危机。

4）第四阶段：20 世纪 90 年代以来

第四阶段也称为现代软件工程阶段。软件生产走向了项目工程生产方式，出现了大量的新技术，比如：面向对象技术、嵌入式系统、分布式系统和智能系统等复杂程度高、应用规模大的计算机系统日益增多。软件开发进入成熟发展阶段，软件成为人类必不可少的工具。

1.1.3 软件的分类及特点

1）软件的定义

软件（software）是计算机系统中与硬件相互依存的另一部分，是包含程序、数据及其相关文档的完整集合，即软件=程序+数据+相关文档。其中，程序是按事先设计的功能和性能要求执行的指令序列；数据是使程序能正常操纵信息的数据结构；文档是与程序开发、维护和使用等相关的图文材料。可以这样理解：

(1) 软件=程序+数据+文档。
(2) 面向过程的程序=算法+数据结构。
(3) 面向对象的程序=对象+类+继承+消息。
(4) 面向构件的程序=构件+构架。
2）软件的分类

软件是一种逻辑实体，不是具备一定形状的物理实体，可以把它保存在计算机的存储器内部，也可以保留在磁盘、光盘和 U 盘等介质上，但是无法看到软件的形态，必须通过观察、分析、思考、判断，去了解它的功能、性能及其他特性。软件的生产与硬件不同。在软件开发过程中没有明显的制造过程，它是通过人们的智力活动，把知识和技术转化成信息的一种产品。当某一软件项目研制成功后，就可以大量地复制同一内容的副本。

软件的开发和运行常常受到计算机系统的限制，对计算机系统有着不同程度的依赖性，软件可以有以下 4 种划分方式。

(1) 按软件的规模划分。软件的规模可以采用代码行（LOC）的数量或耗用的时间、人力来度量，见表 1–1。

表 1–1 软件规模划分

规模	代码行数	时间	人数
微型	500 以下	1～4 周	1 人
小型	2 000 以下	半年	1 人
中型	5 000～50 000	1～2 年	2～5 人
大型	5 万～10 万	2～3 年	5～20 人
超大型	100 万以上	4 年以上	100 人以上

(2) 按软件工作方式划分。按软件工作方式划分，软件可分为实时、分时、交互式和批处理软件等几种。

① 实时软件是对当前时间当前任务做的处理。如：卫星实时监控软件等。

② 分时软件是阶段性地处理任务的软件。它按照一定的时间间隔处理任务。如：交通岗红绿灯控制软件。

③ 交互式软件是相互性的。可以处理执行任务，也可以产生一个任务让其他设备或软件完成。如：人们使用的各种交友软件。

④ 批处理软件是一次可以执行多条指令的软件。如：垃圾处理软件。

(3) 按软件应用的功能划分，见表 1–2。

表 1–2 软件功能划分

名称	内　　容
系统软件	操作系统、数据库管理系统、设备驱动程序、通信处理程序等
支撑软件	编译软件，文本编辑器，支持需求分析、设计、实现、测试和管理的软件等
应用软件	数据处理软件、计算机辅助设计软件、系统仿真软件、人工智能软件、办公自动化软件、计算机辅助教学软件等

（4）按软件服务对象的范围划分。按软件服务对象的范围划分，可分为项目软件和产品软件。

① 项目软件。项目软件是软件开发机构受特定用户委托而开发的软件。如：商品管理系统、生产过程控制等。一般情况下，项目软件是在合同的约束下开发的。

② 产品软件。产品软件是软件开发机构直接为市场开发的软件。如：文字处理软件、多媒体播放软件、游戏软件等。产品软件的功能、性能、价格和售后服务对开发机构参与市场竞争有重要影响。

3）软件的特点

（1）软件模型有更强的表达能力、更符合人类的思维模式，属于人类抽象层次的一种，是一种逻辑实体，而不是物理实体。软件是对客观世界中问题空间与解空间的具体描述，是客观事物的一种反映，是知识的提炼和"固化"。

（2）软件生产没有明显的制造过程，在高级语言出现以前，汇编语言（机器语言）是编程的工具，表达软件模型的基本概念是指令，显然，这都是抽象层次的。

（3）软件相对于硬件来讲，没有磨损、老化这些问题，但是需要按照实际用户的需求进行更新、升级。

（4）虽说软件控制硬件，但软件对计算机系统的硬件还是有不同程度的依赖。

（5）软件的开发依赖人工，主要是由它的复杂性决定的，所以，对软件的开发尚未摆脱手工操作。

（6）随着时间的推移，软件的开发成本越来越高。

（7）客观世界是不断变化的，因此，构造性和演化性是软件的本质特征。

高级语言的出现，如 Fortran 语言、Pascal 语言、C 语言等，使用了变量、标识符、表达式等概念作为语言的基本构造，并使用 3 种基本控制结构来表达软件模型的计算逻辑，因此软件开发人员可以在一个更高的抽象层次上进行程序设计。随后出现了一系列开发模型和结构化程序设计技术，实现了模块化的数据抽象和过程抽象，提高了人们表达客观世界的抽象层次。并使开发的软件具有一定的构造性和演化性。面向对象程序设计语言逐步流行，为人们提供了一种以对象为基本计算单元、以消息传递为基本交互手段的软件模型。面向对象方法的实质是以拟人化的观点来看待客观世界，即客观世界由一系列对象构成，这些对象之间的交互形成了客观世界中各式各样的系统。面向对象方法中的概念和处理逻辑更接近人们解决计算问题的思维模式，使开发的软件具有更好的构造性和演化性。

（8）人们更加关注软件复用问题，构造比对象更大且易于复用的基本单元——构件，并研究以构件复用为基础的软件构造方法，更好地凸显软件的构造性和演化特性。易于复用的软件，一定是具有很好构造性和演化性的软件。

任务1.2 软件工程的产生

计算机软件系统通过运行程序来实现各种不同目的的应用。按照所实现功能的不同，程序包括用户为自己特定目的编写的程序、检查和诊断机器系统的程序、支持用户应用程序运行的系统程序、管理和控制机器系统资源的程序等。软件不同于硬件，它是计算机系统中的逻辑部件，是程序开发、使用和维护所需要的文档。美国电气和电子工程师学会（Institute of

Electrical and Electronics Engineers，IEEE）对软件进行的描述是：计算机程序、方法、规则和相关文档资料以及在计算机上运行时所必需的数据。

1.2.1 软件危机的故事

1．软件危机实例

1995 年，Standish Group 研究机构以美国境内 8 000 个软件项目作为调查样本进行调查，调查结果显示，有 84%软件计划无法于既定时间、经费中完成，超过 30%的项目于运行中被取消，项目预算平均超出 189%。

危机实例一：IBM OS/360

IBM OS/360 操作系统被认为是一个典型的软件危机案例。到现在为止，它仍然被使用在 360 系列主机中。这个经历了数十年、极度复杂的软件项目甚至产生了一套不包括在原始设计方案之中的工作系统。OS/360 是第一个超大型的软件项目，它使用了 1 000 人左右的程序员。佛瑞德·布鲁克斯在他的大作《人月神话》中承认，在管理这个项目的时候，他犯了一个价值数百万美元的错误。

危机实例二：美国银行信托软件系统开发案

美国银行 1982 年进入信托商业领域，并规划发展信托软件系统。项目原订预算 2 000 万美元，开发时程 9 个月，预计于 1984 年 12 月 31 日以前完成，但至 1987 年 3 月都未能完成该系统，且已投入 6 000 万美元。美国银行最终因为此系统不稳定而不得不放弃，并将 340 亿美元的信托账户转移出去，失去了 6 亿美元的信托生意商机。

2．软件危机主要表现

（1）软件开发进度难以预测。拖延工期几个月甚至几年的现象并不罕见，这种现象降低了软件开发组织的信誉。

（2）软件开发成本难以控制。投资一再追加，令人难于置信。往往是实际成本比预算成本高出一个数量级。而为了赶进度和节约成本所采取的一些权宜之计又往往损害了软件产品的质量，从而不可避免地会引起用户的不满。

（3）用户对产品功能难以满足。开发人员和用户之间很难沟通，矛盾很难统一。往往是因为软件开发人员不能真正了解用户的需求，而用户又不了解计算机求解问题的模式和能力，双方无法用共同熟悉的语言进行交流和描述。双方在互不充分了解的情况下，就仓促上阵设计系统、匆忙着手编写程序，这种"闭门造车"的开发方式必然导致最终的产品不符合用户的实际需要。

（4）软件产品质量无法保证。系统中的错误难以消除，软件是逻辑产品，质量问题很难以统一的标准度量，因而造成质量控制困难。软件产品并不是没有错误，而是盲目检测很难发现错误，而隐藏下来的错误往往是造成重大事故的隐患。

（5）软件产品难以维护。软件产品本质上是开发人员的代码化的逻辑思维活动，他人难以替代。除非是开发者本人，否则很难及时检测、排除系统故障。为使系统适应新的硬件环境，或根据用户的需要在原系统中增加一些新的功能，又有可能增加系统中的错误。

（6）软件缺少适当的文档资料。文档资料是软件必不可少的重要组成部分。实际上，软件的文档资料是开发组织和用户之间的权利与义务的合同书，是系统管理者、总体设计者向开发人员下达的任务书,是系统维护人员的技术指导手册,是用户的操作说明书。缺乏必要的文档资料或者文档资料不合格,将给软件开发和维护带来许多严重的困难与问题。

3．软件危机产生的原因

1）用户需求不明确

在软件开发过程中,用户需求不明确问题主要体现在四个方面:

（1）在软件开发出来之前,用户自己也不清楚软件开发的具体需求；

（2）用户对软件开发需求的描述不精确,可能有遗漏、有二义性,甚至有误；

（3）在软件开发过程中,用户还提出修改软件开发功能、界面、支撑环境等方面的要求；

（4）软件开发人员对用户需求的理解与用户本来愿望有差异。

2）缺乏正确的理论指导

软件开发缺乏有力的方法学和工具方面的支持。由于软件开发不同于大多数其他工业产品,其开发过程是复杂的逻辑思维过程,其产品极大程度地依赖于开发人员高度的智力投入。过分地依靠程序设计人员在软件开发过程中的技巧和创造性,加剧了软件开发产品的个性化,也是发生软件开发危机的一个重要原因。

3）软件开发规模越来越大

随着软件开发应用范围的增广,软件开发规模越来越大。大型软件开发项目需要组织一定的人力共同完成,而多数管理人员缺乏开发大型软件开发系统的经验。各类人员的信息交流不及时、不准确,有时还会产生误解。软件开发项目开发人员不能有效地、独立自主地处理大型软件开发的全部关系和各个分支,因此容易产生疏漏和错误。

4）软件开发复杂度越来越高

软件开发不仅是在规模上快速地发展扩大,而且其复杂性也急剧增加。软件开发产品的特殊性和人类智力的局限性,导致人们无力处理"复杂问题"。所谓"复杂问题"的概念是相对的,一旦人们采用先进的组织形式、开发方法和工具提高了软件开发效率和能力,新的、更大的、更复杂的问题又摆在人们的面前。

4．软件危机的解决途径

软件工程诞生于 20 世纪 60 年代末期,它作为一个新兴的工程学科,主要研究软件生产的客观规律性,建立与系统化软件生产有关的概念、原则、方法、技术和工具,指导和支持软件系统的生产活动,以期达到降低软件生产成本、改进软件产品质量、提高软件生产率水平的目标。软件工程学从硬件工程和其他人类工程中吸收了许多成功的经验,明确提出了软件生命周期的模型,发展了许多软件开发与维护阶段适用的技术和方法,并应用于软件工程实践,取得良好的效果。在软件开发过程中人们开始研制和使用软件工具,用以辅助进行软件项目管理与技术生产,人们还将软件生命周期各阶段使用的软件工具有机地集合成为一个整体,形成能够连续支持软件开发与维护全过程的集成化软件支援环境,以期从管理和技术两方面解决软件危机问题。

此外,人工智能与软件工程的结合成为 20 世纪 80 年代末期活跃的研究领域。基于程序变换、自动生成和可重用软件等的软件新技术研究也已取得一定的进展,把程序设计自动化的进程向前推进一步。在软件工程理论的指导下,发达国家已经建立起较为完备的软件工业化生产体系,形成了强大的软件生产能力。软件标准化与可重用性得到了工业界的高度重视,在避免重用劳动、缓解软件危机方面起到了重要作用。

1.2.2 软件工程的出现

1968 年，北大西洋公约组织（NATO）在联邦德国的国际学术会议上创造了"软件危机"（software crisis）一词。60 年代中期开始爆发众所周知的软件危机，为了解决问题，在 1968 年、1969 年连续召开两次著名的 NATO 会议，并同时提出"软件工程"的概念。

北大西洋公约组织

那么到底什么是软件工程呢？软件工程是一门旨在生产无故障的、及时交付的、在预算之内的、满足用户需求的软件学科。实质上，软件工程就是采用工程的概念、原理、技术和方法来开发与维护软件，把经过时间考验而证明正确的管理方法和最先进的软件开发技术结合起来，应用到软件开发、维护过程中。软件工程所实现的内容，不是为目标用户开展业务而提供使用的工具产品，而是指导软件设计、开发人员进行项目实施的思想、方法和工具。软件开发是一项需要良好组织、严密管理且各方面人员配合协作的复杂工作。

1993 年，IEEE 为软件工程下的定义是：

将系统化的、规范的、可度量的方法应用于软件的开发、运行和维护过程，即将工程化应用于软件中的方法的研究。

1．软件工程学的内容

软件开发的目标是优质高产，那么，就应该从技术到管理都规约出相应的管理办法，在这个过程当中逐渐形成了"软件工程学"这一计算机学科，它所包含的主要内容如图 1–1 所示。

图 1–1 软件工程学内容

1）软件开发方法学

在软件发展的第一阶段，程序员一个人完成所有的设计、开发工作，纯属个人活动性质，程序员单打独斗，并无统一的方法可言。到了软件发展的第二阶段，兴起的结构化程序设计，使得程序员认识到采用结构化的方法编写程序，不仅可以使程序清晰可读，而且能提高软件的生产效率和可靠性。随着软件发展到第三阶段，人们逐步认识到编写程序只是软件开发过程中的一个环节，编写程序还包括"需求分析""软件设计""程序编码"等多个阶段，把结构化的思想应用到了分析阶段和设计阶段。这时也有了许多软件开发的方法，如 Jackson 方法等。

20 世纪 80 年代出现的 Smalltalk、C++和 Java 语言促进了面向对象程序设计的广泛流行。到了软件发展的第四阶段，包括"面向对象需求分析—面向对象设计—面向对象编码"在内的现代软件工程方法开始形成，并成为现在许多软件工程师的首选方法。面向对象技术还促进了软件复用技术的发展，有组件、控件等软件构建方法，使软件可以复用成为现实。

2）软件工具

常用的软件工具一般有软件开发工具和软件测试工具。软件开发工具是用于辅助软件生命周期过程的基于计算机的工具。通常可以设计并实现工具来支持特定的软件工程方法，减少手工方式管理的负担。在软件开发中，较早时期对软件工具的认识就是程序代码的编译、解释程序等环境工具。例如，使用 C 语言开发一个应用软件的过程。首先，要用一个"字符处理编辑程序"生成源代码程序，然后调用 C 语言的编译程序对源代码程序进行编译，使其成为计算机能够执行的目标代码程序。如果在编译时出现错误,就要重新利用该编辑软件修改错误,再使用编译程序重新编译,直到生成正确的目标代码。目前,软件开发工具包(software development kit,SDK)是一些被软件工程师用于为特定的软件包、软件框架、硬件平台、操作系统等建立应用软件的开发工具的集合。

在整个软件项目开发阶段,如需求分析、设计和测试等阶段,也有许多有效的应用支持软件工具。软件测试工具是通过一些工具能够使软件的一些简单问题直观地显示在读者的面前,这样能使测试人员更好地找出软件错误的所在。软件测试工具分为自动化软件测试工具和测试管理工具。软件测试工具存在的价值是为了提高测试效率,用软件来代替一些人工输入。所有这些软件工具构成了软件开发的整个工具集合。

3)软件工程环境

软件工程环境(software engineering environment,SEE)是指以软件工程为依据,支持典型软件生产的系统。方法和工具是软件开发技术中密切相关的两大支柱。当一种软件开发方法提出并证明有效时,往往会随其研制出可应用的相应工具,人们通过使用新工具而了解新方法,从而推动新方法的普及。

软件开发是否成功与开发方法和开发工具是密切相关的,配套的系统软、硬件支持形成的软件开发的环境就更为重要了。下面,以操作系统从批处理系统到分时系统的发展过程为例,来说明一下软件开发对系统环境的依赖。在批处理操作系统时代,程序员开发的程序是分批输入中心计算机的,整个作业的执行是不能被干预的,出现了错误就必须等执行完成后再修改。程序员自己编写的程序只能断断续续地跟踪,思路经常被中断,工作效率难以提高。分时操作系统的出现和应用使每个开发人员都可以在自己使用的终端上负责跟踪程序的开发和运行,而程序员之间可以无干扰地完成自己的代码段,仅此一点,就明显提高了开发效率。在软件开发工作中,人们不懈地创造着良好的软件开发环境,如各种 UNIX 版本操作系统、Microsoft Windows 系列操作系统以及近几年开源文化推动的 Linux 操作系统,还有形式繁多的网络计算环境等,SEE 具有多维性,表现在不仅要集成与软件开发技术相关的工具,还要集成与支持技术、管理技术相关的工具,并将它们有机地结合在一起。将软件工程环境的研究推到了一个新的领域。

4)软件工程管理

软件工程管理的主要任务有:软件可行性分析与成本估算、软件生产率及质量管理、软件计划及人员管理。任何技术先进的大型项目的开发如果没有一套科学的管理方法和严格的组织领导,是不可能取得成功的。即使在管理技术较成熟的发达国家中也如此,在我国管理技术不高、资金比较紧缺的情况下,大型软件项目开发的管理方法及技术就显得尤为重要。

软件工程管理的对象是软件工程项目,因此软件工程管理涉及的范围覆盖了整个软件工程过程。软件工程的管理是一种非线性的管理,它存在于软件生命周期的各阶段中,包括成本预算、进度安排、人员组织和质量保证等多方面的内容。就软件工程管理的发展而言,一个较好的工程管理应用,应该同时具备支持软件开发、项目管理两方面的工具。软件工程管理的目的就是按照进度和预算来完成软件开发计划,实现预期的经济效益和社会效益。

2. 软件工程的层次化结构

软件工程层次化结构分为四个层次:工具层、方法层、过程和技术层,还有质量保证层。这是软件工程的整体框架,为了全面、深入地理解软件工程,现在分别介绍一下。

工具层是指除了软件实现所应用的语言开发环境之外，为软件工程方法和过程提供的自动或半自动化的支撑环境。目前市场上已经有许多软件工程开发工具，如 Microsoft 公司推出了界面优秀的绘图工具 Visio 和应用方便的项目管理工具 Project 等。使用软件工程工具可以有效地改善软件开发过程，提高软件开发的效率，降低开发成本。

方法层提供了软件开发的各种方法，包括进行软件需求分析和设计、软件实现设计、测试和维护等。

过程和技术层定义了一组关键过程域框架，其目的是保证软件工程技术被有效地应用，使得软件能够被及时、高质量和科学合理地开发出来。

质量保证层是推动软件过程不断改进的动力，即全面的质量管理和质量需求，正是这种动力推动了软件工程方法向更加成熟的方向前进。

任务1.3　软件项目的生命周期

软件工程的目标是为了解决软件开发和生产中的各种问题，获得高质量、低成本、高可靠性、易维护并能及时投放市场的软件产品。软件工程是用工程、科学和数学的原则与方法研制、维护计算机软件的有关技术和管理方法。软件工程使软件开发变成了有组织、有计划和有标准的集体生产活动，使之成为一项工程项目。

任何一个软件或软件系统都要经历软件定义、软件开发、软件的维护和使用这几个阶段，我们把这几个阶段称为软件生命周期。在软件工程项目中，实现软件开发工程化、系统化的基本方法就是软件生命周期法，它是软件工程学的基础。软件工程采用的生命周期方法就是从时间角度对软件开发和维护这个复杂问题进行分解，主要划分为软件项目准备阶段、开发阶段和运行维护阶段。每个阶段都有其相对独立的子任务，见表 1-3。

表 1-3　软件生命周期

软件开发阶段	子任务
软件项目准备阶段	问题定义 ↓ 可行性研究
软件项目开发阶段	需求分析 ↓ 软件设计 ↓ 编码 ↓ 测试
软件项目运行维护阶段	维护、支持

1.3.1　软件项目的准备阶段

这个阶段的主要任务是：确定工程的可行性，分析软件系统项目的主要目标和开发该系统的可行性，估计完成该项目所需资源和成本。做好此阶段工作的关键是系统分析员和用户

（包括投资人、系统应用者等角色）的充分交流、调查用户需求、相互理解与配合。

1. 问题定义

问题定义子阶段要回答的关键问题是"要解决的问题是什么？"由系统分析员根据对问题的理解，提出关于"系统目标与范围的说明"，在用户和使用部门负责人的会议上认真讨论这个书面报告，请用户审查和认可，改正不正确的地方，最后，得出一份双方都满意的文档。

2. 可行性研究

可行性研究子阶段要回答的关键问题是"对于上个阶段所确定的问题有行得通的解决办法吗？"工作的目的是按照"问题定义"提出的问题，寻求一种或多种在技术上可行、经济上有较高收益的和可操作的解决方案。为此，系统分析员应站在一定高度，做一次简化的需求分析与概要设计，并写出"可行性论证报告"，接下来需要制订出"项目实施计划"，否则应提出终止此项目的建议。可行性论证报告应包含关于新系统软、硬件组成的描述，这种描述通常用"系统流程图"表示。可行性研究要从技术上、经济上和社会因素等方面进行研究，通过具体的成本效益数值说明软件项目开发的可行性。通过对原有旧系统的调查，将新建立的系统用规范的描述工具描述，得出新系统的模型，对新建系统的模型进行论证，最终形成可行性研究报告，交给有关人员审查以决定软件项目是否可以进行开发。如果对可行的软件项目进行开发，必须审定项目的开发计划、估算费用、确定资源分配和项目开发的速度安排，这就需要制订出软件项目的开发计划。

可行性研究的结果是部门负责人做出是否继续进行这项工程决定的重要依据，只有投资可能取得较大效益的项目才能继续进行下去，否则，工程项目要及时终止，以避免更大的浪费。

1.3.2 软件项目的开发阶段

软件项目开发阶段是生命周期当中的第二阶段，要完成"设计"和"实现"两大任务，其中"设计"任务包括需求分析、软件设计，"实现"任务包括编码和测试。为了在开发初期让程序员集中精力设计好软件的逻辑结构，避免过早地为"实现"的细节分散精力，软件项目开发阶段把"设计"和"实现"分开。

1. 需求分析

需求分析子阶段要回答的关键问题是"为了解决这个问题，目标系统必须做些什么？"所谓的软件需求，就是把用户的"需求"变成系统开发的"需求"，或称为需求规范。需求分析的任务就是项目开发人员要清楚用户对软件系统的全部需求，并用"需求规格说明书"的形式准确地表达出来。"需求规格说明书"应包括对软件的功能需求、性能需求、环境约束和外部接口描述等。这些文档既是用户对软件系统逻辑模型的描述，也是下一步进行"设计"的依据。

这个阶段的任务仍然不是具体地解决问题，而是要确定系统应该做什么。需求分析的工作步骤主要是：分别收集用户、市场对本项目的需求；经过分析建立解题模型；细化模型，抽取需求。在这里，用户的每一条合理需求都将是系统测试的验收准则，所有模型要细化到能写出可验收需求的程度，绝不能太笼统。这样，用户和工作人员之间的沟通就显得尤为重要。

2. 软件设计

软件设计又分为概要设计和详细设计。软件设计的主要任务是将需求分析转变为软件的表现形式。通过软件设计确定软件的总体结构、数据结构、用户界面和程序算法等细节。

（1）概要设计。概要设计子阶段要回答的关键问题是"应该如何宏观地解决这个问题？"概要设计是建立软件系统的总体结构，包括软件系统结构设计和软件功能设计，也就是要确定软件系统包含的所有模块结构，及其接口规范和调用关系，并且确定各个模块的数据结构和算法定义。概要设计的结果是提交概要设计说明书等文本和图表资料，这些资料是进行详细设计的依据。

（2）详细设计。详细设计子阶段要回答的关键问题是"应该如何具体地实现这个系统？"详细设计的任务主要是确定软件系统模块结构中每一个模块完整而详细的算法和数据结构，此步骤不是编写程序代码，而是设计出程序的详细规格说明。详细设计后的结果是提交可编写程序代码的详细模块设计说明书。这些资料是编码工作的依据。

3．编码

编码子阶段的工作任务是写出正确、容易理解、容易维护的程序模块。由程序员依据模块设计说明书，用选定的程序设计语言对模块算法进行描述，即转换成计算机可以接受的程序代码，形成可执行的源程序。这步工作完成后需要提交的是最终软件系统的源程序代码文档。

4．测试

测试子阶段的关键任务是通过测试及相应的调试，使软件达到预定的要求，它是保证软件质量的重要手段。按照不同的层次要求，可细分为单元测试、综合测试、确认测试和系统测试等。为确保这一工作不受干扰，大型软件项目的测试往往由独立部门人员进行。测试工作的文档称为测试报告，包括测试计划、测试用例和测试结果等内容，这些文档的作用非常重要，是维护阶段能够正常进行的重要依据。

1.3.3 软件项目的运行维护阶段

在软件开发阶段结束后，软件系统经过确认达到了用户的要求，就可以交付用户使用。一旦将软件产品交付用户使用，产品运行就开始了，其主要工作是系统的维护。这个阶段的问题是"软件能否顺利地为用户进行服务？"软件系统在运行过程中，会受到系统内、外环境的变化及人为、技术、设备的影响，这时就需要软件能够适应这种变化，不断完善。开发人员要对软件进行维护，以保证软件正常、安全、可靠地运行，充分发挥其作用。软件的维护有4种类型，分别完成以下各种任务：

（1）改正性维护：诊断和改正使用过程中发现的软件错误。

（2）适应性维护：修改软件以适应环境的变化。

（3）完善性维护：根据用户的需求改进或扩充软件使它更完善。

（4）预防性维护：修改软件为将来维护活动预先做好准备。

软件开发结束后，进入到维护阶段的最初几年中，改正性维护的工作量往往比较大。但随着错误发现率的迅速降低，软件运行趋于稳定，就进入了正常使用期间。但是，由于用户经常提出改造软件的要求，适应性维护和完善性维护的工作量就逐渐增加，而且在这种维护过程中往往又会产生新的错误，从而进一步加大了维护的工作量。由此可见，软件维护绝不仅限于纠正软件使用中发现的错误，事实上在全部维护活动中一半以上是完善性维护。

任务 1.4 软件项目的开发模型

为了指导软件的开发，用不同的方式将软件生命周期中的所有开发活动组织起来，就会形成不同的软件开发模型。自从有了软件工程概念以来，各种软件开发模型的科学研究、工程实践就没有停止过，先后出现了多种软件开发模型。目前软件工程的模型主要分为两大类：传统软件工程开发模型和面向对象软件工程。

开发模型，它们各有特色，分别适用于不同特征的软件项目，但通常都包含 3 类活动：定义、开发和维护。定义就是要弄清楚软件"做什么"；开发集中解决让软件"怎样做"；维护的重点就是对软件进行"完善"。在不同的软件开发模型中，这些活动顺序或循环反复地展开，所用的方法与工具根据所用的模型而不同。

1.4.1 传统软件工程的开发模型

传统软件工程的开发模型有许多，主要有瀑布模型、原型模型、螺旋模型、迭代模型和敏捷开发模型，具体介绍如下。

1. 瀑布模型

瀑布模型的软件开发过程与软件生命周期是一致的，并且它由文档驱动，两相邻阶段之间存在因果关系，需要对阶段性的产品进行审批。瀑布模型假定用户的需求是不变的，因此缺乏灵活性。瀑布模型如图 1-2 所示。

如果采用瀑布模型来开发软件，对系统分析员的要求就相对较高，因为只有当分析员能够准确地做出用户的需求分析时，才能够得到预期的正确结果。但是，由于多数用户不熟悉计算机，在没有看到开发好的系统之前，对自己到底需要什么样的软

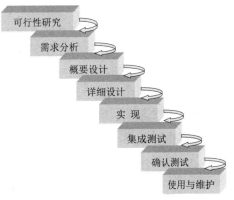

图 1-2 瀑布模型

件并没有一个完整的概念，而系统分析员对用户的专业领域也往往了解不深，因而很难在软件开发之初就能给出所有的需求。当系统开发出来之后，用户会提出许多合理的意见，可是重新设计、编码和测试通常是令开发人员难以接受的。遇到这种情况时，开发人员和业务人员常常因此造成不愉快，严重时还会给双方造成巨大的经济损失。这种开发模型主要适用于微小型的软件开发。

2. 原型模型

原型模型在功能上等价于产品的一个子集。根据客户的需要在很短的时间内解决用户最迫切的需要，此时只是部分功能的实现。原型模型最重要的目的是确定用户真正的需求并支持需求的动态变化，它一般不会单独使用，而和瀑布模型或螺旋模型一起使用。原型模型的原型开发模型的主要思想是：在软件开发初期与用户进行需求分析的同时，以较小的代价先建立一个能够反映用户需求的系统原型，让用户对该原型系统进行评价、确认，对于不能满足用户要求的内容做进一步的修改。多次、反复地对原型进行评价、完善，直到开发的原型系统满足了用户的需求为止。原型模型如图 1-3 所示。

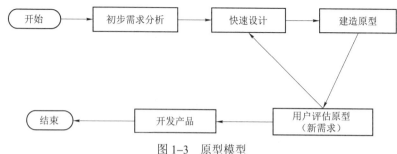

图 1-3 原型模型

由图 1.3 可见,原型模型是一个反复征求用户意见的工作过程,因为,经过确认的系统原型版本并不能表示软件开发完成,展示给用户的只是一个可运行的、仅包括系统主要功能和重要接口的版本(即系统的细节、性能、异常处理及相关文档等),并不是系统的全部。这些工作需要在原型确定后,逐一完善和实现,直至成为一个完整的目标系统。原型模型比较适用于中小型软件的开发。

3. 螺旋模型

瀑布模型和原型模型的使用多少有些受限制,于是螺旋模型(spiral model)成为实际开发中最常用的一种软件开发模型,1988 年,B. W. Boehm 在结合了瀑布模型与原型模型的基础上还增加了风险分析。与其他工程一样,软件开发始终存在风险。在制订项目计划时,项目的预算、进度与人力,需求设计中采用的技术及存在的问题,都需要仔细分析与估算。项目

B. W. Boehm 和软件工程

越复杂,估算中的不确定因素越多,风险也越大,严重时可能会导致软件开发的失败。风险分析的目的就是要了解、分析并设法降低这种风险。螺旋模型是一种迭代模型,每迭代一次,螺旋线就前进一周,如图 1-4 所示。

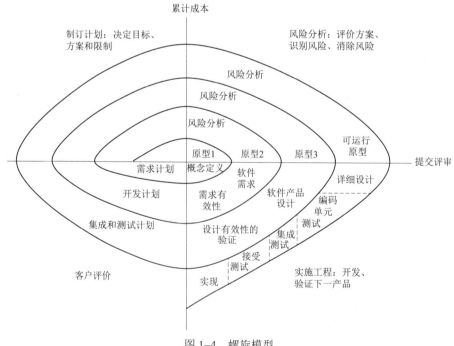

图 1-4 螺旋模型

采用螺旋模型时，软件开发沿着螺旋自内向外地旋转，每旋转一圈都要对风险进行识别、分析，采取对策以消除或减少风险。当项目按照顺时针方向螺旋移动时，每一个螺旋周期均包含了风险分析。项目进行时，首先是确定目标，选择方案，设定约束条件，选定完成本周期所定目标的策略；接下来是分析该策略可能存在的风险，必要时通过建立一个原型来确定风险的大小；在排除风险后，实现本螺旋周期的目标；最后，评价前一步的结果，并且计划下一轮的工作。

螺旋模型包含如下 4 个方面的活动：

制订计划——确定软件目标，选定实施方案，弄清项目开发的限制条件；

风险分析——分析评估所选方案，考虑如何识别和清除风险；

实施工程——实施软件开发，验证产品；

客户评估——评价开发工作，提出修正建议，制订下一步计划。

如果开发小组对项目的需求已有较好的理解，则刚开始的一圈就可以直接采用瀑布模型，这时的螺旋模型可只含单圈螺线。反之，若对项目的需求没有把握，就需要经过多圈螺线，并通过开发多个原型来弄清软件需求。

螺旋模型对于高风险的大型软件，是一个理想的开发过程。螺旋模型利用原型模型作为降低风险的机制，在任何一次迭代中均可应用原型方法；同时，在总体开发框架上，又保留了瀑布模型系统性、顺序性和"边开发，边评审"的特点，这种二者融合在一起的迭代框架，也满足了项目的客观要求。当软件随着过程的进展而演化时，开发者或用户都能更好地了解每一级演化存在的风险。

每一种开发模型都存在优缺点，螺旋模型的优点就是在项目的所有阶段直接考虑技术风险，能够在风险变成问题之前降低项目所存在的危害。缺点是：难以使用户相信演化过程可控，过多的迭代周期会增加开发成本和周期时间。螺旋模型开发的成败，在很大程度上依赖于风险评估的好坏。风险评估是一门专业技术，其结果又受到主观因素的影响，如果一个大的风险未被发现和控制，其后果显然是严重的。这种模型适合大型软件的开发。

4. 迭代模型

迭代模型是统一软件开发过程（rational unified process，RUP）推荐的软件开发模型。迭代模型指在进行较大规模的项目任务时，将迭代开发分为若干次，每次迭代都要经历从项目的管理及计划、分析、设计、实现到运转整个过程（表 1–4）。纵向就是每次迭代，而横向就是每次迭代要经过的阶段。迭代模型如图 1–5 所示。

表 1–4 迭代模型工作过程

工作过程	初始	细化	构建	转换
管理与计划				
分析				
设计				
实现				
运转				

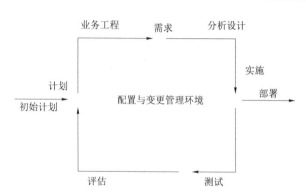

图 1-5 迭代模型

5. 敏捷开发模型

敏捷开发模型是一种以人为核心，迭代、循序渐进的开发框架。在敏捷开发中，软件项目的构建被切分成多个子项目，各个子项目的成功都经过测试，具备集成和可运行的特征。

在软件工程实际运用中，只采用单一一种模型显然不能适应项目的需求变化，采用各种模型组合开发的形式在实际运用中较为广泛，而敏捷开发模型是多种软件开发项目管理方法的集合，其中包括了极限编程（XP）、迭代增量化模式（scrum）等十几种软件开发模型。

极限编程

1.4.2 面向对象软件工程的开发模型

近年来，为了克服传统软件工程方法存在的复用性和可维护性差以及难以满足用户需要等缺点，面向对象的思想越来越受到人们的欢迎和重视。面向对象的思想提倡运用人类的思维方式，从现实世界中存在的事物出发来构造软件。它建立在"对象"概念的基础上，以对象为中心，以类和继承为构造机制，来设计和构造相应的软件系统。随着面向对象语言的发展和软件设计的需要，面向对象分析和设计技术也迅速发展，相继出现了许多面向对象软件开发工具，特别是统一标准建模语言 UML 的提出，把众多面向对象分析和设计方法综合成一种标准，使面向对象的方法成为主流的软件开发方法。

迭代增量化模式

面向对象的基本思想最先体现在面向对象程序设计语言中，然后才逐渐形成了面向对象的分析和设计方法。20 世纪 60 年代开发的 Simula67 语言首次提出了对象的概念，它是第一个面向对象程序设计语言。Ada 语言是在 20 世纪 70 年代出现的又一种支持数据抽象的基于对象概念的程序设计语言。最具有代表性和影响力的面向对象程序设计语言是由美国 Xerox（施乐）公司 Palo Alto 研究中心的 Alan Kay 开发的 Smalltalk 语言。Smalltalk 全面实现了面向对象技术的机制，丰富了面向对象的概念，它的发布引起了人们对面向对象概念的广泛关注。随后产生了多种面向对象程序设计语言，如 C++和 Java 等，同时，面向对象的分析和设计方法也被广泛应用于软件开发中。比较具有代表性的基于面向对象思想的软件开发方法有 Grady Booch 提出的面向对象的分析与设计方法论、Jim Rumbaugh 提出的面向对象的建模技术和 Zvar Jacobson 提出的面向对象的软件工程方法学。

面向结构的计算机应用系统，可以被看作是一个函数（或过程）的集合或者一批单独的数据，不论存储在内存还是硬盘上。假如有 2 个函数，3 个数据表。这种结构模型动态的运行过程是函数 1 读数据表 1，并在处理数据后写到数据表 2；函数 2 读数据表 1，处理数据后写到数据表 3……如此重叠的数据存取使并行性和完整性问题变得相当复杂，但这些可以利用数据库管理系统很好地解决。

当数据结构的一部分改变时，必须做哪些改动呢？从维护程序人员的角度看，唯一的答案是：必须检查每一个函数以确定数据结构的变化是否使函数受到干扰。好的文档对此也许会有所帮助。为了新结构而改动函数可能对系统的其他部分有副作用，这就是维护费用非常高的原因。

面向对象的系统体系结构则完全不同。一个函数与它需要存取的所有数据封装在被称为对象（object）的包里，其他对象的函数不能访问这些数据。假如数据结构改变了，现在程序维护人员只需检查这个特殊的包的外层数据，维护就被限制在局部范围内，这就是封装（encapsulation）——数据和处理过程结合（combined）在一起并隐藏在接口后面。

假设有一些数据，每个对象都有一个函数需要这些数据，将采用消息（message）进行对象间的数据交换。如对象 A 可能需要数据 x，对象 A 在它的内层里存储了另一个对象 B，B 包含 A 需要的数据，A 就可以给 B 发送一个消息来请求数据或经过变换后的数据。面向对象的系统体系结构如图 1-6 所示。

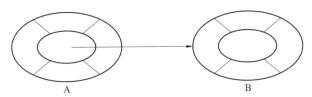

图 1-6　面向对象的系统体系结构

1. 面向对象的基本概念

面向对象思想最重要的特征是在解题空间中引入了"对象"的概念，它建立在"对象"概念的基础上，以对象为中心，以类和继承为构造机制，来设计和构造相应的软件系统。从而达到与人类的思维习惯一致。面向对象方法包含了以下核心概念。

（1）对象（object）：描述客观事物的一个实体，是构成系统的基本单元，它由一组属性和一组服务（操作）组成。比如：每个学生就是一个对象。

（2）类（class）：是一组具有相同属性和相同操作的对象的集合。比如：每个班级是由若干个具有相同属性的学生组成的，也就形成了类。

（3）实例（instance）：一个具体的对象就是类的一个实例。比如：班级中的某一同学，叫"王一"，那么他就是一个实例。

（4）消息（message）：对象之间在交互的过程中传送的通信信息。一般由三部分组成，即接收消息的对象、消息名及实际变元。比如：一则通知。

（5）封装（encapsulation）：是面向对象方法的一个重要原则。封装就是把对象的属性和操作结合在一起，构成一个独立的对象，它的内部信息对外界是隐藏的，不允许外界直接存取对象的属性，而只能通过有限的接口与对象发生联系。对于对象的外界而言，只需要知道对象所表现的外部行为，不必了解对象行为的内部实现细节。即统一外部接口和不公开内部实现。比如：每个班级都有相应的管理办法和轮流值日表，这些都是不对外班起作用的。

（6）继承（inheritance）：子类（派生类）可以自动拥有父类（超类）的全部属性与服务。目的是提高程序的可重用行。例如：定义一个班级干部类，其中包含各个属性和方法，那么所有班级干部都将继承其属性和方法。

（7）多态（polymorphism）：在积累定义的属性和服务被其子类继承后，可以具有不同的数据类型或表现出不同的行为。在上面定义的班级干部类中，继承下来的应该是它的通用属性和方法，但是学委和组织委员还要有各自独有的方法，这就是多态。

（8）抽象（abstraction）：从众多的事物中抽取共同的、本质性的特征，而舍弃其非本质的特征。

将上述 8 种概念应用于软件开发项目，就可以认为是应用面向对象的方法。为此，可将面向对象的思想方法归结为一个描述公式：

面向对象=对象+类+继承+消息

2．面向对象方法的特点

（1）封装性：面向对象方法中，程序和数据是封装在一起的，对象作为一个实体，其操作隐藏在方法中，其状态由对象的"属性"来描述，并且只能通过对象中的"方法"来改变，从外界无从得知。面向对象方法的创始人 Codd 和 Yourdon 认为，面向对象就是"对象+属性+方法"。

（2）抽象性：面向对象方法中，把从具有共同特性的实体中抽象出事物本质的特征和概念，称为"类"，对象是类的一个实例。类中封装了对象共有的属性和方法，通过实例化一个类创建的对象，自动具有类中规定的属性和方法。

（3）继承性：是类具有的特性，类可以派生出子类，子类自动继承父类的属性和方法。这样在定义子类时，只需说明它不同于父类的特性，从而可以大大提高软件的可重用性。

（4）动态连接性：对象间的联系是通过对象间的消息传递动态建立的。

3．面向对象开发模型

面向对象开发模型在开发过程中主要包含了面向对象分析（OOA）、面向对象设计（OOD）、面向对象实现（OOP）和面向对象测试（OOT）4 个阶段。它们之间的顺序关系如图 1-7 所示。

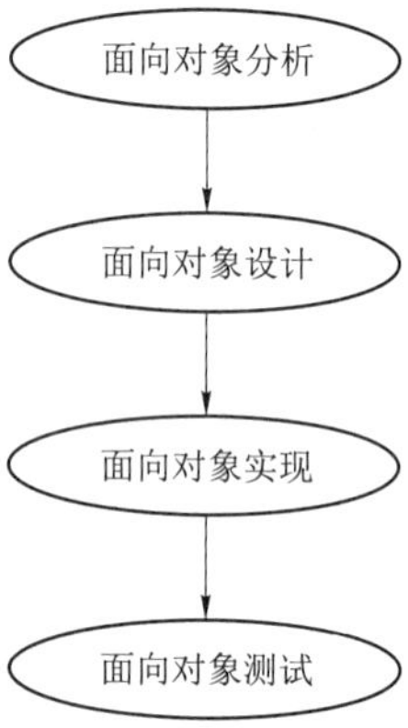

图 1-7 面向对象开发模型

"面向对象分析"的主要任务是识别问题域的对象，分析它们之间的关系，最终建立对象模型、动态模型和功能模型。"面向对象设计"是将面向对象分析的结果转换成逻辑的系统实现方案，也就是说，利用面向对象的观点建立求解域模型的过程。面向对象设计的具体工作是问题域的设计、人机交互设计、任务管理设计和数据管理设计等。"面向对象实现"的主要任务是把面向对象设计的结果利用某种面向对象的计算机语言予以实现。"面向对象测试"是应用面向对象思想保证软件质量和可靠性的主要措施。

4．构件集成模型

面向对象技术将事物封装成包含数据和数据加工方法的对象，通过抽象的方法形成类。经过适当设计和实现的类也可称为构件（component），它们在某个领域中具有一定的通用性，可以在不同的计算机软件系统中复用。将这些构件存储起来变成一个构件库，这就是基于构件的软件开发模型，其开发过程如图 1-8 所示。

开发活动从描述预定义类开始，通过检查软件系统、处理的数据以及操作这些数据的方法，封装成类，然后到构件库中查找这个类。如果预定义类已经存在，则从库中提取出来以供复用；如果预定义类不存在，则采用面向对象的方法实现，并把实现的类存储在构件库中。这样，通过集成从构件库中提取已有的类，以及为了满足应用软件的特定需要而开发的新类，就是开发软件系统的一个迭代。一个周期完成后进入下一轮螺旋周期，继续进行构件集成的迭代。构件集成模型利用预先封装好的软件构件来构造应用软件系统，它融合了螺旋模型的很多特征，支持软件开发的迭代方法。

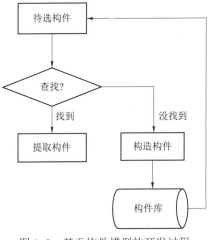

图 1-8 基于构件模型的开发过程

任务 1.5 结构化方法（面向过程）和面向对象方法的联系

首先，分析一下结构化方法和面向对象方法之间的区别（表 1-5）。

1）处理问题时的出发点不同

结构化方法强调过程抽象化和模块化，以过程为中心；面向对象方法强调把问题域直接映射到对象及对象之间的接口上，用符合人们通常思维的方式来处理客观世界的问题。

2）处理问题的基本单位和层次逻辑关系不同

结构化方法把客观世界的问题抽象成计算机可以处理的过程，处理问题的基本单位是能够表达过程的功能模块，用模块的层次结构概括模块或模块间的关系和功能；面向对象方法是用计算机逻辑来模拟客观世界中的物理存在，以对象的集合类作为处理问题的基本单位，尽可能使计算机世界向客观世界靠拢，它用类的层次结构来体现类之间的继承和发展。

3）数据处理方式与控制程序方式不同

结构化方法是直接通过数据流来驱动，各个模块程序之间存在控制与被控制的关系；面向对象方法是通过用例（业务）来驱动，是以人为本的方法，站在客户的角度去考虑问题。

表 1-5 结构化方法和面向对象方法之间的区别

项目	传统结构化方法	面向对象方法
需求模型	输入 I、处理 P、输出 O 的视角，面向功能的文档（用户需求规格说明书）需求变化，其功能变化，所以系统的基础不稳固	从用户和整体角度出发。使用系统抽象出用例图、活动图，获取需求，如需求变化，对象的性质相对功能稳定，系统基础稳定
分析模型	面向过程的数据流图 DFD、实体-关系图 ER、数据字典 DD 表示分析模型；功能分解，数据和功能、过程分开	把问题作为一组互相作用的实体，显式表示实体间的关系 数据模型和功能模型一致 类、对象图表示分析模型，状态、顺序、协作、活动图细化说明

续表

项目	传统结构化方法	面向对象方法
设计模型	功能模块（SC图），模块之间的连接、调用是模块的附属形式	类和对象实现，类、对象的关联、聚集、继承等连接，连接规范和约束作为显式定义
实施模型	体系结构设计	构建图、配置图
测试模型	根据文档进行单元测试、集成测试、确认测试	单元测试采用类图，集成测试用实现图和交互图，确认测试采用用例图

其次，比较一下结构化方法和面向对象方法之间的优缺点（表1–6）。

表1–6 结构化方法和面向对象方法之间的优缺点

项目	面向对象方法	结构化设计方法
基本思想	自底向上设计库类	自顶向下设计过程，逐步求精，分而治之
概念或术语名词	对象、类、消息、继承等	过程、函数、数据等
编程的语言	C++、VB、Java等	C、Basic、Fortran等
逻辑工具	对象模型图、数据字典动态模型图、功能模型图	数据流图、系统结构图、数据字典状态转移图、实体关系图
处理问题的出发点	面向问题	面向过程
控制程序方式	通过"事件驱动"来激活和运行程序	通过设计调用或返回程序
可扩展性	只需修改或增加操作，而基本对象结构不变，扩展性好	功能变化会危及整个系统，扩展性差
重用性	好	不好
层次结构的逻辑关系	用类的层次结构来体现类之间的继承和发展	用模块的层次结构概括模块和模块之间的关系和功能
分析、设计、编码的转换方式	平滑过渡，无缝连接	按规则转换，有缝连接
运行效率	相对低	相对高

如表1–6所示，传统软件的开发基于封闭的静态平台，是自顶向下、逐步分解的过程，因此传统软件的开发基本都是首先确定系统的范围（scoping），然后实施分而治之的策略，使整个开发过程处于有序控制之下。而未来软件系统的开发所基于的平台有丰富基础软件资源，但同时又是开放、动态和多变的框架。开发活动呈现为基础软件资源组合的基本系统，然后经历由"无序"到"有序"的往复循环过程，由动态渐趋稳态。与传统计算机模型相比，未来软件基本模型由于所处平台的特性和开放应用的需求而变得更加复杂，软件生命周期由"无序"到"有序"循环而呈现出不同于传统生命周期概念的"大生命周期概念"，由于目标的多样化、程序的正确性表现为传统正确性描述的一个偏序集，软件体系结构的侧重点从基于实体的结构分解转变为基于协同的实体聚合。软件系统作为计算机系统的核心，随着运行环境的演变也经历了一系列的变革。目前，面向网络的计算环境正由Client/Server发展

为 Client/Cluster，并正朝着 Client/Network 和 Client/Virtual Environment 方向发展。

综上所述，计算机软件所面临的环境开始从静态封闭逐步走向开放、动态和多变。软件系统为了适应这样一种发展趋势，将会逐步呈现出柔性、多目标、连续反应式的网构软件系统的形态。当前的软件技术发展遵循软硬结合、应用与系统结合的发展规律，"软"是指软件。"硬"是指微电子，

Client/Server

发展要面向应用，实现一体化；面向个人，体现个性化的系统和产品。软件技术的总体发展趋势可归纳为：软件平台网络化、方法对象化、系统构件化、产品家族化、开发工程化、过程规范化、生产规模化、竞争国际化。这种基于 Internet 计算环境的软件的核心理论、方法和技术，必将在未来 5~10 年为建立面向 Internet 的软件产业打下坚实的基础，为软件产业的跨越式发展提供核心技术的支持。

● **实验实训**

收集、查阅软件工程相关资料和文献。分别描述一个基于传统结构化的应用软件开发过程模型，以及一个基于面向对象的应用软件开发模型。

● **小　　结**

项目一主要介绍了软件工程及其相关知识内容。强调了软件包括程序及其开发、使用和维护过程中所需要的文档，并叙述了软件的发展历程，总结出软件的重要特点，以及软件在开发过程中出现的问题与解答，并针对在软件开发中所出现的问题，即软件危机出现的具体表现形式给予描述。软件工程产生的背景主要是为了解决软件危机。

通过本项目的学习，读者能了解软件的生命周期，软件项目生命周期主要划分为 3 个阶段，每个阶段包括若干个任务：准备阶段包括问题定义和可行性研究；开发阶段包括需求分析、软件设计（概要设计和详细设计）、编码和测试；运行维护阶段主要完成软件系统运行的维护、支持。在软件开发过程中开发模型是管理和控制软件生产的有效手段，它反映了软件生命周期各阶段活动的组织情况，其主要目的是降低软件开发和维护的难度。软件开发的模型主要介绍了传统软件工程开发模型和面向对象的开发模型，并详细介绍了面向对象的基本概念及其构建集成模型。

最后，对传统的面向过程的开发方法和面向对象的开发方法进行了比较，让读者对今后的学习有大概的了解。

● **习　　题**

一、选择题

1. "软件工程的概念是为了解决软件危机而提出的"这句话的意思是（　　）。

A. 说明软件工程的概念，即工程的原则和思想、方法可能解决当时软件开发和维护中存在的问题

B. 强调软件工程成功地解决了软件危机问题

C. 说明软件工程这门学科的形成是软件发展的需要

D. 说明软件危机存在的主要问题是软件开发

2. 软件工程的目标是（　　）。

A. 生产满足用户需要的产品

B. 生产正确的、可用性好的产品

C. 以合适的成本生产满足用户需要的、可用性好的产品

D. 以合适的成本生产满足用户需要的产品

3. 软件开发中大约要付出（　　）的工作量进行测试和排错。

A. 20%　　　　　B. 30%　　　　　C. 40%　　　　　D. 50%

4. 软件生存周期中时间最长的是（　　）阶段。

A. 测试　　　　　B. 可行性研究　　　C. 概要设计　　　D. 维护

5. 瀑布模型的主要特点是（　　）。

A. 缺乏灵活性

B. 将过程分解为阶段

C. 提供了有效的管理模式

D. 将开发过程严格地划分为一系列有序的活动

6. 软件开发方法是（　　）。

A. 软件开发的步骤　　　　　　B. 指导软件开发的一系列规则和约定

C. 软件开发的技术　　　　　　D. 软件开发的思想

7. 硬件与软件的最大区别是（　　）。

A. 软件产品容易复制，硬件产品很难复制

B. 软件产品是以手工生产方式生产的，硬件产品则是以大工业生产方式生产的

C. 软件产品不存在老化问题，硬件产品存在老化问题

D. 软件产品是逻辑产品，硬件产品是物质产品

8. 软件是指（　　）。

A. 使程序能够正确操纵信息的数据结构

B. 按事先设计的功能和性能要求执行的指令系列

C. 与程序开发、维护和使用有关的图文资料

D. 计算机系列中的程序和文档

二、填空题

1. 计算机系统是由计算机_____和_____这两个密不可分的部分组成的。

2. 计算机软件系统通过运行程序来实现各种不同应用，包括用户为自己的特定目的编写的程序、_____、支持用户应用程序运行的系统程序、管理和控制机器系统资源的程序等。

3. 在软件工程学种，软件开发技术包括_____、_____和_____。

4. 在软件工程层次结构中，包括工具层_____、_____和质量保证层。

5. 在面向对象概念中____是其与外部世界相互管理的唯一途径。

三、思考题

1. 什么是软件？软件包含哪些内容？
2. 什么是软件危机？软件危机有哪些表现形式？
3. 软件生命周期各个阶段是如何划分的？试述各阶段的基本任务。
4. 常见的传统结构化开发模型有哪些？各自有什么特点？
5. 简述结构化方法（面向过程）和面向对象方法的区别？
6. 阐述结构化方法（面向过程）和面向对象方法的优缺点。

项目二

面向对象的建模语言及工具

● **项目导读**

随着面向对象软件开发方法的提出和推广，出现了许多建模语言和建模方法，如 OMT 方法，Booch 开发方法、Cord 方法和 Yourdon 方法等。它们形式多样，各具所长，以致采用不同的建模语言描述系统的用户之间很难进行有效的交流，于是统一建模语言（unified modeling language，UML）应运而生，它把 Booch，Rumbaugh 和 Jacobson 等各自独立的面向对象分析（OOA）和面向对象设计（OOD）方法中的特色组合成一个统一的方法，并从其他方法和工程实践中吸收了许多经过实践检验的概念和技术。UML 于 1996 年发布，并于 1997 年 11 月为 OMG（对象管理组织）所采用，现在已成立业界公认的面向对象建模语言。

OMT 方法

UML 是第三代面向对象的开发方法，为不同领域的用户提供了统一的交流标准，即 UML 建模图。UML 定义良好、易于表达、功能强大且普遍适用，它融入了软件工程领域的新思想、新方法和新技术，其作用域不仅限于支持面向对象的分析与设计，还支持从需求分析开始的软件开发全过程。UML 应用领域很广泛，适用于以面向对象技术来描述的任何类型的系统，而且也适用于系统开发的不同阶段，包括从需求规格描述直至系统完成后的测试和维护等。商业建模（business modeling）也可用于其他类型的系统。

Booch 开发方法

UML 建模软件是实现 UML 建模功能的工具软件。最著名的 UML 可视化面向对象建模工具是 Microsoft Office Visio 2010，它提供了一组基于 UML 标准的视图，可以实现对软件开发过程的建模。

Yourdon 方法

● **项目概要**

- UML 简介
- 用例图
- 类图
- 时序图
- 协作图
- 状态图
- 活动图
- 构件图
- 部署图

- Microsoft Office Visio 2010 介绍

任务 2.1 UML 简介

2.1.1 前言

UML 方法结合了 OMT 方法、Booch 开发方法、Cord 方法和 Yourdon 方法等的优点,并统一了符号体系。目前,在多数大型软件企业的正规化开发流程中,开发人员普遍使用 UML 进行面向对象模型的建立。作为一名软件开发人员,必须正确理解并学会 UML 的使用。

2.2.2 UML 概述

1. UML 简介

UML(unified modeling language)为面向对象软件设计提供统一的、标准的、可视化的建模语言。适用于描述以用例为驱动、以体系结构为中心的软件设计的全过程。UML 的定义包括 UML 语义和 UML 表示法两个部分。

(1) UML 语义:UML 对语义的描述使开发者能在语义上取得一致认识,消除了因人而异的表达方法所造成的影响。

(2) UML 表示法:UML 表示法定义 UML 符号的表示方法,为开发者或开发工具使用这些图形符号和文本语法为系统建模提供了标准。

2. UML 模型图的构成

事物(things):事物是 UML 模型中最基本的构成元素,是具有代表性的成分的抽象。

关系(relationships):关系把事物紧密联系在一起。

图(diagrams):图是事物和关系的可视化表示。

3. UML 事物

UML 包含 4 种事物:构件事物、行为事物、分组事物和注释事物。

(1) 构件事物:UML 模型的静态部分,描述概念或物理元素,它包括以下几种。

类:具有相同属性、相同操作、相同关系、相同语义的对象的描述。

接口:描述元素的外部可见行为,即服务集合的定义说明。

协作:描述了一组事物间的相互作用的集合。

用例:代表一个系统或系统的一部分行为,是一组动作序列的集合。

构件:系统中的物理存在,是可替换的部件。

节点:运行时存在的物理元素。

另外,参与者、信号应用、文档库、页表等都是上述基本事物的变体。

(2) 行为事物:UML 模型图的动态部分,描述跨越空间和时间的行为。

交互:实现某功能的一组构件事物之间的消息的集合,涉及消息、动作序列、链接。

状态机:描述事物或交互在生命周期内响应事件所经历的状态序列。

(3) 分组事物:UML 模型图的组织部分,描述事物的组织结构。

包:把元素组织成组的机制。

(4) 注释事物:UML 模型的解释部分,用来对模型中的元素进行说明、解释。

注解：对元素进行约束或解释的简单符号。

4. UML 关系

（1）依赖（dependency）：是两个事物之间的语义关系，其中一个事物（独立事物）发生变化会影响到另一个事物（依赖事物）的语义。

（2）关联（association）：是一种结构关系，它指明一个事物的对象与另一个事物的对象间的联系。

（3）泛化（generalization）：是一种特殊/一般的关系，也可以看作是常说的继承关系。

（4）实现（realization）：是类元之间的语义关系，其中的一个类元指定了由另一个类元保证执行的契约。

5. UML 语法描述

UML 语法描述见表 2-1。

表 2-1 UML 语法描述

名称	语法描述	图形
类	是对一组具有相同属性、相同操作、相同关系和相同语义的对象的描述	NewClass
	对象名：类名　：类名　类名	
接口	描述了一个类或构件的一个服务的操作集	○—
协作	定义了一个交互，它是由一组共同工作以提供某种协作行为的角色和其他元素构成的一个群体	（虚线椭圆）
实例	是对一组动作序列的描述	（椭圆）
	对象至少拥有一个进程或线程的类	class +suspend () +flash ()
组件	是系统中物理的、可替代的部件	component
参与者	在系统外部与系统直接交互的人或事物	actor
节点	在运行时存在的物理元素	NewProce-ssor
交互	由在特定语境中共同完成一定任务的一组对象间交换的消息组成	→
状态机	描述了一个对象或一个交互在生命期内响应事件所经历的状态序列	state

续表

名称	语法描述	图形
包	把元素组织成组的机制	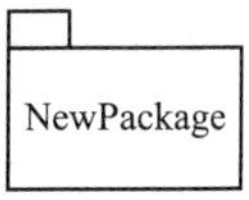 NewPackage
注释事物	是 UML 模型的解释部分	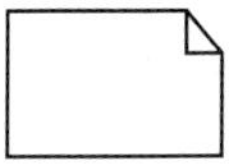
依赖	一条可能有方向的虚线	 --------->
关联	一条实线，可能有方向	 ————
泛化	一条带有空心箭头的实线	 ————▷
实现	一条带有空心箭头的虚线	 --------▷

任务 2.2 用 例 图

2.2.1 用例图概要

用例图是被称为参与者的外部用户所能观察到的系统功能的模型图。用例图列出系统中的用例和系统外的参与者，并显示哪个参与者参与了哪个用例的执行（或称为发起了哪个用例）。

2.2.2 用例图中的事件及解释

1. 参与者

在一个系统开发前，必定首先要确定系统的用户，系统的用户就是系统的参与者（图 2-1）。除此以外，还要确定开发的系统与其他的系统有什么关联。因此，系统的参与者可分为两类：一类是人，包括系统的使用者、维护者等；另外一类是其他系统。

2. 用例

用例（use case）是参与者可以感受到的系统服务或功能单元（图 2-2）。任何用例都不能在缺少参与者的情况下独立存在。同样，任何参与者也必须有与之关联的用例，所以识别用例的最好方法就是从分析系统参与者开始，在这个过程中往往会发现新的参与者。用例是有粒度的，用例的粒度指的是用例所包含的系统服务或功能单元的多少。用例的粒度越大，用例包含的功能越多，反之则包含的功能越少。

图 2-1 参与者

3. 系统边界

所谓系统边界是指系统与系统之间的界限（图 2-3）。把系统边界以外的同系统相关联的其他部分称为系统环境。

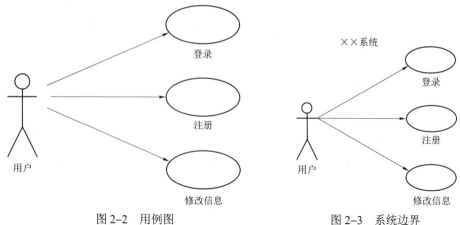

图 2-2 用例图　　　　　　　图 2-3 系统边界

4．关联

为了减少模型维护的工作量，保证用例模型的可维护性和一致性，可以在用例之间抽象出包含（include）、扩展（extend）和泛化（generalization）等关系。

包含关系是指用例可以简单地包含其他用例具有的行为，并把它所包含的用例行为作为自身行为的一部分，如图2-4所示。

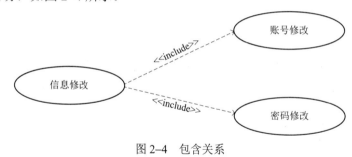

图 2-4 包含关系

扩展关系是指在一定条件下，把新的行为加入到已有的用例中，如图2-5所示。获得的新用例称为扩展用例（extension），原有的用例称为基础用例（base）。

图 2-5 扩展关系

泛化关系是指一个父用例可以被特化形成多个子用例，而父用例和子用例之间的关系就是泛化关系，如图2-6所示。

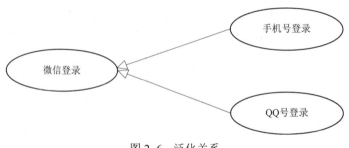

图 2-6 泛化关系

5．用例图举例

用户注册用例图，如图2-7所示。

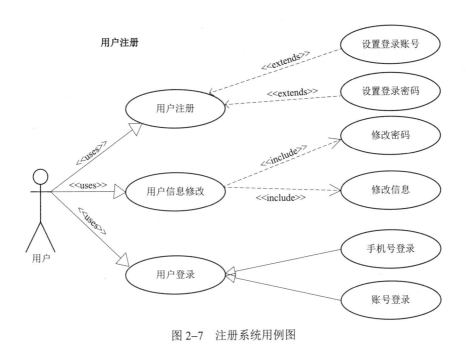

图 2-7　注册系统用例图

任务2.3　类图和对象图

2.3.1　类图概要

类图以反映类的结构（属性、操作）以及类之间的关系为主要目的，描述了软件系统的结构，是一种静态建模方法。

类图中的"类"与面向对象语言中的"类"的概念是对应的，是对现实世界中的事物的抽象。例如，人们每天使用的计算机，就可以定义为一个Computer类，如图2-8所示。

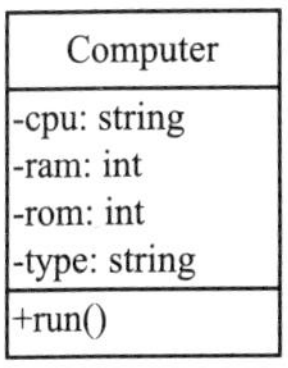

2.3.2　类图中的事物及解释

1．类

类从上到下分为三部分，分别是类名、属性和操作。

类名是必须有的。

图 2-8　类图描述

类如果有属性，则每一个属性都必须有一个名字，另外还可以有其他的描述信息，如可见性、数据类型、缺省值等。

类如果有操作，则每一个操作也都有一个名字，其他可选的信息包括可见性、参数的名字、参数类型、参数缺省值和操作的返回值的类型等。一个普通人员的类图，如图2-9所示。

2. 类图中的事物及解释

（1）接口。一组操作的集合，只有操作的声明而没有实现。

（2）抽象类。不能被实例化的类，一般至少包含一个抽象操作。

（3）模板类。一种参数化的类，在编译时把模板参数绑定到不同的数据类型，从而产生不同的类。

3. 类图中的关系及解释

（1）关联关系。关联关系描述了类的结构之间的关系。具有方向、名字、角色和多重性等信息。一般的关联关系语义较弱。但聚合和组合两种关系语义较强。关联关系如图 2-10 所示。

图 2-9 人员类图

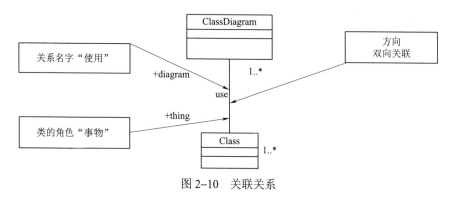

图 2-10 关联关系

其中：

1..*：多重性，用数字和*表示 1 个或多个；

1 个类图有 1 个或多个类；

1 个类属于 1 个或多个类图。

（2）聚合关系。它是特殊关联关系，指明一个聚集（整体）和组成部分之间的组合关系，如图 2-11 所示。语义更强的聚合，部分和整体具有相同的生命周期。

图 2-11 聚合关系

（3）泛化关系。泛化关系在面向对象中一般称为继承关系，存在于父类与子类、父接口与子接口之间，如图 2-12 所示。

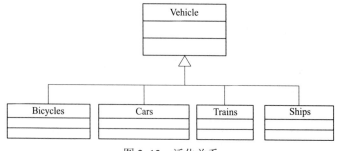

图 2-12 泛化关系

（4）实现关系。实现关系对应于类和接口之间的关系，如图 2-13 所示。

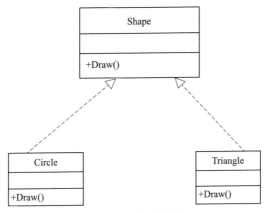

图 2-13　实现关系

（5）依赖关系。它描述了一个类的变化对依赖于它的类产生影响的情况。有多种表现形式，例如绑定（bind）、友元（friend）等，如图 2-14 所示。

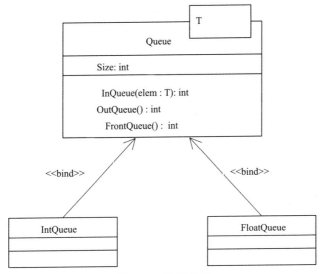

图 2-14　依赖关系

4. 类图与代码的映射

类的映射，如图 2-15 所示。

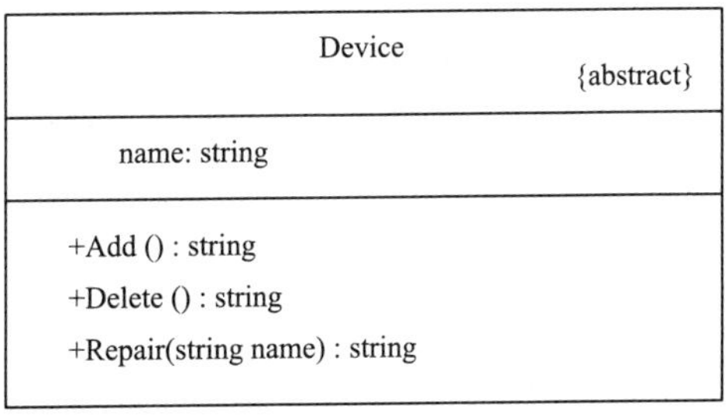

图 2-15　类的映射

Java 代码：
```
public abstract class Device
{private string name;
public abstract string Add();
public abstract string Delete();
public abstract string Repair(String name);
}
```

2.3.3 对象图

对象图都来源于类图，依赖类图。对象图表示一个类图的一个实例。类图和对象图的基本概念是相似的。对象图也代表了一个系统的静态视图，但这种静态视图是系统在某一时刻的一个快照。对象图是用于呈现一组对象和以它们之间的关系作为一个实例。一个对象图是类图的一个实例。它意味着一个对象图包含在类图中所用的东西的实例。因此，这两个图均采用相同的基本元素，但存在不同的形式。在类图中的元素是抽象的形式来表示蓝图，并以对象图中元素的具体形式来表示真实世界中的对象。为了捕捉一个特定的系统，类图的数量是有限的。但是，如果考虑对象图，那么就可以有无限数量的实例在本质上是独一无二的。因此，只有这些情况下被认为是对系统的影响。从上面的讨论来看，很显然，一个单一的对象图不能捕获所有必要的实例，所以不能指定一个系统的所有对象。因此，解决方案是：

- 首先，分析系统，并决定哪些情况下有重要的数据和关联。
- 其次，只考虑哪些实例将涵盖功能。
- 再次，做一些优化实例的数量是无限的。

对象图可以被想象成正在运行的系统在某一时刻的快照。现在加以阐明，以一辆正在运行的列车为例。如果运行一个单元列车，那么会发现它具有以下静态图片：

- 这是一个特别的状态运行。
- 一个特定的乘客数量。如果捕捉在不同的时间，这将不断改变。所以，在这里可以想象列车运行的管理单元是一个对象，具有上述值。任何现实生活中的简单或复杂的系统也的确如此。

对象图用于：

- 体现一个系统的原型。
- 逆向工程。
- 造型复杂的数据结构。
- 从实用的角度了解系统。

任务2.4 时 序 图

2.4.1 时序图概要

时序图用来表示用例中的行为顺序。当执行一个用例行为时，时序图中的每条消息对应了一个类操作或状态机中引起转换的事件。时序图展示对象之间的交互，这些交互是在场景或用例的事件流中发生的。时序图属于动态建模，其在消息序列上，也就是说，描述消息是如何在对象间发送和接收的。表示了对象之间传送消息的时间顺序。浏览时序图的方法是：从上向下查看对象间交换的消息。

2.4.2 时序图的作用

时序图是没有代码的，只有类图才实际关联代码。时序图只是帮助把类图中的方法调用关系展现出来，起到辅助完成类图开发的作用。一般来讲，我们是根据完成某个功能点所需要的一系列的动作来画一个时序图。时序图不针对用例。同一用例可以有无穷无尽的达到方法和场景，无穷无尽的场景中处处都可能碰巧满足某些用例。时序图的描述与用例没有直接联系，而是目标和工具之间的联系。时序图是用来简单地描述常见场景，而不是说明"某一个"用例。时序图应该能够精确描述类或成员的生命周期，然后按照时序图抽取类。

2.4.3 时序图实例

学生毕业管理时序图如图 2-16 所示。

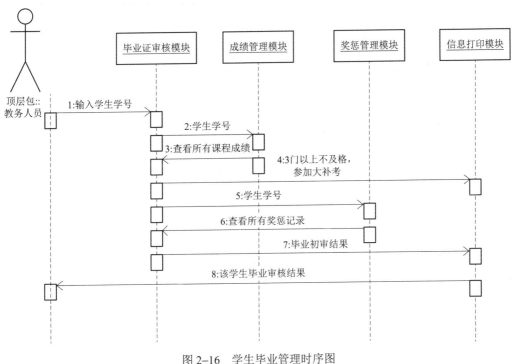

图 2-16 学生毕业管理时序图

任务 2.5 协 作 图

2.5.1 协作图概要

协作图是一种交互图，强调的是发送和接收消息的对象之间的组织结构，说明系统的动态情况。协作图主要描述协作对象间的交互和链接,显示对象、对象间的链接以及对象间如何发送消息。协作图可以表示类操作的实现。

2.5.2 协作图中的事物及解释

协作图中的事物包括参与者、对象和消息流,它们的解释见表2-2。

表2-2 协作图中的事物及解释

事物名称	解 释
参与者	发出主动操作的对象,负责发送初始消息,启动一个操作
对象	对象是类的实例,负责发送和接收消息,与顺序图中的符号相同,冒号前为对象名,冒号后为类名
消息流 (由箭头和标签组成)	箭头指示消息的流向,从消息的发出者指向接收者。标签对消息作说明,其中,顺序号指出消息的发生顺序,并且指明了消息的嵌套关系;冒号后面是消息的名字

2.5.3 协作图中的关系及解释

协作图用线条来表示链接,链接表示两个对象共享一个消息,位于对象之间或参与者与对象之间。

2.5.4 消息标签

消息标签的格式:[前缀][守卫条件]序列表达式[返回值:=[消息名]。
前缀的语法规则:序列号,序列号,…,序列号'/'。
前缀用来同步线程,意思是在发送当前消息之前指定序列号的消息被处理。
守卫条件的语法规则:[条件短句]。
说明:条件短句通常用伪代码或真正的程序语言来表示。
返回值和消息名:返回值表示一个消息的返回结果,消息名指出了消息的名字和所需参数。
例:x:=calc(n)
下面是一个完整的消息标签:

    1.1a, 1.1b. 1.1c/   [x>=0]   1.2 *[i:1..n] :   x   :=   calc(n)
      ↓   ↓   ↓   ↓   ↓
      前缀   守卫条件   序列表达式   返回值 := 消息名

2.5.5 协作图与时序图的区别和联系

协作图和时序图都表示出了对象间的交互作用,但是它们侧重点不同。时序图清楚地表示了交互作用中的时间顺序(强调时间),但没有明确表示对象间的关系。协作图清楚地表示了对象间的关系（强调空间），但时间顺序必须从顺序号获得。协作图和时序图可以相互转化。

2.5.6 协作图实例

学生毕业管理协作图如图 2-17 所示。

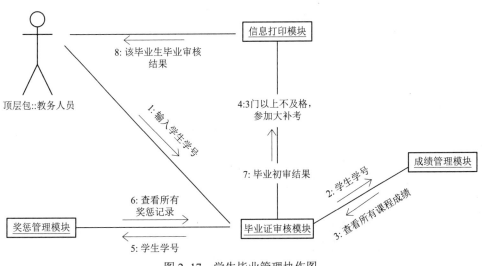

图 2-17 学生毕业管理协作图

任务2.6 状 态 图

2.6.1 状态图概要

状态图用于揭示参与者、类、子系统和组件的复杂特性，为实时系统建模。

状态图说明对象在它的生命期中响应事件所经历的状态序列，以及它们对那些事件的响应。

2.6.2 状态图的组成

1. 状态

对象的状态是指在这个对象的生命期中的一个条件或状况，在此期间对象将满足某些条件、执行某些活动，或等待某些事件。

2. 转移

转移是由一种状态到另一种状态的迁移。这种转移由被建模实体内部或外部事件触发。对一个类来说，转移通常是调用了一个可以引起状态发生重要变化的操作的结果。

2.6.3 状态图中的事物及解释

状态图中的事物及解释见表 2-3。

表 2–3　状态图中的事物及解释

事物	解 释
状态	上格放置名称，下格说明处于该状态时，系统或对象要做的工作
转移	转移上标出触发转移的事件表达式，如果转移上未标明事件，则表示在源状态的内部活动执行完毕后自动触发转移
开始	初始状态（一个）
结束	终态（可以多个）

2.6.4　状态的可选活动

状态的可选活动见表 2–4。

表 2–4　状态的可选活动

转换种类	描　述	语法
入口动作	进入某一状态时执行的动作	entry/action
出口动作	离开某一状态时执行的动作	exit/action
外部转换	引起状态转换或自身转换，同时执行一个具体的动作，包括引起入口动作和出口动作被执行的转换	e(a:T)[exp]/action
内部转换	引起一个动作的执行但不引起状态的改变或不引起入口动作或出口动作的执行	e(a:T)[exp]/action

2.6.5　状态图实例

移动手机的状态图如图 2–18 所示：

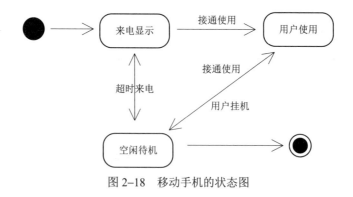

图 2–18　移动手机的状态图

任务 2.7　活　动　图

2.7.1　活动图概要

活动图可描述系统的动态行为，包含活动状态（action state）。活动状态是指业务用例的一个执行步骤或一个操作，不是普通对象的状态。活动图适合描述在没有外部事件触发的情况下的系统内部的逻辑执行过程；否则，状态图更容易描述。活动图类似于传统意义上的流程图，业务建模时，它用于详述业务用例，描述一项业务的执行过程；设计时，它描述操作的流程。

2.7.2 活动图关系

活动图关系见表2-5。

表 2-5 活动图关系

活动名	描述
迁移（Transition）	活动的完成与新活动的开始
分支（JunctionPoint）	根据条件，控制执行方向
分叉（Fork）	以下的活动可并发执行
结合（Join）	以上的并发活动在此结合

2.7.3 活动图事物

活动图事物见表2-6。

表 2-6 活动图事物

事物名称	含义
活动（ActionState）	动作的执行
起点（InitialState）	活动图的开始
终点（FinalState）	活动图的终点
对象流（ObjectFlowState）	活动之间的交换的信息
发送信号（SignalSending）	活动过程中发送事件，触发另一活动流程
接收信号（SignalReceipt）	活动过程中接收事件，收到信号的活动流程开始执行
泳道（SwimLane）	活动的负责者

2.7.4 活动图实例

期末考试的活动图如图2-19所示。

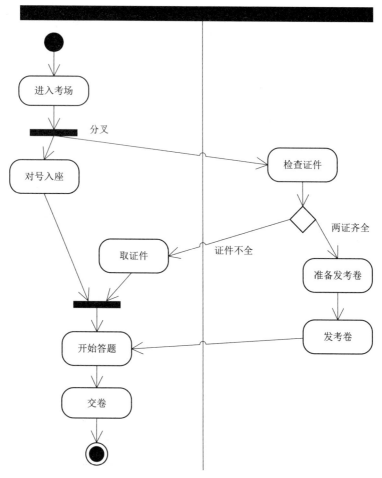

图 2-19 期末考试活动图

任务 2.8 构 件 图

2.8.1 构件图概要

构件图用于静态建模,是表示构件类型的组织以及各种构件之间依赖关系的图。构件图通过对构件间依赖关系的描述来估计对系统构件的修改给系统可能带来的影响。

2.8.2 构件图中的事物及解释

构件图中的事物及解释见表 2-7。

表 2-7 构件图中的事物及解释

事物名称	含 义
构件	指系统中可替换的物理部分,构件名字(如图中的 Dictionary)标在矩形中,提供了一组接口的实现

续表

事物名称	含 义
接口	外部可访问到的服务（如图中的 Spell-check）
构件实例	节点实例上的构件的一个实例，冒号后是该构件实例的名字

2.8.3 构件图中的关系及解释

构件图中的关系及解释见表 2–8。

表 2–8 构件图中的关系及解释

关系名称	含 义
实现关系	构件向外提供的服务
依赖关系	构件依赖外部提供的服务

2.8.4 构件图实例

构建图是用来建立系统构件组织，表现结构和它们之间依赖关系的模型，构件之间的依赖关系用带箭头的虚线表示，如图 2–20 所示。

图 2–20 构件图

任务2.9 部 署 图

2.9.1 部署图概要

部署图用于静态建模，是表示运行时过程节点结构、构件实例及其对象结构的图。如果含有依赖关系的构件实例放置在不同节点上，部署视图可以展示出执行过程中的瓶颈。部署图有两种表现形式：实例层部署图和描述层部署图。

2.9.2 部署图中的事物及解释

部署图中的事物及解释见表 2–9。

表 2–9 部署图中的事物及解释

事物名称	解 释
节点	节点用一长方体表示，长方体中左上角的文字是节点的名字，节点代表一个至少有存储空间和执行能力的计算资源。节点包括计算设备和人力资源或者机械处理资源，可以用描述符或实例代表。节点定义了运行时对象和构件实例驻留的位置

续表

事物名称	解释
构件	系统中可替换的物理部分
接口	外部可访问的服务
构件实例	构件的一个实例

2.9.3 部署图中的关系及解释

部署图中的关系及解释见表2-10。

表2-10 部署图中的关系及解释

关系名称	解释
实现关系	构件向外提供服务
依赖关系	构件依赖外部提供的服务
关联关系	通信关联
其他关系	对象的移动

2.9.4 部署图实例

实例层部署图描述各节点和它们之间的连接。图中的关系是各个节点之间存在的通信关系，如图2-21所示。

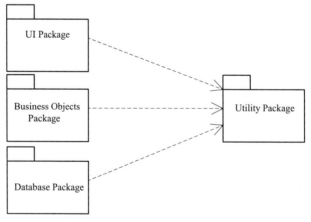

图2-21 实例层部署图

2.9.5 关于部署图与构件图

部署图与构件图有相同的构成元素：构件、接口、构件实例、构件向外提供服务、构件要求外部提供的服务。部署图与构件图的关系：部署图表现构件实例；构件图表现构件类型的定义。部署图偏向于描述构件在节点中运行时的状态，描述构件运行的环境；构件图偏向于描述构件之间相互依赖支持的基本关系。

任务 2.10 Microsoft Office Visio 2010 介绍

Visio 是一款专业的办公绘图软件，具有简单性与便捷性等强大的关键特性。它能够帮助用户将自己的思想、设计与最终产品演变成形象化的图像进行传播，同时还可以帮助用户制作出富含信息和富有吸引力的图标、绘图及模型。

2.10.1 Visio 2010 应用领域

在使用 Visio 2010 绘制专业的图表与模型之前，用户需要先了解一下 Visio 2010 的功能、应用领域等基础知识。另外，用户还需要了解一下 Visio 2010 的发展史及新增功能，从而帮助用户充分地了解 Visio 2010 的强大功能。

Microsoft Office Visio 2010 可以帮助用户轻松地可视化、分析与交流复杂的信息，并可以通过创建与数据相关的 Visio 图表来显示复杂的数据与文本，这些图表易于刷新，并可以轻松地了解、操作和共享企业内的组织系统、资源及流程等相关信息。Office Visio 2010 利用强大的模板（template）、模具（stencil）与形状（shape）等元素，来实现各种图表与模具的绘制功能。

Visio 2010 已成为目前市场中最优秀的绘图软件之一，凭其强大的功能与简单的操作深受广大用户青睐，已被广泛应用于软件设计、项目管理、企业管理等众多领域中。

Visio 公司位于西雅图，1992 年公司发布了用于制作商业图标的专业绘图软件 Visio 1.0。该软件一经面世立即取得了巨大的成功，Visio 公司研发人员在此基础上开发了 Visio 2.0～5.0 等几个版本。

由于 Visio 2010 的功能不断增加，在使用该软件时用户需要借助 Visio 2010 强大、智能化的帮助系统，来查找相关的使用信息。

Visio 2010 不仅在易用性、实用性与协同工作等方面，实现了实质性的提升，而且其新增功能和增强功能使得创建 Visio 图表更为简单、快捷，令人印象更加深刻。

2.10.2 Visio 2010 安装

在用户使用 Visio 2010 制作绘图与模型之前，还需要熟悉安装与卸载 Visio 2010 的基础操作。

虽然 Visio 2010 是 Office 套装中的一个组件，但是在 Office 软件安装程序中并不包含该组件，用户需要进行单独安装。在安装 Visio 2010 软件之前，用户需要先安装 Office 2010 软件，否则无法安装本软件。Visio 2010 的安装方法分为光盘安装与本地安装，两种安装的步骤一致。在此，主要以本地安装法来详细讲解安装 Visio 2010 的具体步骤。

（1）选择安装后会出现如图 2-22 所示界面。

（2）单击【继续】按钮后，进入如图 2-23 所示界面。

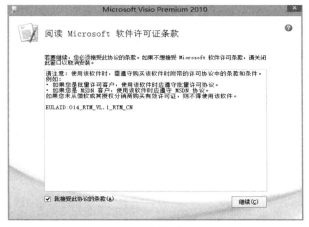

图 2-22　安装图（一）

图 2-23　安装图（二）

（3）可以根据需要，选择安装类型，再进行安装路径的配置，如图 2-24 所示。

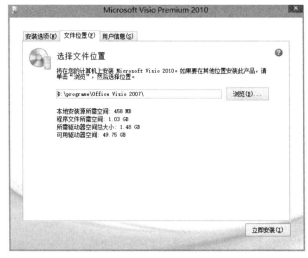

图 2-24　安装图（三）

(4)安装过程中,会有进度提示,如图 2-25 所示。

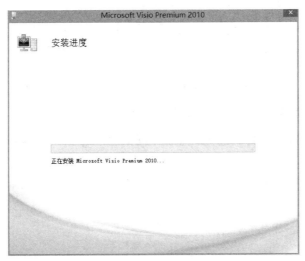

图 2-25　安装图(四)

(5)安装成功也会有提示,如图 2-26 所示。

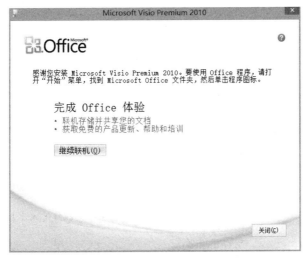

图 2-26　安装图(五)

2.10.3　Visio 2010 卸载

卸载 Visio 2010,即是从系统中删除 Visio 2010,其操作方法可分为自动卸载与控制面板卸载。在此,不再复述。

2.10.4　认识 Visio 2010 界面

安装完 Visio 2010 之后,首先需要认识一下 Visio 2010 的工作界面。Visio 2010 与 Word 2010、Excel 2010 等常用 Office 组件的窗口界面有着较大区别,但与 Project 2010 的工作界面大体相同。菜单与工具栏位于 Visio 2010 窗口的最上方,主要用来显示各级操作命令。Visio

2010 中的菜单与 Word 2010 中的菜单显示状态一致。

用户可通过执行【视图】|【任务窗格】命令,来显示或隐藏各种任务窗格。该窗格位于屏幕的右侧,主要用于专业化设置。例如,【数据图形】窗格、【主题-颜色】窗格、【主题-效果】窗格与【剪贴画】窗格等。

绘图区位于窗口的中间,主要显示了处于活动状态的绘图元素,用户可通过执行【视图】菜单中的某窗口命令,切换到其他窗口中。绘图区主要显示绘图窗口、形状窗口、绘图自由管理器窗口、大小和位置窗口、形状数据窗口等窗口,如图 2-27 所示。

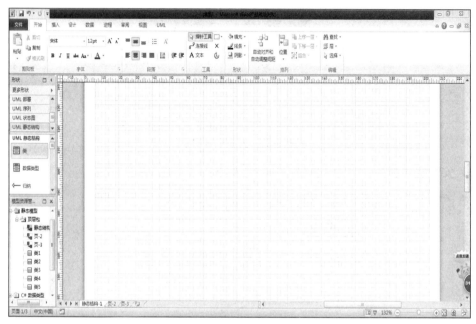

图 2-27　Visio 2010 界面图

对 Visio 2010 的基础知识有了一定的了解之后,用户便可以创建绘图文档了。在本小节中,主要讲解新建与打开绘图文档的操作方法与技巧。

在 Visio 2010 中,用户不仅可以通过系统自带的模板或现有的绘图文档来新建绘图文档,而且还可以从头开始新建一个空白绘图文档。

用户可以打开保存过的图表文件,并进行编辑和修改操作。

当用户创建 Visio 文档之后,为了防止因误操作或突发事件引起的数据丢失,可对文档进行保存操作。另外,为了保护文档中的重要数据,用户还可以设置密码保护及定期保存等文档保护设置。

对于新建绘图文件,用户可通过执行【文件】|【保存】命令,或单击【常用】工具栏中的【保存】按钮,对文件进行保存。此时,所保存的文件类型为系统默认的绘图文件。另外,用户可执行【文件】|【另存为】命令,在【另存为】对话框中的【文件类型】下拉列表中,选择相应的保存类型,将文件保存为其他格式。

在制作绘图时,用户需要根据自己的工作习惯来设置 Visio 的保存或打开选项,以便及时地保存工作数据。执行【工具】|【选项】命令,在【保存/打开】选项卡中设置相应的选项即可。

为了防止 Visio 文档中的数据泄露,用户可以通过 Visio 2010 提供的下列两种保护功能来保护 Visio 文档。

在制作绘图时，用户可以通过 Visio 2010 中的"扫视和缩放"等功能，不停地查看绘图页的不同部分。同时，用户还可以在绘图窗口中创建新窗口并管理多个窗口的方法，来提高 Visio 文件的使用率。另外，还可以通过增加绘图页的方法，来存储更多的绘图数据。

在 Visio 2010 中不仅可以通过"扫视和缩放"功能来查看绘图，而且还可以在 Visio 2010 中创建另外的窗口，从而实现同时查看两个或多个绘图的功能。

Visio 2010 与 Office 其他组件一样，也可以将绘图页打印到纸张中，便于用户查看和研究绘图与模型数据。在打印绘图之前为了版面的整齐，需要设置绘图页的页面参数。同时，为了记录绘图页中的各项信息，还需要使用页眉和页脚。

由于页面参数直接影响了绘图文档整个版面的编排，所以在打印绘图之前需要通过执行【文件】|【页面设置】命令，在弹出【页面设置】对话框中设置页面大小、缩放比例等页面参数。

在 Visio 2010 中用户可以通过使用页眉与页脚的方法，来显示绘图页中的文件名、页码、日期、时间等信息。页眉和页脚分别显示在绘图文档的顶部与底部，并且只会出现在打印的绘图上和打印预览模式下的屏幕上，不会出现在绘图页上。

在工作中为了便于交流与研究，需要将绘图页打印到纸张上。另外，在打印绘图页之前，还需要运用 Visio 2010 中的预览功能，查看绘图页的页面效果。

● 实验实训

使用 Visio 2010 绘制类图

实例：绘制学生成绩管理系统中学生选课类图，效果图如图 2-28 所示。

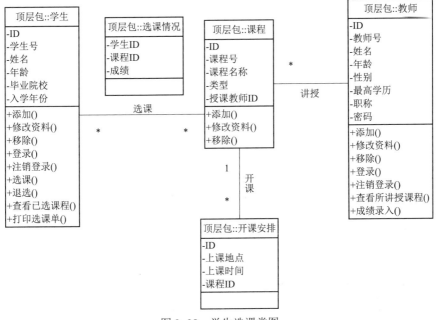

图 2-28　学生选课类图

操作步骤：

（1）新建 UML 模型图，如图 2-29 所示。

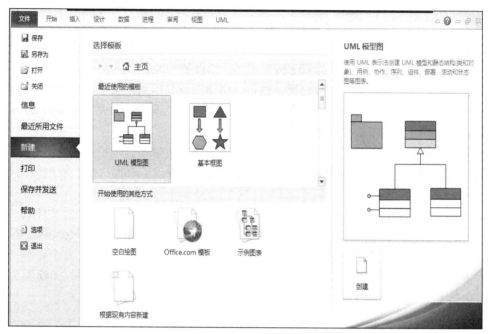

图 2-29　新建 UML 模型图

（2）单击【创建】按钮，会出现一个空白的模板，如图 2-30 所示。

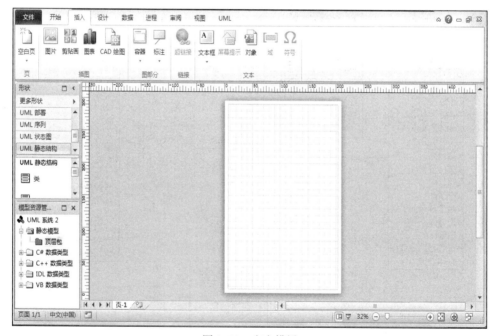

图 2-30　空白模板

（3）拖曳 5 个静态结构里的"类"并放置图示位置，如图 2-31 所示。

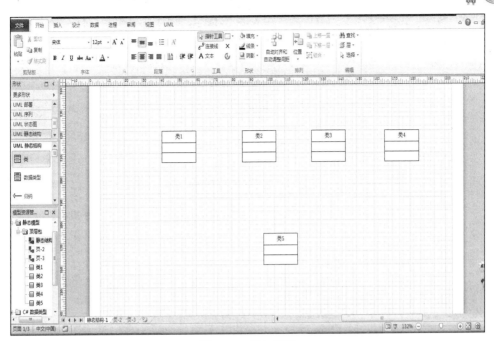

图 2-31　添加类图

（4）双击拽过来的"类 1"控件，修改类名为"学生"，如图 2-32 所示。

图 2-32　修改类名（一）

（5）在左侧菜单里找到"特性"选项并单击，输入图示各属性，如图 2-33 所示。

图 2-33 修改属性（一）

（6）单击左侧"操作"选项，输入图示各方法名称，如图 2-34 所示。

图 2-34 修改操作（一）

（7）双击拽过来的"类 2"控件，修改类名为"选课情况"，如图 2-35 所示。

图 2-35 修改类名（二）

（8）在左侧菜单里找到"特性"选项并单击，输入图示各属性，如图 2-36 所示。

图 2-36 修改属性（二）

（9）双击拽过来的"类 3"控件，修改类名为"课程"，如图 3-37 所示。

图 2-37 修改类名（三）

（10）在左侧菜单里找到"特性"选项并单击，输入图示各属性，如图 2-38 所示。

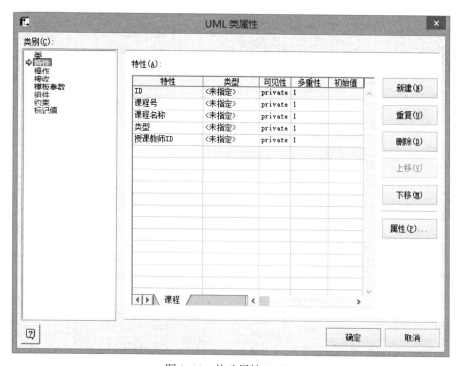

图 2-38 修改属性（三）

（11）在左侧菜单里找到"操作"选项，输入各方法的名称，如图 2-39 所示。

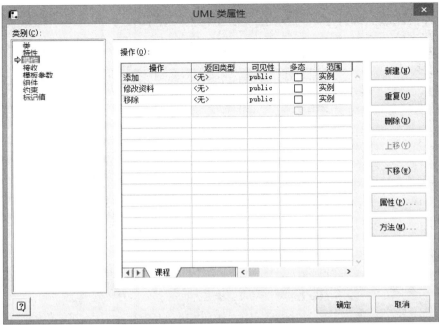

图 2-39 修改操作（二）

（12）双击拽过来的"类 4"控件，修改类名为"教师"，如图 2-40 所示。

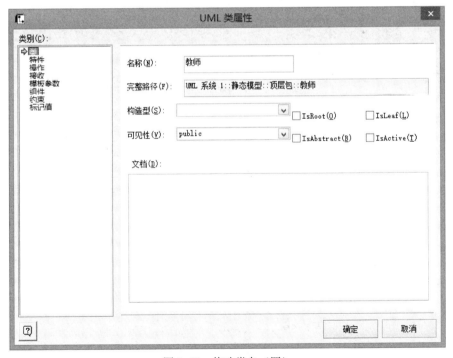

图 2-40 修改类名（四）

（13）在左侧菜单里找到"特性"选项并单击，输入图示各属性，如图 2-41 所示。

图 2-41 修改属性（四）

（14）在左侧菜单里找到"操作"选项，输入各方法的名称，如图 2-42 所示。

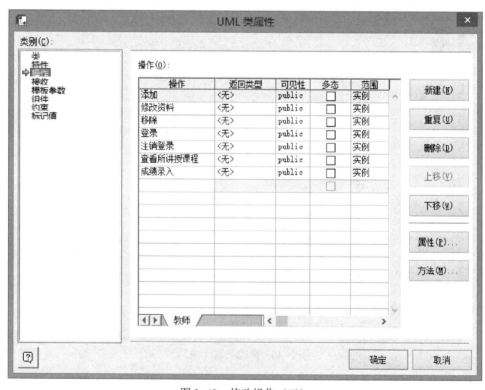

图 2-42 修改操作（三）

（15）双击拽过来的"类5"控件，修改类名为"开课安排"，如图2-43所示。

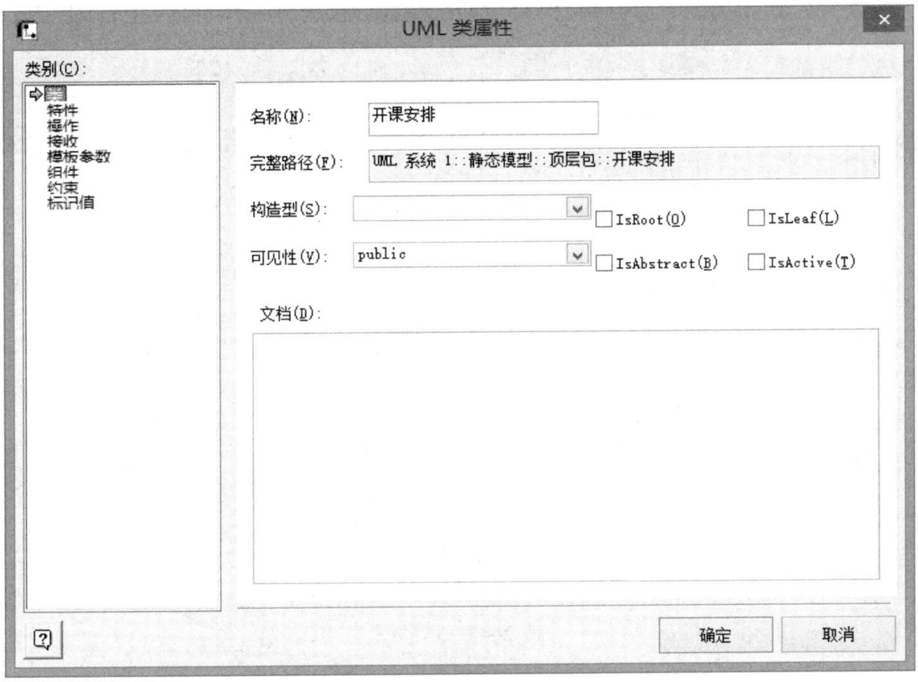

图2-43 修改类名（五）

（16）在左侧菜单里找到"特性"选项并单击，输入各属性，如图2-44所示。

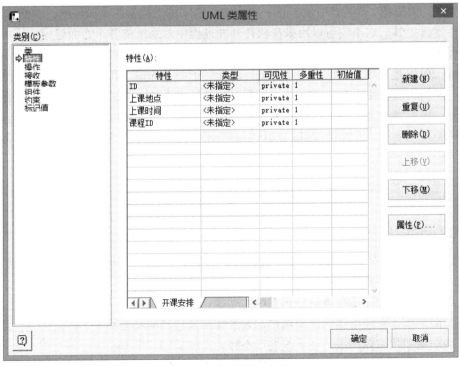

图2-44 修改属性（五）

（17）最终作品如图 2-45 所示，保存即可。

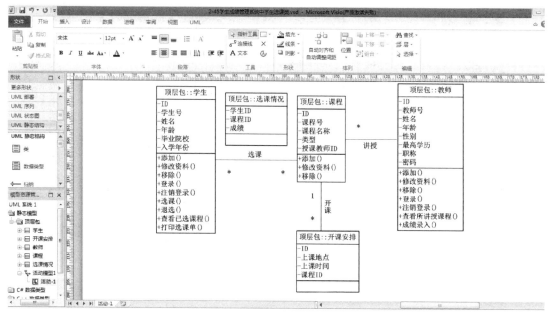

图 2-45　作品图

● 小　　结

　　本项目重点介绍了 UML 面向对象方法使用的标准建模语言。常用的 UML 图有 9 种：用例图、类图、对象图、时序图、协作图、状态图、活动图、构件图、部署图。UML 是一种有力的软件建模工具，它不仅可以用来在软件开发过程中对系统的各个方面建模，还可以用在许多工程领域。

　　Visio 2010 是一个强大的应用绘图工具，能够把简单的概念和易用的工具进行结合，从而提供广泛的应用。使用 Visio 2010 可以帮助软件技术人员，在进行软件系统开发过程中，利用软件、模板等工具，图形化地描述、记录软件系统。本项目以绘制学生成绩管理系统中学生选课类图为案例，介绍了 Visio 2010 中的类图模板，同时讲述了 Visio 2010 工具应用的基本内容。

● 习　　题

一、判断题

　　1. UML 中一共有 9 种图：它们是用例图、类图、对象图、顺序图、协作图、状态图、活动图、构件图、部署图。（　　）

　　2. 用例图是从程序员角度来描述系统的功能。（　　）

　　3. 类图是描述系统中类的静态结构，对象图是描述类的动态结构。（　　）

　　4. 活动图和状态图用来描述系统的动态行为。（　　）

　　5. 协作图的一个用途是表示一个类操作的实现。（　　）

6. 部署图表现构件实例，构件图表现构件类型定义（　　）

二、选择题

1. 部署图用于哪种建模阶段？（　　）
   A. 动态建模　　　B. 静态建模　　　C. 非静态建模　　　D. 非动态建模
2. 请在下面选项中选出两种可以互相转换的图。（　　）
   A. 顺序图　　　B. 协作图　　　C. 活动图　　　D. 状态图
3. 下面哪些图可用于分析阶段？（　　）
   A. 用例图　　　B. 构件图　　　C. 类图　　　D. 顺序图
4. 设计视图的静态方面采用（　　）表现。
   A. 交互图　　　B. 类图和对象图　　　C. 状态图　　　D. 活动图
5. 在下列描述中，哪一项不是建模的基本原则？（　　）
   A. 要仔细地选择模型
   B. 每一种模型可以在不同的精度级别上表示所要开发的系统。
   C. 模型要与现实相联系。
   D. 对一个重要的系统用一个模型就可以充分描述。
6. UML 体系包括三个部分：UML 基本模块、（　　）和 UML 公共机制。
   A. UML 规则　　　B. UML 命名　　　C. UML 模型　　　D. UML 约束
7. 下面哪一项不是 UML 中的静态视图？（　　）
   A. 状态图　　　B. 用例图　　　C. 对象图　　　D. 类图

三、思考题

1. UML 的定义是什么？它的组成部分有哪些？
2. 如何识别参与者？
3. 类和对象之间有什么类似之处？
4. 在类图中，多重性表示什么？
5. 时序图和协作图的差别是什么？

项目三

结构化软件需求分析方法
——基于赠品管理系统

● **项目导读**

所谓"需求分析",是指对要解决的问题进行详细的分析,弄清楚问题的要求,包括需要输入什么数据,要得到什么结果,最后应输出什么。在软件工程当中的"需求分析"就是确定要计算机"做什么",要达到什么样的效果。可以说需求分析是做系统之前必做的。

在软件工程中,需求分析指的是在建立一个新的或改变一个现存的系统时,描写新系统的目的、范围、定义和功能时所要做的所有工作。需求分析是软件工程中的一个关键过程。在这个过程中,系统分析员和软件工程师确定顾客的需要。只有在确定了这些需要后,他们才能够分析和寻求新系统的解决方法。需求分析阶段的任务是确定软件系统功能。

在软件工程的发展历史中,很长时间里人们一直认为需求分析是整个软件工程中最简单的一个步骤。但在近十年内,越来越多的人认识到,需求分析是整个过程中最关键的一个部分。假如在需求分析时分析者们未能正确地认识到顾客的需要,那么最后的软件实际上不可能达到顾客的需要,或者软件项目无法在规定的时间里完工。

据调查显示,由于需求分析做得不成功而导致软件项目开发失败的大约占45%,因此,软件需求分析工作是否科学、完整,将对软件项目能否成功产生至关重要的影响。然而,在项目开发工作中,很多人对需求分析认识还远远不够,从作者参与或接触到的一些项目来看,许多软件项目的需求分析或多或少存在问题,有的是开发者本身不重视,有的是技术原因,有的是人员组织原因,有的是沟通原因,有的是制度原因,以上种种原因都表明做好软件需求分析是一项系统工作,而不能只依靠某种技术,需要系统、全面了解和掌握软件需求的基本概念、方法、手段、评估标准、风险等相关知识,并在实践中加以应用,才能真正做好软件需求的开发和管理工作。

● **项目概要**

- 软件项目的可行性分析
- 需求分析的任务与步骤
- 结构化分析方法
- 案例:赠品管理系统的结构化分析方法
- 需求分析评审

项目三　结构化软件需求分析方法

任务 3.1　软件项目的可行性分析

在软件项目开发过程中，如果资源和时间不被限制，所有项目都是可行的。然而，由于资源缺乏和交付时间的限制，基于计算机系统的开发变得越来越困难。因此，尽早对软件项目的可行性进行细致而谨慎的评估是十分必要的。如果在定义阶段及早发现将来可能在开发过程中遇到的问题，并及时作出决定，就可以避免大量人力、物力、财力和时间的浪费。本节简要介绍有关可行性分析的任务、步骤，以及在撰写可行性分析报告时的要求，同时对可行性分析文档和软件项目开发计划等内容进行概要介绍，通过本节的学习，要求深刻理解可行性分析的重要性。

提示：一个软件项目的开发主要解决以下 3 个方面的大问题：
(1) 为什么做？——可行性研究；
(2) 做什么？——需求分析；
(3) 如何做？——系统设计。

3.1.1　问题的定义

这里所讲的问题是指用户的基本要求，就是确切地定义用户要求解决的问题，即确定问题的性质，以及工程的目标和规模。怎样定义问题？问题定义的来源是用户，是提出问题并请求解决的人。如果问题是以书面形式提出的，那么系统分析员应该认真阅读和分析书面材料；如果问题是以口头形式提出的，那么系统分析员应该认真倾听并仔细记录要点，在适当的时候认真地请用户解释。系统分析员还应该通过对用户的访问调查进一步弄清楚用户为什么提出这样的问题，问题的背景是什么，用户的目标是什么，等等。

问题定义的目标是要求在短时间内对用户的要求有一个比较准确的估计，对实现的系统规模做到心中有数。但仅有这些还不够，还要弄清用户不打算干什么，在这个系统中哪些内容不用实现等问题。工作的宗旨是弄清要做什么并划清要实现系统的范围边界，在完成问题定义的过程中，用户一开始可能会给很多表格，因为他们可能认为只要把表格讲清楚，系统分析员就会完全明白这个系统，还有一些人可能会展示一些企业十分详尽的管理示意图，如物资流管理图、生产管理图、计划财务管理图等。因为他们可能认为只要系统分析员把这些图看懂了，就会对他们要建立的系统清楚了。但是，在问题定义阶段千万不要陷入这些表格和图纸中。因为不管是表格还是图纸，其中都包含了大量只有用户才能懂的术语。当然，这并不是说在问题定义阶段这些图纸和表格没有一点作用。对一些关键性的语汇可以请用户讲清楚，这样有利于问题定义的准确性，总之，在问题定义阶段，系统分析员应尽可能站在较高角度去抽象、概括所要做的事情。系统分析员对问题有了明确的认识之后，应该把自己的认识写成书面报告，并提交给用户和使用部门的负责人审查，以检验系统分析员对所要解决问题的理解是否正确。因为系统分析员对问题的理解会确定今后开发工作的方向，系统分析员对问题理解正确，是确保今后系统开发成功的关键。反之，系统分析员对问题理解不正确，会导致最终开发出来的系统不能解决实际要求解决的问题。如果一个系统不能解决要求它解决的问题，那么这个系统就一点价值也没有，从而浪费了开发它所用的时间和资源。所以，及时审查问题的定义是非常重要的。理想的做法是系统分析员、用户和使用部门的负责人一起阅读并讨论这份报告，明确含糊不清的地方，改正不正确的地方，通过修改得到一份大家一致认同的文档。对问题定义的书面报告应该尽可能清楚、简洁，最好写在一页纸内。这份问题定义报告通常应该包括工程项目的名称，对问题的概括定义，项目的目标、规模和对可行性研究的具体建议（需要的时间和成本）等。一旦系统分析员、用户和使用部门的负责人对所要解决的问题取得了完全一致的看法，且在报告书上签了字，问题定义阶段的工作就宣告完成，可行性研究即可开始。问题定义报告的格式见表3-1。

表3-1 问题定义报告

用户单位	某 校
用户负责人	×××
（系统）分析员单位	×××学院
（系统）分析员	×××
工程项目的名称	×××信息管理系统
问题（概括定义）	略
项目的目标	研究×××信息管理系统开发的可能性
项目的规模	项目的开发成本×万元
对可行性研究的具体建议	建议进行大约一周的可行性研究，研究经费不超过 1 000 元

3.1.2 可行性研究的任务

可行性研究的目的不是解决问题，而是确定问题是否值得去解决。怎样达到这个目的呢？当然不能靠主观猜想而只能靠客观分析。必须分析几种主要的可能解法的利弊，从而判断原定的系统规模和目标是否现实，系统完成后所能带来的效益是否大到值得投资开发这个系统的程度。因此，可行性研究实质上是进行一项大大压缩简化了的系统分析和设计工作，也就是在较高层次上以较抽象的方式进行的系统分析和设计的过程。首先需要进一步分析和澄清问题定义。在问题定义阶段初步确定的规模和目标，如果是正确的就进一步加以肯定，如果有错误就应该及时改正，如果对目标系统有任何约束和限制，也必须把它们清楚地列举出来。在澄清了问题定义之后，分析员应该导出系统的逻辑模型。然后从系统逻辑模型出发，探索若干种可供选择的主要解法（即系统实现方案）。对每种解法都应该仔细研究它的可行性，一般说来，至少应该从下述方面研究每种解法的可行性。

1. 经济可行性

这个系统的经济效益能超过它的开发成本吗？

经济可行性分析主要进行开发成本的估算及可能取得效益的评估，确定待开发系统是否值得投资开发。

2. 技术可行性

使用现有的技术能实现这个系统吗？

技术可行性分析至少要考虑以下几方面因素：

（1）在给定的时间内能否实现需求说明中的功能。如果在项目开发过程中遇到难以克服的技术问题，麻烦就大了。轻则拖延进度，重则断送项目。

（2）软件的质量如何？有些应用对实时性要求很高，如果软件运行慢如蜗牛，即便功能具备也毫无实用价值。有些高风险的应用对软件的正确性与精确性要求极高，如果软件出了差错而造成客户利益损失，那么软件开发方可要赔惨了。

（3）软件的生产率如何？如果生产率低下，能赚到的钱就少，并且会逐渐丧失竞争力。在统计软件总的开发时间时，不能漏掉用于维护的时间。软件维护是非常拖后腿的事，它能把前期拿到的利润慢慢地消耗光。如果软件的质量不好，将会导致维护的代价很高，企图通过偷工减料而提高生产率，是得不偿失的事。

技术可行性分析可以简单地表述为：做得了吗？做得好吗？做得快吗？

3. 操作可行性

系统的操作方式在这个用户组织内行得通吗？

操作可行性分析主要分析用户组织的结构、工作流程、管理模式及规范是否适合目标系统的运行，是否互不相容；现有的人员素质能否胜任对目标系统的操作；如果进行培训，时间是多少？成本如何？

操作可行性一般包括用户类型（外行型/熟练型/专家型）和操作习惯两个方面。

4. 社会环境的可行性

社会环境的可行性至少包括两种因素：市场与政策。

市场又分为未成熟的市场、成熟的市场和将要消亡的市场。涉足未成熟的市场要冒很大的风险，要尽可能准确地估计潜在的市场有多大，自己能占多少份额，多长时间能实现。挤进成熟的市场，虽风险不高，但油水也不多。如果供大于求，即软件开发公司多，项目少，那么在竞标时可能会出现恶性杀价的情形。例如：国内第一批卖计算机的、做系统集成的公司发了财，别人眼红了也挤进来，这个行业的平均利润也就下降了。

5. 法律可行性

法律可行性分析主要确认待开发系统可能会涉及的任何侵犯、妨碍、责任等问题。法律可行性所涉及的范围比较广，包括合同、责任、侵权以及其他一些技术人员常常不了解的陷阱。

6. 使用可行性分析

使用可行性是指用户是否容易接受使用方式，如操作方式。对于一个运行方式难以让人习惯的软件，用户是不会满意的。

注：可行性研究最根本的任务是对以后的行动方针提出建议。对于大多数系统（除国防系统、法律委托系统和高技术应用系统等外），一般衡量经济上是否合算，应考虑一个"底线"。经济可行性分析涉及范围较广，包括成本-效益分析、长期的公司经营策略、对其他单位或产品的影响、开发所需的成本和资源，以及潜在的市场前景等。

一般说来，可行性研究的成本只是预期的工程总成本的5%～10%。在进行可行性分析时，通常要先分析目前正在使用的系统，然后根据待开发系统的要求导出新系统的高层逻辑模型。有时可能提出几个可选择的方案，并对每个方案从技术上、经济上、使用上、法律上进行可行性分析，在对各方案进行比较后，选择其中一个作为推荐方案（有时可能要在几个方案之间进行折中），最后对推荐方案给出一个明确的结论，如"可行""不可行"或"等某条件成熟后可行"等。

3.1.3 可行性研究过程

典型的可行性研究过程有如图 3-1 所示一些步骤。

（1）复查系统规模和目标。

（2）研究目前正在使用的系统。应该仔细阅读分析现有系统的文档资料和使用手册，也要实地考察现有的系统。

注：常见的错误做法是花费过多时间去分析现有的系统。

（3）导出新系统的高层逻辑模型。优秀的设计过程通常从现有的物理系统出发，导出现有系统的逻辑模型，再参考现有系统的逻辑模型，设想目标系统的逻辑模型，最后根据目标系统的逻辑模型建造新的物理系统。

（4）进一步定义问题。新系统的逻辑模型实质上表达了分析员对新系统必须做什么的看法。分析员应该和用户一起再次复查问题定义、工程规模和目标，这次复查应该把数据流图和数据字典作为讨论的基础。如果分析员对问题有误解或者用户遗漏了某些要求，那么现在是发现和改正这些错误的时候了。

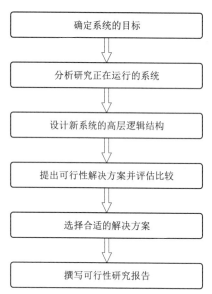

图 3-1 典型的可行性研究过程

（5）导出和评价供选择的解法。分析员应该从他建议的系统逻辑模型出发，导出若干个较高层次的（较抽象的）物理解法供比较和选择。

（6）推荐行动方针。根据可行性研究结果应该做出的一个关键性决定是：是否继续进行这项开发工程。强调：分析员必须清楚地表明他对这个关键性决定的建议。分析员对于所推荐的系统必须进行比较仔细的成本/效益分析。

（7）草拟开发计划。

（8）书写文档提交审查。

应该把上述可行性研究各个步骤的工作结果写成清晰的文档，请用户、客户组织的负责人及评审组审查，以决定是否继续这项工程及是否接受分析员推荐的方案。

3.1.4 可行性分析的结论

可行性分析的结论一般有如下 3 种：

（1）可以按计划进行软件项目的开发。

（2）需要解决某些存在的问题（如资金短缺、设备陈旧和开发人员短缺等）或者需要对现有的解决方案进行一些调整或改善后才能进行软件项目的开发。

（3）待开发的软件项目不具有可行性，立即停止该软件项目的开发。

上述的可行性分析步骤只是一个经过长期实践总结出来的框架，在实际使用的过程中，它不是固定的，根据项目的性质、特点以及开发团队对业务领域的熟悉程度会有所变化。

3.1.5 可行性分析文档

可行性分析文档可以作为一个单独的报告提供给上级管理部门，也可以包括在"系统规格说明"的附录中。可行性分析报告的形式有很多种,为了使读者能够具体地了解如何编写可行性分析报告技术文档,下面对可行性分析报告的内容要求及写法进行简要说明。

1. 引言

引言说明编写本文档的目的,项目的名称、背景,本文档用到的专业术语和参考资料。

2. 可行性分析前提

可行性分析前提说明开发项目的功能、性能和基本要求、达到的目标,各种限制条件、可行性分析方法和决定可行性的主要因素。

3. 对现有系统的分析

对现有系统的分析说明现有系统的处理流程和数据流程、工作负荷、各项费用的支出、所需各类专业技术人员和数量、所需各种设备,现有系统存在的问题。

4. 所建设系统的可行性分析

所建设系统的可行性分析简要说明所建设系统的处理流程和数据流程,与现有系统比较的优越性,采用所建议系统对用户的影响,对各种设备、现有软件、开发环境和运行环境的影响,对经费支出的影响,对技术可行性的评价。

5. 所建设系统的经济可行性分析

所建设系统的经济可行性分析说明所建设系统的各种支出、各种效益、收益/投资比、资金回收周期。

6. 社会因素可行性分析

社会因素可行性分析说明法律因素对合同责任、侵犯专利权和侵犯版权等问题的分析。说明用户使用可行性是否满足用户行政管理、工作制度等要求。

7. 其他可选方案

其他可选方案逐一说明其他可选方案,并说明未被推荐的理由。

8. 结论意见

结论意见说明项目是否能开发,还需要什么条件才能被开发,对项目目标有何变动等。

3.1.6 软件项目开发计划书

软件项目开发计划书是一种管理性文档,其主要内容如下:

(1)项目概述。项目概述包括项目目标、主要功能、系统特点以及关于开发工作的安排。

(2)系统资源。系统资源包括开发和运行该系统所需要的各种资源,如硬件、软件、人员和组织机构等。

(3)费用预算。费用预算说明完成该项目的总费用及资金计划。

(4)进度安排。进度安排说明开发项目的周期,开始以及完成时间。

(5)交付的产品清单。

软件项目开发计划书一般供软件开发单位使用。

可行性分析是抽象和简化了的系统分析和设计的全过程,它的目标是用最小代价尽快确定问题是否能够解决,以避免盲目投资带来的巨大浪费。可行性分析是从技术上、经济上、使用上、法律上分析应解决的问题是否有可行的解,从而确定该软件是否可行。

任务3.2 需求分析的任务与步骤

软件需求分析是软件开发周期的第一个阶段,关系到软件开发成败。软件需求的目标是把用户的"需要"变成系统开发的"需求"(或称为需求规范)。软件需求工作包括收集用户、市场等方面对项目的需要,经过分析建立解题模型,细化模型,抽取需求。因为软件需求分析得到的每项需求都是将来系统测试的验收准则,所以需求要细化到可写出验收需求的程度。在 IEEE 软件工程标准词汇表中定义的软件需求如下:

美国电气及电子工程师学会

(1)用户解决问题或达到目标所需的条件或能力。
(2)系统或系统部件要满足合同、标准、规范或其他正式规定文档所具有的条件或能力。
(3)一种反映所描述的条件或能力的文档说明。

通俗地讲,"需求"就是用户的需要,包括用户要解决的问题、达到的目标,以及实现这些目标所需要的条件,它是一个程序或系统开发工作的说明,表现形式为文档形式。

软件需求分析可以把软件功能和性能的总体概念描述为具体的软件需求规格说明,进而建立软件开发的基础。软件需求分析是一个不断认识和逐步细化的过程。在这个过程中,能将软件计划阶段所确定的软件范围逐步细化到可详细定义的程度,并分析和提出各种不同的软件元素,然后为这些元素找到可行的解决方法。

需求分析是一项重要的工作,也是最困难的工作。该阶段工作有以下特点:

1. 供需交流困难

在软件生存周期中,其他阶段都是面向软件技术问题,只有本阶段是面向用户的。需求分析是对用户的业务活动进行分析,明确在用户的业务环境中软件系统应该"做什么"。在开始时,开发人员和用户双方往都不能准确地提出系统要"做什么"。因为软件开发人员不是用户问题领域的专家,不熟悉用户的业务活动和业务环境,又不可能在短期内搞清楚;而用户不熟悉计算机应用的有关问题。由于双方互相不了解对方的工作,又缺乏共同语言,所以在交流时存在隔阂。

2. 需求动态化

对于一个大型而复杂的软件系统,用户很难精确完整地提出它的功能和性能要求。一开始只能提出一个大概、模糊的功能,必须经过长时间的反复认识才逐步明确。有时进入设计、编程阶段才能明确,更有甚者,到开发后期还在提新的要求。这无疑给软件开发带来困难。

3. 后续影响复杂

需求分析是软件开发的基础。假定在该阶段发现一个错误,解决它需要用 1 小时,到设计、编程、测试和维护阶段解决,则要花 2.5、5、25、100 倍的时间。

因此,对于大型复杂系统而言,首先要进行可行性研究。开发人员对用户的要求及现实环境进行调查、了解,从技术、经济和社会因素三个方面进行研究并论证该软件项目的可行性,根据可行性研究的结果,决定项目的取舍。

在软件开发项目的需求分析过程中,出现方法和步骤上的失误(如各种信息收集不全、功能不明确、需求文档不完善等)都可能成为软件开发实施中的隐患,软件项目中 40%~60%的问题都是在需求阶段埋下的祸根,因此准确、完整和规范化的软件需求是软件开发成功的关键。

3.2.1 需求分析的任务

需求分析的任务是将用户的需求变为软件的功能和性能描述。为了将软件功能和性能描述清楚，系统分析人员需要用文字、图形符号来详细说明软件必须做什么（即实现的功能），以及配合运行的环境（即系统的支撑硬件、软件环境）。

通常软件开发就是要实现系统的物理模型，也就是确定待开发的软件系统的系统元素，然后把功能和数据结构分配到这些系统元素中。但是，目标系统的具体物理模型是由它的逻辑模型经过实例化得到的，逻辑模型忽略实现机制和具体细节，只描述系统要完成的功能和要处理的数据。通常对软件系统有下述几方面的综合要求：

（1）功能需求。
（2）性能需求。
（3）可靠性和可用性需求。
（4）出错处理需求。
（5）接口需求。
（6）约束。
（7）逆向需求。
（8）将来可能提出的要求。

需求分析的任务就是借助于当前系统的逻辑模型导出目标系统的逻辑模型，确定目标系统"做什么"的问题。主要工作任务如下：

1. 建立分析模型

一般来说，现实应用中的系统无论表面上怎样杂乱无章，总是可以通过分析、归纳找出规律，然后再通过"抽象"建立该系统的模型。软件需求的分析模型是描述软件需求的一组抽象。由于系统应用的各个用户往往会从不同的角度阐述他们对原始问题的理解和对目标软件的需求，因此有必要为原始问题及其目标软件系统建立模型。

事实上，一个软件从外部可以被看作是一个黑盒子，信息从一端流入，从另一端流出，信息的变化就是软件的功能所为。计算机程序所处理的数据域描述为：数据内容、数据结构和数据流。数据内容就是数据项，数据结构就是数据项的组织形式，数据流就是数据通过系统时的变化方式。

通过建立需求分析模型，一方面用于精确地记录用户对原始问题和目标软件的描述；另一方面将帮助分析人员发现用户需求中的不一致性，排除不合理的部分，挖掘潜在的用户需求。这种需求分析模型往往包括系统的逻辑模型和物理模型。软件的逻辑模型给出软件的功能和数据之间的关系。软件的物理模型要给出处理功能和数据结构的实际表示形式，这往往涉及具体的设备类型和数据结构的存储方式。在系统的设计和实现时，不同的设备类型和数据存储方式都会对软件的实现产生很大的影响，因此在需求分析时应该给出软件系统的物理模型。在实际项目中，需求分析具体包括的问题及其环境所涉及的信息流、处理功能、用户界面、行为模型及设计约束，是形成需求说明、进行软件设计与实现的基础。

2. 编写软件需求规格说明书

软件需求规格说明书简称为需求说明，它是软件项目计划与软件项目实施之间的桥梁，是软件设计的依据，因此必须具有准确性和一致性。任何含混不清、前后矛盾或者某个微小的错漏，都可能导致误解或铸成系统的大错，在纠正时将会付出巨大的代价。

软件需求说明应该具有清晰性和无二义性，因为它是沟通用户和系统分析员思想的媒体，双方要用它来表述需要计算机解决的问题的共同理解。如果在需求说明中使用了用户不易理解的专业术语，或用户与分析人员对要求内容做出了不同解释，就可能导致系统的失败。需求说明应当直观、易读和便于修改。为此应尽量采用标准的图形、表格和简单的符号来表示，使不熟悉计算机的用户也能一目了然。下面是一个软件需求规格说明书的样例。

【引言】

编写目的：阐明编写需求说明书的目的，指明读者对象。

项目背景：包括项目的用户单位、开发单位等经济关系；该软件系统与其他系统的关系。

定义：列出文档中所用到专业术语的定义和缩写词的原文。

参考资料：包括项目核准的计划任务书、合同或上级批文；项目开发计划；文档所引用的资料、规范和标准。同时，列出这些资料的作者、标题、编号、发表日期、出版单位或资料来源。

【任务概述】

目标。

运行环境。

【功能需求】

功能划分。

功能描述。

【性能需求】

数据精确度。

时间特性：包括响应时间、更新处理时间、数据转换传输时间、运行时间等。

适应性：在操作方式、运行环境、与其他软件的接口以及开发计划等发生变化时，应具有的适应能力。

【运行需求】

用户界面：包括屏幕格式、报表格式、菜单格式、输入/输出等。

硬件接口。

软件接口。

故障处理。

【非功能性需求】

软件系统的可使用性、安全保密性、可维护性、可移植性等。

3.2.2 需求分析的步骤

在需求分析过程中必须采取合理的步骤，才能准确地获取软件的需求，产生符合要求的软件需求规格说明书。

整个需求分析一般分为4个步骤：获取需求、提炼需求、描述需求和验证需求。

1. 调查研究，获取需求

需求的获取通常是从分析当前应用所包含的数据开始的，如当前应用系统使用的报表、册卡等。实现的目标软件系统需求还包括用户对软件功能的需求和界面的需求。为了收集到全面完整的信息，应当将客户按使用频率、使用特性、优先级等标准进行分类，每个类选择若干用户代表，从代表那里收集他们希望的软件系统功能、用户与系统间交互和对话方式等需求。在确定功能需求之后，还要考虑对质量的要求，包括性能、有效性、可靠性和可用性等，提高用户对软件的满意程度。

2. 分析建模，提炼需求

通过建立分析模型来提炼需求。图形化的分析模型是说明软件需求的最佳手段，常用的模型有数据流图、实体关系图、控制流图、状态转化图、用例图、类对象关系和行为图等。除了建立系统的逻辑模型和物理模型外，有些软件系统还需要绘制系统关联图、创建用户接口原型、确定需求优先级等。系统关联图用于定义系统与系统外部实体间的界限和接口的简单模型，同时也明确了接口的信息流和物质流。当开发人员或用户难以确定需求时，可以开发一个用户接口模型，通过评价原型使用户和其他参与者能更好地理解所要解决的问题。

3. 编写需求说明，描述需求

软件需求规格说明必须使用统一格式的文档进行描述。为了使需求描述具有统一的风格，可以采用已有的且满足项目需要的模板，如在国际标准 IEEE 830—1998 和中国国家标准 GB 9385—1988 中描述的软件需求规格说明书模板，也可以根据项目特点和软件开发小组的特点对标准进行适当的改动，形成自己的软件需求规格说明书。为了让所有项目的相关人员明白需求说明书中为何提出这些功能需求，应该指明需求来源，如客户要求、某项更高层系统需求、业务规范、政府法规、国家行业标准等。最好为每项需求标号，以便进行跟踪，记录需求的变更，并为需求状态和变更活动建立度量。

国际标准

国家标准

4. 分析评审，验证需求

验证需求是需求分析阶段工作的复查手段，是需求分析的最后一步，对系统功能的正确性、完整性和清晰性等，以及其他需求给予评价。系统分析员提供的软件需求规格说明书初稿往往看起来觉得是正确的，实现开发时却会出现需求不清、不一致等问题；有时以需求说明为依据编写测试计划可能发现说明中有不同的理解，因此，所有这些问题都必须通过需求验证来改善，确保需求说明可作为软件设计、开发和最终系统验收的依据。

3.2.3 需求分析的法则

客户与开发人员交流需要好的方法。下面给出 20 条法则，客户和开发人员可以通过评审这些法则达成共识。如果遇到分歧，可通过协商达成对各自义务的相互理解，以便减少以后的摩擦（如一方要求而另一方不愿意或不能够满足要求）。

1. 分析人员要使用符合客户语言习惯的表达

需求讨论集中于业务需求和任务，因此要使用术语。客户应将有关术语（例如：采价、印花商品等采购术语）教给分析人员，而客户不一定要懂得计算机行业的术语。

2. 分析人员要了解客户的业务及目标

只有分析人员更好地了解客户的业务，才能使产品更好地满足需要，使开发人员设计出真正满足客户需要并达到期望的优秀软件。为帮助开发和分析人员，客户可以邀请他们观察自己的工作流程。如果是切换新系统，那么开发和分析人员应使用一下旧系统，使他们明白系统是怎样工作的、其流程情况以及可供改进之处。

3. 分析人员必须编写软件需求报告

分析人员应将从客户那里获得的所有信息进行整理，以区分业务需求及规范、功能需求、质量目标、解决方法和其他信息。通过这些分析，客户就能得到一份"需求分析报告"，此份报告使开发人员和客户之间针对要开发的产品内容达成协议。报告应以一种客户认为易于翻阅和理解的方式组织编写。客户要评审此报告，以确保报告内容准确完整地表达其需求。一份高质量的"需求分析报告"有助于开发人员开发出真正需要的产品。

4. 要求得到需求工作结果的解释说明

分析人员可能采用了多种图表作为文字性"需求分析报告"的补充说明，因为工作图表能很清晰地描述出系统行为的某些方面，所以报告中各种图表有着极高的价值；虽然它们不太难于理解，但是客户可能对此并不熟悉，因此客户可以要求分析人员解释说明每个图表的作用、符号的意义和需求开发工作的结果，以及怎样检查图表有无错误及不一致等。

5. 开发人员要尊重客户的意见

如果用户与开发人员之间不能相互理解，那关于需求的讨论将会有障碍。共同合作能使大家"兼听则明"。参与需求开发过程的客户有权要求开发人员尊重他们并珍惜他们为项目成功所付出的时间，同样，客户也应对开发人员为项目成功这一共同目标所作出的努力表示尊重。

6. 开发人员要对需求及产品实施提出建议和解决方案

通常客户所说的"需求"已经是一种实际可行的实施方案，分析人员应尽力从这些解决方法中了解真正的业务需求，同时还应找出已有系统与当前业务不符之处，以确保产品不会无效或低效；在彻底弄清业务领域内的事情后，分析人员就能提出相当好的改进方法，有经验且有创造力的分析人员还能提出增加一些用户没有发现的很有价值的系统特性。

7. 描述产品使用特性

客户可以要求分析人员在实现功能需求的同时还注意软件的易用性，因为这些易用特性或质量属性能使客户更准确、高效地完成任务。例如：客户有时要求产品"界面友好"或"健壮"或"高效率"，但对于开发人员来讲，太主观了并无实用价值。正确的做法是，分析人员通过询问和调查了解客户所要的"友好、健壮、高效"所包含的具体特性，具体分析哪些特性有负面影响，在性能代价和所提出解决方案的预期利益之间做出权衡，以确保进行合理的取舍。

8. 允许重用已有的软件组件

需求通常有一定灵活性，分析人员可能发现已有的某个软件组件与客户描述的需求很相符，在这种情况下，分析人员应提供一些修改需求的选择以便开发人员能够降低新系统的开发成本和节省时间，而不必严格按原有的需求说明开发。所以说，如果想在产品中使用一些已有的商业常用组件，而它们并不完全适合客户所需的特性，这时一定程度上的需求灵活性就显得极为重要了。

9. 要求对变更的代价提供真实可靠的评估

对需求变更的影响进行评估从而对业务决策提供帮助，是十分必要的。所以，客户有权利要求开发人员通过分析给出一个真实可信的评估，包括影响、成本和得失等。开发人员不能由于不想实施变更而随意夸大评估成本。

10. 获得满足客户功能和质量要求的系统

每个人都希望项目成功，但这不仅要求客户清晰地告知开发人员关于系统"做什么"所需的所有信息，而且还要求开发人员能通过交流了解清楚取舍与限制。客户一定要明确说明自己的假设和潜在的期望，否则，开发人员开发出的产品很可能无法让其满意。

11. 给分析人员讲解您的业务

分析人员要依靠客户讲解业务概念及术语，但客户不能指望分析人员会成为该领域的专家，而只能让他们明白自己的问题和目标；不要期望分析人员能把握客户业务的细微潜在之处，他们可能不知道那些对于客户来说理所当然的"常识"。

12. 抽出时间清楚地说明并完善需求

客户很忙，但无论如何客户有必要抽出时间参与"头脑高峰会议"的讨论、接受采访或其他获取需求的活动。有些分析人员可能先明白了客户的观点，而过后发现还需要客户的讲解，这时双方一定要耐心对待一些需求和需求的精化工作过程中的反复，因为它是人们交流中很自然的现象，何况这对软件产品的成功极为重要。

13. 准确而详细地说明需求

编写一份清晰、准确的需求文档是很困难的。处理细节问题不但烦琐而且耗时，因此很容易留下模糊不清的需求。但是在开发过程中，必须解决这种模糊性和不准确性，而客户恰恰是为解决这些问题做出决定的最佳人选，否则，就只好靠开发人员去正确猜测了。

在需求分析中暂时加上"待定"标志是个方法。用该标志可指明哪些是需要进一步讨论、分析或增加信息的地方，有时也可能因为某个特殊需求难以解决或没有人愿意处理它而标注上"待定"。客户要尽量将每项需求的内容都阐述清楚，以便分析人员能准确地将它们写进"软件需求报告"中去。如果客户一时不能准确表达，通常就要求用原型技术，通过原型开发，客户可以同开发人员一起反复修改，不断完善需求定义。

14. 及时作出决定

分析人员会要求客户做出一些选择和决定，这些决定包括来自多个用户提出的处理方法或在质量特性冲突和信息准确度中选择折中方案等。有权做出决定的客户必须积极地对待这一切，尽快做处理，做决定，因为开发人员通常只有等客户做出决定后才能行动，而这种等待会延误项目的进展。

15. 尊重开发人员的需求可行性及成本评估

所有的软件功能都有其成本。客户所希望的某些产品特性可能在技术上行不通，或者实现它要付出极高的代价，而某些需求试图达到在操作环境中不可能达到的性能，或试图得到一些根本得不到的数据。开发人员会对此做出负面的评价，客户应该尊重他们的意见。

16. 划分需求的优先级

绝大多数项目没有足够的时间或资源实现功能性的每个细节。决定哪些特性是必要的，哪些是重要的，是需求开发的主要部分，这只能由客户负责设定需求优先级，因为开发人员不可能按照客户的观点决定需求优先级；开发人员将为客户确定优先级提供有关每个需求的花费和风险的信息。

在时间和资源限制下，关于所需特性能否完成或完成多少应尊重开发人员的意见。尽管没有人愿意看到自己所希望的需求在项目中未被实现，但毕竟要面对现实，业务决策有时不得不依据优先级来缩小项目范围或延长工期，或增加资源，或在质量上寻找折中。

17. 评审需求文档和原型

客户评审需求文档，是给分析人员提供反馈信息的方式。如果客户认为编写的"需求分析报告"不够准确,就有必要尽早告知分析人员并为改进提供建议。更好的办法是先为产品开发一个原型。这样客户就能给开发人员提供更有价值的反馈信息,使他们更好地理解自己的需求;原型并非是一个实际应用产品,但开发人员能将其转化、扩充成功能齐全的系统。

18. 需求变更要立即联系

不断地变更需求,会给在预定计划内完成的质量产品带来严重的不利影响。变更是不可避免的,但在开发周期中,变更越在晚期出现,其影响越大;变更不仅会导致代价极高的返工,而且工期将被延误,特别是在大体结构已完成后又需要增加新特性时。所以,一旦客户发现需要变更需求,请立即通知分析人员。

19. 遵照开发小组处理需求变更的过程

为将变更带来的负面影响减少到最低限度,所有参与者必须遵照项目变更控制过程。这要求不放弃所有提出的变更,对每项要求的变更进行分析、综合考虑,最后做出合适的决策,以确定应将哪些变更引入项目中。

20. 尊重开发人员采用的需求分析过程

软件开发中最具挑战性的莫过于收集需求并确定其正确性,分析人员采用的方法有其合理性。也许客户认为收集需求的过程不太划算,但请相信花在需求开发上的时间是非常有价值的;如果客户理解并支持分析人员为收集、编写需求文档和确保其质量所采用的技术,那么整个过程将会更为顺利。

具体的需求分析步骤见后面的赠品管理系统案例介绍。

任务3.3 结构化分析方法

结构化分析方法是在20世纪70年代末提出的,40多年来被广泛使用,是最经典的面向数据流的需求分析方法。结构化分析方法是结构化方法家族中的一员,在结构化方法家族中还有结构化程序设计方法等。结构化分析方法适用于数据处理类型软件的需求分析,它提供的工具包括数据流图、数据字典、判定表和判定树。

结构化分析方法的基本步骤是采用由顶向下对系统进行功能分解的方法,画出分层数据流图;由后向前定义系统的数据和加工,绘制数据词典和加工说明;最终写出软件需求规格说明书。下面简单介绍如下几个结构化分析方法工具。

3.3.1 数据流图

数据流图(data flow diagram,DFD)是描绘系统逻辑模型的图形工具,它以图形的方式描绘数据在系统中流动和处理的过程,由于它只反映系统必须完成的逻辑功能,所以它是一种功能模型,只描绘数据信息在系统中的流动和处理情况,不反映系统中的物理部件。数据流图的基本图形元素有4种,见表3–2。

表3–2 DFD的基本图形符号

图 形	说 明
○	加工。输入数据在此进行变化产生输出数据,其中要注明加工的名称

续表

图　形	说　明
□	数据输入的源点或数据输出的汇点，其中要注明源点或汇点的名称
→	数据流。被加工的数据与流向，箭头边应给出数据流的名字
⇁	数据存储文件

数据流是沿箭头方向传送数据的通道，是在加工之间传输加工数据的命名通道。同一个数据流图上不能有同名的数据流。多个数据流可以指向同一个加工，也可以从一个加工散发出多个数据流，以数据结构或数据内容作为加工对象。文件在数据流图中起保存数据的作用，因而称为数据存储。指向文件的数据流可理解为写入文件或查询文件，从文件中引出的数据流可理解为从文件读取数据或得到查询结果。

根据层级数据流图分为顶层数据流图、中层数据流图和底层数据流图。除顶层数据流图外，其他数据流图从零开始编号。顶层数据流图只含有一个加工表示整个系统；输出数据流和输入数据流为系统的输入数据和输出数据，表明系统的范围，以及与外部环境的数据交换关系。中层数据流图是对父层数据流图中某个加工进行细化，而它的某个加工也可以再次细化，形成子图；中间层次的多少，一般视系统的复杂程度而定。底层数据流图是指其加工不能再分解的数据流图，其加工称为"原子加工"。复杂软件系统的数据流图可能含有数百至数千个加工，不能设想一次就将它们画齐。正确的做法是：从系统的基本模型（把整个系统看成一个加工）开始，逐层地对系统进行分解。每分解一次，系统的加工数量就增多一些，每个加工的功能也更具体一些。重复这种分解，直到所有加工不能再分解为止，即为基本加工。把这种分解方法称为"由顶向下、逐步细化"，由此可得到分层的数据流图。在画单张数据流图时，必须注意以下原则：

（1）一个加工的输出数据流不应与输入数据流同名，即使它们的组成成分相同。

（2）保持数据守恒。也就是说，一个加工所有输出数据流中的数据必须能从该加工的输入数据流中直接获得，或者说是通过该加工能产生的数据。

（3）每个加工必须既有输入数据流，又有输出数据流。

（4）所有的数据流必须以一个外部实体开始，并以一个外部实体结束。

（5）外部实体之间不应该存在数据流。

具体的结构化分析方法见后面的赠品管理系统案例分析。

3.3.2 数据词典

数据词典（data dictionary，DD）是对存放在数据库中各级模式结构的描述，也是访问数据库的接口。作用是将数据流图中出现的所有被命名的图形元素作为一个词条加以定义，使得每个图形元素的名字都有一个确切的解释。

数据字典是指对数据的数据项、数据结构、数据流、数据存储、处理逻辑、外部实体等进行定义和描述，其目的是对数据流程图中的各个元素做出详细的说明。数据元素是数据处理中最小的、不可再分的单位，它直接反映事物的某一特征。数据元素词条应包括数据元素名、类型、长度和取值范围，这就是数据项。数据流是数据结构在系统内传播的路径，一个数据流词条应由数据流名称、说明、数据流来源、数据流去向和数据流组成。数据结构都是由数据元素构成的，数据文件是数据结构保存的地方。数据文件词条应包括数据文件名、输入\输出数据、数据文件组成和存储方式。加工词条主要包括加工名、加工编号、简要描述、输入输出数据流和加工逻辑（简称加工程序、顺序）。

以赠品管理系统为例，根据第二层数据流图（图3-8 赠品管理系统第二层数据流图）简单对数据字典进行说明。

（1）数据项，以"赠品号"为例。

数据项名：赠品号。

数据项含义：唯一标识每一个赠品。

别名：赠品编号。

数据类型：字符型。

长度：8。

取值范围：00000~99999。

取值含义：前2位为进货日期，后3位为顺序编号。

与其他数据项的逻辑关系：（无）。

（2）数据结构，以"顾客"为例。

数据结构名：顾客。

含义说明：赠品管理系统的主体数据结构，定义了一个顾客的有关信息。

组成：顾客号，姓名，性别，年龄。

（3）数据流，以"进赠品通知"为例。

数据流名：进赠品通知。

说明：赠品进货后，会通知不缺货了。

数据流来源："采购"处理。

数据流去向："发赠品"处理。

组成：赠品号，数量。

平均流量：每天10个。

高峰期流量：每天100个。

（4）数据存储，以"缺赠品登记文件"为例。

数据存储名：缺赠品登记文件。

说明：记录缺货的赠品。

编号：（无）。

流入的数据流：缺货信息。

流出的数据流：缺货信息。

组成：赠品号，赠品名，数量。

数据量：不定。

存取方式：随机存取。

（5）处理过程，以"采购"为例。

处理过程名：采购。
说明：仓库保管员采购缺少的赠品。
输入数据流：进赠品通知。
输出数据流：缺赠品单。
处理：系统实时读取"缺赠品登记文件"，产生"缺赠品单"，通知仓库保管员采购缺货赠品，当赠品采购到货后，产生"进赠品通知"，通知发赠品。

3.3.3 加工逻辑说明

加工逻辑也称为小说明，在数据流图中，如果每个加工框中只简单地写上一个加工名，显然不能表达加工的全部内容。随着自顶向下逐层细化，功能越来越具体，加工逻辑也越来越精细。在最底层，加工逻辑详细到可以实现的程度，也就是基本加工。如果能够写出每个基本加工的全部详细逻辑功能，再自底向上综合，就能完成全部逻辑加工。描述加工逻辑一般用以下三种工具：结构化语言、判定表、判定树。结构化语言是自然语言和结构化形式的结合，是一种介于自然语言和程序设计语言之间的语言，既具有结构化程序清晰、易读的特点，又具有自然语言的灵活性，不受程序设计语言的严格语法约束。判定表采用格式化的形式，适用于表达含有复杂判断的加工逻辑。条件越复杂，规则越多，越适宜用这种表格化的方式描述。如果需要，还可以在判定表中加上结构化语言，或者在结构化语言写的说明中插进判定表，以充分发挥它们各自的特长。另一种加工说明工具是判定树，它是判定表的图形表示，其适用场合与判定表相同。分析人员可根据用户的习惯选择一种使用。

3.3.4 实体关系图

数据模型中包含3种关联的信息：数据对象、数据对象的属性及数据对象彼此间相互连接的关系。实体关系图本身不属于结构化分析方法，但在实际工作中，为了描述数据间的关系，常常在结构化方法的基础上用实体关系图反映数据流（数据存储）之间的关系。

使用数据字典只能描述一个数据流或数据存储的数据项内容，无法对各个数据实体之间的关系进行清晰的描述。为了把用户数据要求清晰地表达出来，满足分析数据要求，分析人员经常使用实体关系（entity relationship，ER）图来描述现实世界中的实体及相互间的关系。

ER图中包含实体、属性和联系3个基本成分。图中的实体用矩形表示，属性用椭圆表示，联系用菱形表示。实体是数据项的集合，它既可以是具体事务，也可以是抽象事物。例如：仓库管理员、入库单、顾客等都是实体。每个实体的具体内容由属性表达。数据字典中每个数据项的定义就是对实体属性的描述。联系是反映实体间逻辑上和数量上的关系。例如，顾客和赠品实体之间存在"领取"的联系，仓库管理员和赠品实体之间存在"采购"的联系。联系的内容是由属性反映的。实体之间的联系可以有3类：一对一的联系（1:1）、一对多的联系（1:M）、多对多的联系（M:N）。

例如：顾客实体的属性有顾客号、姓名、性别、年龄、领取日期；仓库保管员实体的属性有工号、姓名、性别、年龄、工龄；赠品实体的属性有赠品号、赠品名、数量。顾客与赠品之间存在"领取"的联系，一名顾客可以选择多个赠品，一种赠品可由多人选择。联系"领取"的属性是顾客所选赠品的赠品号。保管员与赠品之间的联系是"采购"，它的属性是是否缺货，一名保管员可以采购多种赠品，一种赠品也可以由多个保管员采购。该采购管理的 ER 图如图 3-2 所示。

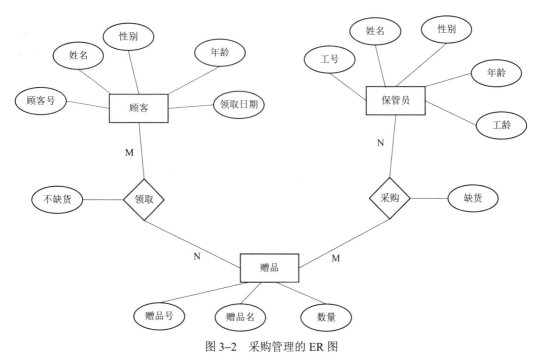

图 3-2 采购管理的 ER 图

3.3.5 系统流程图

系统流程图是一种极好的设计工具，它有助于开发人员和用户交流，利用系统的每个具体物理元素可以更准确地估计成本，更准确地制定系统开发进度。在可行性分析中，可以通过画系统流程图了解要开发项目的大概处理流程、范围和功能等。系统流程图不仅能用于可行性分析，还可以用于需求分析。其常用符号及相关说明见表 3-3。

表 3-3 系统流程图常用符号及相关说明

符号	名称	说　　明
▭	处理	能改变数据值或数据位置的加工部件
▱	输入/输出	表示输入/输出，是一个广义的不指明具体设备的符号
◯	连接	转出到图的另一部分或从图的另一部分转出来，通常在同一页上
⬠	换页连接	转出到另一页上或由另一页图转过来
←	数据流	用来连接其他符号，指明数据流动方向

续表

符号	名称	说明
	文档	通常表示打印输出,也可表示用打印机终端输入数据
	联机存储	表示任何数据种类的联机存储,包括磁盘、软件和海量存储器件等
	磁盘	磁盘输入/输出,也可以表示存储在磁盘上的文件或数据库
	显示	CRT终端或类似显示部件,可用于输入或输出,也可即输入又输出
	人工输入	人工输入的脱机处理,如何填写表格
	人工操作	人工完成的处理
	辅助操作	使用设备进行的联机操作
	通信链路	通过远程通信线路或链路传送功能

下面以铁路购票业务为例规划系统流程。

该系统需要完成如下几件事情:

(1) 购票人员在网上依据购票信息在车票库中选取符合要求票据。

(2) 如果满足要求的票已经售空,则有相应提示另行选择。

(3) 购票人员在自助取票机打印票据,乘车。

其系统流程图如图 3-3 所示。

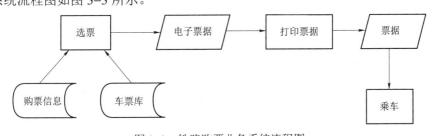

图 3-3 铁路购票业务系统流程图

任务 3.4 需求分析评审

3.4.1 需求分析评审的内容

1. 评审的主要内容

需求分析的文档完成后,应由用户和系统分析人员等相关人员共同进行复查、评审。评审后用户和开发人员均在需求规格说明书上签字，作为软件开发合同的组成内容。如果内容有所更改，双方要重新协商，达成协议后才能修改。

需求分析阶段的复审工作是对功能的正确性、完整性和清晰性，以及其他需求给予评价。评审的主要内容如下：

（1）系统定义的目标是否与用户的需求一致。
（2）系统软件需求分析阶段提供的文档资料是否齐全。
（3）文档中的描述是否完整、清晰、准确地反映用户需求。
（4）与其他系统的重要接口是否都已经清楚地描述。
（5）所开发项目的数据流与数据结构是否足够、确定。
（6）所有图表是否清楚，没有补充说明是否能够理解。
（7）主要功能是否已在规定的软件范围之内，是否都已充分说明。
（8）设计的约束条件或限制条件是否符合实际。
（9）是否考虑开发的技术风险。
（10）是否考虑过将来可能会提出的软件需求。
（11）是否详细制定了检验标准，对系统定义是否成功进行确认。
（12）用户是否审查了初步的用户手册。
（13）软件开发计划中的成本估算是否受到影响。

2. 评审主要内容的验证

为了提高软件质量，确保软件开发成功，降低软件开发成本，软件需求说明确定后必须严格验证这些需求的正确性。上述软件需求分析评审的主要内容应该从以下几方面进行验证。

（1）一致性：所有需求必须一致，任何一项需求不能与其他需求相互矛盾。
（2）完整性：需求说明必须完整，规格说明书应该包括用户需要的每个功能或性能。
（3）实现性：指定的需求应该是成熟、先进的软、硬件技术可以实现的。
（4）有效性：必须证明需求是正确有效的，确实能解决用户的问题。

3.4.2 需求分析评审的主要方法

在从一致性、完整性、实现性和有效性等角度来验证需求分析的正确性时，由于角度不同，其评审的方法有所不同。

1. 验证需求的一致性

一致性指用户需求必须与业务需求一致，功能需求必须与用户需求一致。在需求分析过程中，开发人员需要把一致性关系进行细化，如用户需求不能超出预先指定的范围。严格地遵守不同层次间的一致性关系，可以保证最后开发出来的软件系统不会偏离最初的实现目标。当需求分析的结果用大量的自然语言书写时，这种非形式化的规格说明书是难以验证的，特别是目标系统规模庞大、说明书篇幅很长时，冗余、遗漏和不一致等问题可能没有被发现而继续保留下来，以致软件开发工作不能在正确的基础上顺利进行。

软件工程研究者和技术专家提出了形式化的需求语言来描述软件需求的方法，并且可以用软件工具验证需求的一致性。

2. 验证需求的完整性和有效性

需求的完整性是非常重要的。如果遗漏需求，则不得不返工。在软件开发过程中，最糟糟的事情莫过于在软件开发接近完成时发现遗漏了一项需求。但需求的遗漏是经常发生的，这不仅是开发人员的问题，更多的是用户的问题。要实现需求的完整性是很艰难的一件事情，它涉及需求分析过程的各个方面，贯穿整个过程，从最初制订需求计划到最后的需求评审。

目标系统的软件需求规格说明书是否进行了完整、准确、有效的描述，只有目标系统的用户才有更大的发言权。只有在用户的密切配合下，才能证明系统确实满足了用户的实际需要。有时用户并不能清楚地认识到或有效地表达自己的需求，只有面对系统的原型产品时才能较完整地确切表达自己的需求。

项目组可以根据需求分析开发出一个试用版的软件系统模型，以便用户通过试用更好地认识到自己实际需要的功能，并在此基础上修改完善需求规格说明书。在具体应用中，使用快速原型法是一个不错的选择，开发原型系统所需的时间和成本会大大少于实际目标系统。用户通过试用原型获得经验和帮助，从而提出切实可行的要求。原型系统所显示的是系统的主要功能而不是性能，为此可以适当降低对接口可靠性等方面的要求，并可以减少文档工作，从而降低原型系统开发成本。

3. 验证需求的实现性

为了验证系统需求的实现性，分析人员应该参照以往开发类似系统的经验，分析、利用现有的软、硬件技术实现目标系统的可能性，必要时采用仿真或性能模拟技术，辅助分析软件需求规格说明书的实现性。

注意：目前大多数的需求分析采用的仍然是自然语言，自然语言对需求分析最大的弊病是它的二义性，所以开发人员要对需求分析中采用的语言做某些限制，如尽量采用"主语+动作"的简单表达方式。需求分析中的描述一定要简单，不能采用疑问句修饰复杂的表达方式。除了语言的二义性之外，不要使用计算机专业术语，否则会造成用户理解上的困难，而需求分析最重要的是与用户沟通。

3.4.3 需求分析评审的过程

需求评审过程由以下 5 个步骤组成。

1. 规划

由项目经理和系统分析人员共同依据评审内容、方法拟订审查计划，确定参加人员，准备需要的资料，安排审查会议的具体程序。

2. 准备

根据规划制定任务，将审查需要的资料预先分发给有关人员。每个拿到资料的审查者以"典型缺陷单"为指导，检查需求规格说明书中可能出现的错误。如果项目较大，可以将需求说明书划分成几个部分，分别发给不同的审查人员。

3. 召开审查大会

准备工作完成后就可以召开审查大会。由分析人员主要发言，描述需求，其他人员随时提出疑问或指出缺陷。会后，由记录人员整理出"缺陷建议表"，提交给开发小组。

4. 修改缺陷

根据整理出的"缺陷建议表"修改需求规格说明书或其他相关文档。

5. 重审

对修改后的需求说明书重新审查，方法同步骤3。步骤3~5是一个循环往复的过程，直到所有缺陷都已改正、整个需求规格说明书通过会议审查为止。注意：参加需求评审的人员包括分析人员、项目经理、软件设计人员、测试人员和用户。

任务 3.5 赠品管理系统的需求分析

下面以顾客在商场购买商品，支付货款后，领取赠品为例，介绍需求分析的步骤。

在商场搞促销的时候，顾客购买商品达到一定金额后，能够领取赠品，通过交流、调查得到的处理过程是：顾客购买商品到收费处交纳货款，由财务人员出具交款票据和发票，顾客凭票据和交款发票到会员中心登记，领取赠品领取单，再到赠品保管员处领取赠品。

如果把用户目前使用的系统称为"当前系统"，新开发应用的系统称为"目标系统"，则需求分析大体上可以按照下述的步骤进行。

（1）通过对现实环境的调查研究，获取当前系统的具体模型，如图 3-4 所示。

图 3-4　当前赠品管理系统的具体模型

（2）分析需求，建立系统分析模型，包括当前系统模型和目标系统模型。

① 去掉具体模型中非本质成分，提炼出当前系统的逻辑模型。

在图 3-4 中，财务人员、会员管理人员和保管人员都是可能变动的，但是他们需要处理的工作不变，是系统的本质内容。经过以上分析，就可以抽象出当前赠品管理系统的逻辑模型，如图 3-5 所示。

图 3-5　当前赠品管理系统的逻辑模型

② 分析当前系统与目标系统的差别，建立目标系统的逻辑模型。

目标系统是使用先进计算机技术开发的软件应用系统，它的功能比当前系统更强。在这个案例中"审查有效性"和"发赠品"应该合并处理，提高会员领取赠品的效率。如图 3-6 所示。

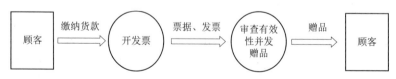

图 3-6　目标系统的逻辑模型

（3）整理综合需求，编写软件系统需求规格说明书。

（4）验证需求，完善和补充对目标系统的描述。

复查需求说明,补充尚未考虑过的细节,如确定系统的响应时间、增加出错处理等内容。在这个案例中,如果出现了顾客领取的赠品不存在,就用"无效领赠品单"的形式通知顾客。

在软件工程的发展中,研究者和实践者已总结出许多软件开发分析的有效方法,下面将以赠品管理系统为例,介绍结构化分析方法。

绘制系统分层数据流图的第一步是画出顶层图。通常把整个系统当作一个大的加工,标明系统的输入/输出及数据的源点与终点。图 3-7 显示了赠品管理系统的顶层 DFD。它表明系统从顾客接受凭证(发票和票据),经处理后把领赠品单返回给顾客,使顾客凭单据找赠品保管人员领赠品。对没有库存的赠品,系统用缺赠品单的形式通知仓库;新赠品进库后,也由仓库将进赠品通知反馈给系统。

图 3-7 赠品管理系统的顶层 DFD 图

把系统分解为发赠品和采购两大加工,也就是接下来画第二层 DFD 图,如图 3-8 所示。顾客与发赠品子系统联系,保管人员与采购子系统联系。两个子系统之间存在数据联系:第一是缺赠品登记文件,由发赠品子系统把无库存的赠品发送给采购子系统;第二是进赠品通知,直接由采购子系统将赠品入库信息通知发赠品子系统。

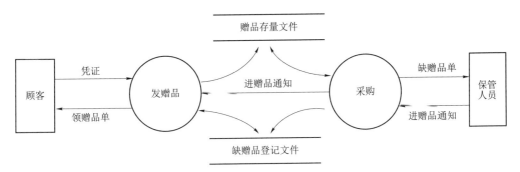

图 3-8 赠品管理系统第二层 DFD 图

继续分解可获得第三层 DFD 图。图 3-9 由发赠品子系统扩展而成,图 3-10 由采购子系统扩展而成。

发赠品子系统由 4 个加工组成,"审查发赠品"加工根据顾客的证明发出领赠品通知,"登记发赠品和打印领赠品单"加工与赠品存量文件交换数据,同时修改发赠品登记文件。如果无存赠品,则由"登记缺赠品"加工处理缺赠品登记文件,同时"产生补发赠品单"加工,处理"采购"子系统外部项的进赠品通知。

如图 3-10 所示,采购子系统被分解为 3 个加工。由发赠品子系统建立起来的缺赠品登记文件,首先按赠品号汇总后登入待购赠品文件,然后按厂家分别统计制成缺赠品单,送给保管人员作为采购赠品的依据。新赠品入库时,要及时修改赠品存量表文件和待购赠品文件中的相关赠品数量,同时把进赠品信息通知发赠品子系统,使仓库管理人员能通知缺赠品的顾客来领赠品。

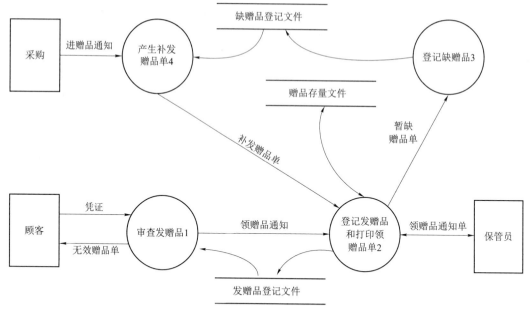

图 3-9 第三层 DFD 图——发赠品子系统

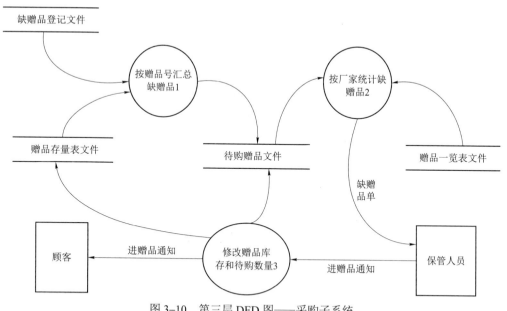

图 3-10 第三层 DFD 图——采购子系统

由 3 层赠品管理系统、4 张 DFD 图组成了赠品管理系统的分层 DFD 图，分层 DFD 具有易于实现和使用的优点。采用逐步细化的扩展方法，可避免一次引入过多细节，有利于控制问题的复杂度。用一组图代替一个总图，使用户中的不同业务人员各自选择与自身有关的图形开展项目开发工作。

项目三 结构化软件需求分析方法

● 实验实训

使用 Visio 2010 绘制流程图

1．实训目的
（1）熟悉绘制流程图的各种图元及其含义。
（2）掌握使用 Visio 2010 绘制流程图的方法。
2．实训内容
（1）使用 Visio 2010 绘制购票管理系统的系统流程图。
（2）完成实训报告。
3．操作步骤
（1）选择【开始】【程序】【Microsoft Office】【Microsoft Office Visio 2010】命令启动 Visio 2010，显示"基本流程图形状"任务栏内容（图 3–11），其中包括用于绘制系统流程图的常用图元。

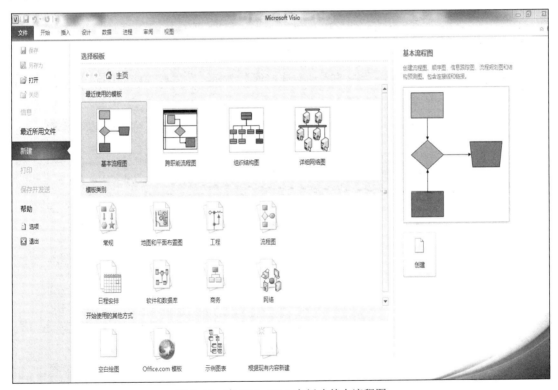

图 3–11　在 Visio 2010 中新建基本流程图

（2）拖动"基本流程图形状"任务栏中的（流程）图元到绘图区域并调整大小及位置。双击新添加的进程图元，进入文字编辑状态，添加相应文字，如图 3–12 所示。
（3）拖动"基本流程图形状"任务栏中的【流程】【数据】【外部数据】图元到绘图区域并调整大小位置。
（4）在各个图元之间添加连接线，单击工具栏上的　连接线　按钮。

现代软件工程应用技术

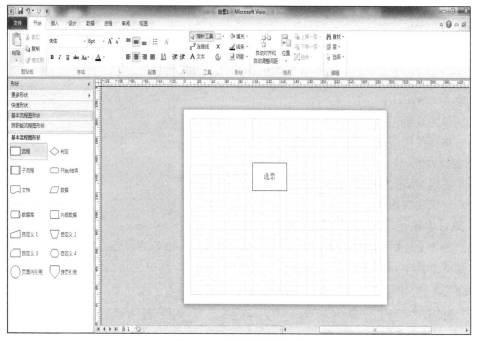

图 3-12 在图中添加文字

(5) 选中"连接线"任务栏中的【动态连接线】图元,在需要连接的图元之间绘制一条连接线,如图 3-13 所示。

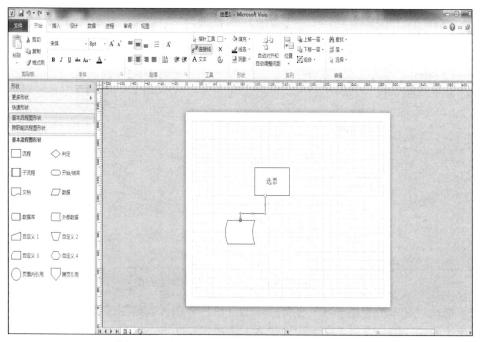

图 3-13 在需要连接的图元之间绘制一条连接线

(6) 如果需要把折线调整为直线,可以用鼠标右键单击连接线,在弹出的快捷菜单中选择【直线连接线】命令。如图 3-14 所示。

项目三　结构化软件需求分析方法

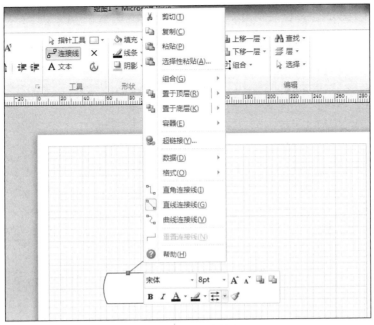

图 3-14　设置连接线

（7）如果要把直线连接线变为箭头连接线，可以用鼠标右键单击 按钮。如图 3-15 所示。

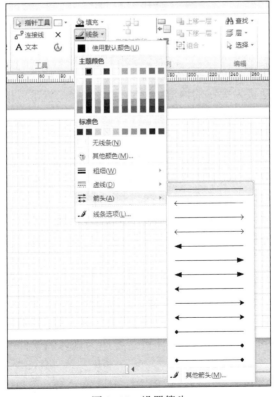

图 3-15　设置箭头

（8）重复以上步骤，可以绘制出流程图，如图 3-16 所示。

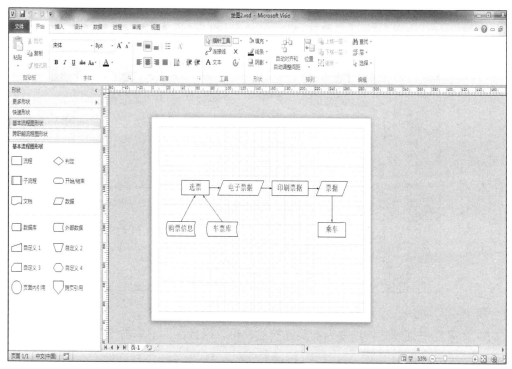

图 3-16 流程图

● 小　　结

本项目介绍了结构化需求分析方法的基本思想和原理，软件需求分析是软件开发项目生存周期的首要步骤，也是极为关键的内容，通过需求分析，就可以把软件功能和性能的总体概念描述为具体的软件需求规格说明。

结构化分析方法采用自顶向下的方法对系统进行功能分解，画出分层数据流图，再定义系统的数据和加工，绘制数据字典和加工说明，最终写出软件需求规格说明书。在结构化分析方法中用数据流图、数据字典和加工逻辑说明等描述手段来得出系统模型。本项目利用赠品管理系统为主线，详细地介绍了结构化需求分析方法。

需求规格说明书是软件需求阶段的主要成果，是对目标系统的功能、性能是否满足用户要求的描述总结，需求分析要求与用户的要求一致、完整、有效、可实现。

● 习　　题

一、填空题

1. 软件需求分析，可以把_____的总体概念描述为具体的软件需求规格说明，进而建立软件开发的基础。

2. 软件需求分析工作基本上包括收集用户、市场等方面对项目的需要，经过_____，细化模型，抽取需求。

项目三　结构化软件需求分析方法

3. 结构化分析方法的基本步骤是采用＿＿＿＿对系统进行分解，画出分层数据流图；由后向前定义系统的数据和加工，绘制数据词典和加工说明；最终写出软件需求规格说明书。

4. 需求分析评审过程由以下 5 个步骤组成：规划、准备、＿＿＿＿、修改缺陷、重审。

5. 在软件工程中，＿＿＿用来表示对活动、需求、过程或结果进行描述、定义、规定、报告或认证的书面或图示的信息。

6. 需求分析的任务是理解和表达用户的需求＿＿＿＿＿＿，确定软件设计的限制和软件与其他系统元素的接口细节，定义软件和其他有效性需求。

7. 系统分析是对问题的＿＿＿和＿＿＿的过程，分析人员要回答的问题是"＿＿＿＿＿＿"的问题，而不是"系统应该怎么做"的问题。

二、选择题

1. 需求分析阶段的工作分为 4 个方面：对问题的识别、分析与综合、制定需求规格说明书和（　　）。

　　A. 需求分析评审　　　　　　　　B. 对问题的解决
　　C. 对过程的讨论　　　　　　　　D. 功能描述

2. 下列不是用结构化分析方法描述系统功能模型的方法是（　　）。

　　A. 数据流图　　　B. 数据字典　　　C. 加工说明　　　D. 流程图

三、简答题

1. 需求分析阶段的主要任务是什么？
2. 需求分析要经过哪些步骤？
3. 需求分析有哪两种主要分析方法？它们各自的分析步骤是什么？
4. 软件需求分析规格说明书由哪些部分组成？各部分的主要内容是什么？
5. 什么是结构化分析方法？该方法使用什么描述工具？

项目四

面向对象需求分析方法
——基于企业设备状况管理系统

● **项目导读**

在开发管理信息系统中存在各种各样的系统分析方法，结构化分析方法多年来为系统开发人员所广泛使用。虽然它有好多优点，今后也将继续为开发人员所使用，但也应该看到它存在的一些弊端，值得系统开发人员注意。面向对象需求分析方法较好地克服了这些弊端，并逐步得到广泛应用。

结构化分析方法是对业务需求采取了数据"输入—加工—输出"，数据与数据加工相分离，在分析中着重于功能的分解。面向对象分析（object-oriented analysis，OOA）利用面向对象的概念和方法来开发一系列模型，这些模型描述计算机软件，从而满足客户定义的需求。

面向对象分析

使用面向对象分析方法进行应用系统需求分析时，不是从考虑对象开始，而是从理解系统的使用方式开始。如果系统是人机交互的，则考虑人使用的方式；如果系统涉及过程控制，则考虑机器使用的方式；如果系统是协调和控制应用的，则考虑其他程序使用的方式。面向对象分析方法从理解系统的"使用实例"开始，基本步骤是：定义系统的用例，在领域分析的基础上建立问题域的类（对象模型），然后建立对象-关系、对象-行为模型。

● **项目概要**

- 面向对象分析方法
- 案例：企业设备状况管理信息系统的分析设计模型

任务 4.1　面向对象分析方法

4.1.1　定义系统用例

一个用例就是参与者与计算机之间为达到某个目的的一次典型交换作用。用例由参与者和动作组成，参与者实际上代表了系统运行时的人员（或设备），是存在于系统外部与系统通信的实体。用户与参与者不是一回事，一个典型用户可能在使用系统时扮演一系列不同的角色，而一个参与者表示的是一类外部实体，仅扮演一种角色。动作是系统与角色通信的一次执行，或进行一次计算。

如图 4-1 所示，在一个由工人和机床组成的生产车间，一名机床操作员（一个用户）和主控计算机交互。控制该计算机的软件工作需要 4 种不同的交互模式（角色）：模式 1、模式 2、模式 3 和模式 4。因此，4 个参与者可被定义为工人 1、工人 2、工人 3 和工人 4。在某些情况下，机床操作员可以扮演所有这些角色。

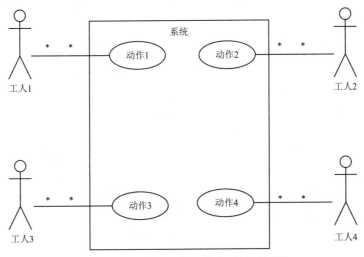

图 4-1 生产车间主控计算机系统用例图

需求分析过程是一个不断演化的过程，因此，首次可能只标识出主要的参与者，而当对系统知道更多后则需要标识出次要的参与者。主要参与者可直接导出系统的主要功能。

次要参与者起支持系统作用，以便主要参与者完成他们的工作。用例的定义开发主要完成以下任务：

（1）参与者完成的主要任务或功能。
（2）参与者获取、生产或个改变的信息。
（3）参与者从系统获得相关信息。

4.1.2 领域分析

面向对象领域分析的目标是发现或创建可广泛应用的类，使它们可以被复用，在某个特定的应用领域中，公共的、可复用的标识、分析和规约，表现形式为公共的对象、类、部件和框架。领域分析过程的输入和输出如图 4-2 所示。

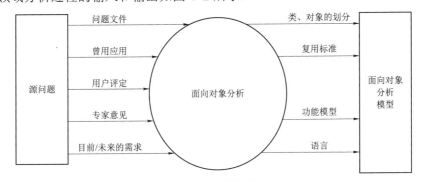

图 4-2 领域分析过程的输入和输出

例如，在学生成绩管理系统中，除了成绩管理系统外，还有学生的信息管理系统、教师登分系统、学生选课系统和学生考勤系统等。因此，在构造系统时，需要在理解需求和用例的基础上，与典型用户、领域业务知识专家充分交流、讨论，以系统应用和业务的长远发展为指导，应用已有的可复用类，同时创建领域能够为其他应用所使用的可复用类。

4.1.3 类和对象的建模

1. 标识分析模型中的类和对象

在面向对象的建模技术中，类、对象及其之间的关系是最基本的建模元素。对于一个想要描述的系统，类模型、对象模型及其之间的联系揭示了系统的结构。建立类模型的过程，实际上是对现实世界的一个抽象过程（即把现实世界中与问题有关的各种对象及相互之间的各种关系，进行适当的抽象和分类描述）。

对象是指与应用问题有一定关联的某个事物，更准确地讲，是对某个事物的一种抽象描述。对象大多对应于真实世界中的某个客观实体，可以是一个事物或一个概念。类是对一类具有相同特征的对象的描述。对象的基本特征是由对象的属性和操作组成的，一个类就是描述了此类对象的属性和操作。任何对象都是某个类的实例。

系统的用例确定以后，即可标识系统所用的类和对象。根据用例的描述，考察系统的具体使用实例，将实例中出现的名称汇总起来，便可得到候选对象。对象可以是可感知的物理实体（如房子、茶杯）、人或组织的角色（如工人、农民）、发生的事件（如入住、耕地）、需要说明的概念（如政策、法规）等，然后从获选对象中，确定哪些对象应该包含在分析模型中。在从候选对象中选定所需对象时，有以下6个特征提供参考：

（1）必要的信息：能使系统正常工作的对象的必需信息。

（2）需要的服务：对象必须拥有一组可标识的操作，这些操作能以某种方式修改对象属性。

（3）多个属性：在需求分析阶段关注的应该是具有多个属性的代表信息。

（4）公共属性：可为对象定义一组属性，这些属性对对象的所有出现均是可用的。

（5）公用操作：可为对象定义一组操作，这些操作对对象的所有出现均是可用的。

（6）基本需求：出现在问题空间的外部实体及对系统的任何解决方案的操作都是基本信息的外部实体，并且总是被定义为需求模型中的对象。

2. 定义结构和层次

当类和对象被标识后，分析人员开始着手定义类模型的结构及类和子类所形成的层次。从已标识的类中，可以导出"一般/特殊""复合/聚合"两种层次结构。以运动鞋生产企业应用为例，图4-3显示了"一般/特殊"结构的类层次，其中材料包括布料和半成品，布料又分为A厂布料和B厂布料，鞋底是一种半成品。图4-4显示了"复合/聚合"结构的类层次，图中的鞋底类包括了橡胶材质、PU材质和PVC材质。

3. 定义主题或子系统

复杂系统的分析模型往往包含了数百个类和结构，为了简化图形，可以用一种简洁的表示法来描述类和结构模型的摘要。当类模型中的某个子集相互协作共同完成一组内聚的功能时，可以将它们定义为主题或子系统。主题和子系统是一种抽象，可提供指向分析模型中更详细内容的引用，当从外界观察时，主题或子系统可被视为黑盒子。

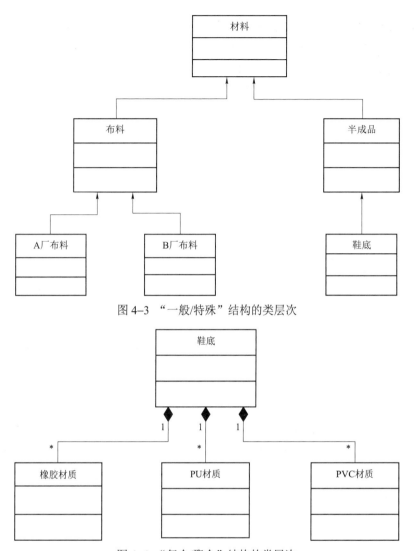

图 4-3 "一般/特殊"结构的类层次

图 4-4 "复合/聚合"结构的类层次

由于主题和子系统依据的原理是"一般/特殊"结构和"复合/聚合"结构的扩充,因此识别主题的基础是以"一般/特殊"结构和"复合/聚合"结构为标志的问题域复杂性。在这种方式下,主题就是与整个问题域和系统任务总体进行通信的部分。

在面向对象分析中,主题和子系统是一种指导读者或用户研究大型复杂模型的机制。在初步面向对象分析的基础上,主题有助于分解大型项目以便建立工作小组。主题所提供的机制可控制一个用户,同时必须考虑模型数目,它还可以给出面向对象分析模型的总体概貌。

4.1.4 建立对象-关系模型

建立对象-关系模型实际上是分析类之间的关系,这种关系存在于任意两个相关联类之间,静态地描述了类之间的联系,这种静态联系可通过类的属性来表示一个类对另一个类的依赖关系。首先,建立对象-关系模型对需求进行用例的描述,绘制出选定类之间的关系网络,用线把它们连接起来,并命

对象-关系模型

名类之间的连接线，用箭头指明关系的方向；然后对每一个命名关系，在连线的两端标上基数。

如图 4-5 所示为一个学院管理系统的对象-关系图，一个学院可以有一个或多个系部，一个系部有一个或多个专业，一个系部还可能有多个党支部。

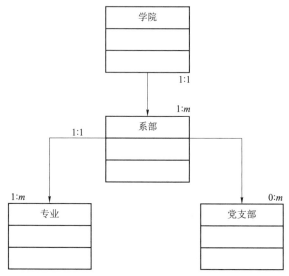

图 4-5　学院管理系统的对象-关系图

4.1.5　建立对象-行为模型

建立对象-行为模型用于描述系统类之间的动态行为，即系统如何应对外部事件。建立对象-行为模型的步骤如下：评估所有的用例来理解系统中的交互序列，找出驱动交互序列的事件，为每个用例创建事件轨迹，为对象创建状态转换图。

对象-行为模型

以运动鞋企业的生产流水线监控系统为例，当产品在流水线上经过信号采集设备采集到信号时，计数器累加进入产生状态，满 1 分钟后转变为"1 分钟数据状态"，满 3 分钟后经主控机处理进入"3 分钟数据状态"，在该状态下循环进行分屏显示，如图 4-6 所示。

图 4-6　状态转换图

事迹轨迹用于描述一个事件在各个对象之间的流动情况，可用来显示所描述系统的状态变化。如图 4-7 所示为信号采集到分屏显示的部分事件轨迹。

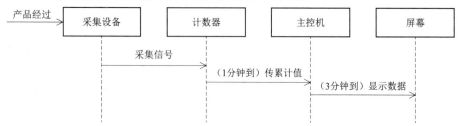

图 4-7　信号采集到分屏显示的部分事件轨迹

任务 4.2 企业设备状况管理信息系统的分析设计模型

企业设备状况管理信息系统是本书讲述"面向对象系统分析、设计,以及基于 UML 的 Visio 2010 工具应用"中的具体案例。系统所实现的整体功能简单,但是对读者理解、学习面向对象技术很有帮助。为了使读者能够更加全面地理解该系统应用面向对象技术所进行的分析与设计,下面将系统的分析、设计模型介绍如下。

项目背景:通过设备管理系统建立的管理体系,实现设备资源与企业技术资源、人力资源、资金资源、物资资源的优化配置,在一个整体优化的管理之中,确保设备生产能力的最大化。中国企业在实施设备管理系统过程中,比较倾向于从形成企业竞争力的角度,重视企业设备资源与技术资源、人力资源、资金资源、物资资源之间的优化配置。设备管理系统作为技术系统,将提供这些资源整合和优化配置的数据基础,包括计划的形成、计划执行对资源条件的要求、资源协调依据、决策数据支持等;设备管理系统作为管理系统,将依靠管理行为产生的信息及其信息反馈机制,实现设备寿命周期费用的统一管理,设备维修人力资源、技术资源统一组织与配置,绩效考核与管理评价标准的统一设置和执行,从而使管理行为和技术行为,指向提高设备可靠性这一设备资产管理的核心目标,确保设备生产能力的最大化,在尽可能短的时间内,让设备投资获得最大化的资产收益。

企业设备状况管理信息系统实现了企业设备管理工作中对设备状况的具体管理,系统主要包括设备状况管理、设备状况查询和系统管理三部分。设备状况管理部分完成设备维修记录的登记和修改,这部分仅供被授权的设备管理人员使用;设备状况查询部分实现设备工作状态情况的查询,这部分操作供已注册的工人使用;系统管理部分完成对设备管理人员、工人、设备情况等基础信息的维护管理,供系统管理人员使用。

1. 系统需求分析

企业设备状况管理信息系统由系统管理(系统管理员)、设备状况管理(设备管理员)和设备状况查询(工人)三部分组成。

系统管理部分由系统管理员使用,负责完成系统初始化和对用户权限的分级管理,其业务流程活动图如图 4-8 所示。

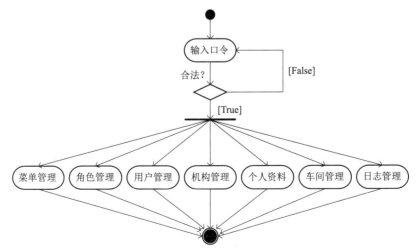

图 4-8 系统管理业务流程活动图

设备维修记录部分由注册的设备管理员使用，负责设备维修记录的登记和修改工作，设备维修记录活动图如图 4-9 所示。

设备状况查询部分由注册的工人使用，负责完成设备状况的查询工作，设备状况查询活动图如图 4-10 所示。

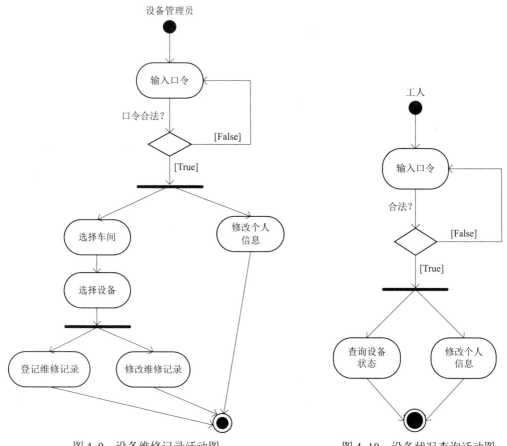

图 4-9　设备维修记录活动图　　　　图 4-10　设备状况查询活动图

在明确业务需求后，需要通过用例图进一步对业务进行描述，以构建系统业务模型。表 4-1 是对该应用系统用例的主要文档化的描述，也就是对用例图的补充陈述。

表 4-1　系统用例描述表

用例名称	参与执行者	前置条件	主事件流
管理登录	系统管理员	应用系统客户端程序运行	系统管理员输入自己的用户名和口令 如果口令正确，则运行系统管理界面 如果口令错误，则给出错误信息，拒绝登录
菜单管理	系统管理员	系统管理员登录成功	增加新的菜单信息 更新或删除已有的菜单信息
角色管理	系统管理员	角色维护完成	选择角色名称 输入新的角色编号和角色名称 更新或删除已有的角色信息

续表

用例名称	参与执行者	前置条件	主事件流
用户管理	系统管理员	系统管理员登录成功	增加新的用户 修改或删除用户
机构管理	系统管理员	系统管理员登录成功 设备管理员已完成注册工作	审核已注册设备管理员的合法性 取消已通过审核的设备管理员的登记维修记录权限、删除已注册设备管理员的信息
个人管理	系统管理员	系统管理员登录成功 工人已完成注册工作	增加、更新或删除工人的个人信息
车间管理	系统管理员	系统管理员成功登录	增加新的车间信息 对已有的车间信息进行更新或删除
日志管理	系统管理员	系统管理员成功登录	维护设备状况的配置信息
设备管理员注册	设备管理员	设备管理员操作主界面的正常运行	输入设备管理员个人用户名、密码、真实姓名、所属系部和 e-mail 信息，提交注册信息
设备管理员登录	设备管理员	设备管理员注册成功 已通过管理员的审核授权	设备管理员输入用户名和口令 如果口令正确，运行设备管理界面 如果口令错误，给出错误信息，拒绝登录
登录维修记录	设备管理员	设备管理员登录成功	选择车间 选择设备 输入维修记录
修改维修记录	设备管理员	设备管理员登录成功	选择车间 选择设备 修改有错误标识的维修记录
修改设备管理员个人信息	设备管理员	设备管理员登录成功	更新除了真实姓名以外的个人信息 提交修改结果
工人注册	工人	工人操作主界面正常运行	输入工人密码、真实姓名、所属部门和 e-mail 信息，提交注册信息
工人登录	工人	工人注册成功	工人输入口令 如果口令正确，运行管理界面 如果口令错误，拒绝登录，给出错误信息
设备状况查询	工人	工人成功登录，设备管理员已登记完维修记录	查询设备的运行状态
修改工人个人信息	工人	工人登录成功	更改个人信息（除姓名） 提交更新后的结果

至此，设备状况管理信息系统的业务需求分析的主要内容已经完成，还要按照软件工程的文档要求书写需求规格说明书等。

2. 系统主要建模

在业务用例和业务活动的基础上进行系统建模，也就是抽象出系统相关的类及其关联。

（1）类的分析。在面向对象的系统分析中主要内容是类的分析，应用统一建模语言 UML 的表现形式是类图。类图描述系统的静态结构，反映类之间的关系。类图中每个类包含属性和操作两部分。类图的分析和设计就是要确定类的属性和操作，以及确定类之间的关系。

根据对管理信息系统需求分析阶段用例的描述，可从问题域中提出所有相关名称作为暂定类，然后判断属性和操作，删除那些模糊类、冗余类和不相干的类，便可得到如下系统正式的类。企业设备状况管理信息系统用例图如图 4-11 所示。

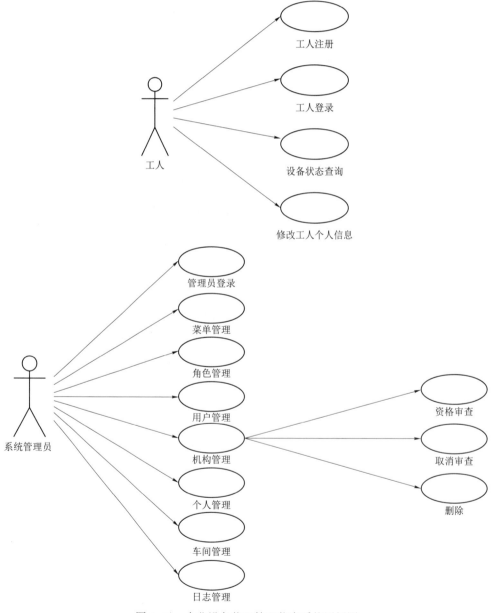

图 4-11 企业设备状况管理信息系统用例图

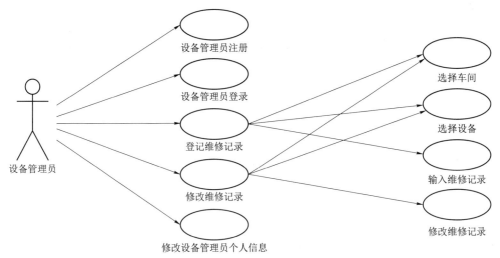

图 4-11 企业设备状况管理信息系统用例图（续）

（2）类的关联。

类之间的关系就是关联，关联常用描述性动词或动词词组表示，其中有物理位置表示、传导动作、通信、所有者关系及满足条件等。提取关联的方法与提取类相似，首先应根据问题域提取模型中所有可能的关联，然后去掉不正确和不必要的关联。根据对企业设备状况管理信息系统的用例描述，分析并提取动词或动词词组，得到最后的类间关系为：依赖和关联。企业设备状况管理信息系统初始类图如图 4-12 所示。

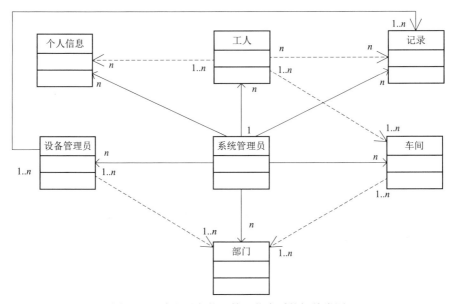

图 4-12 企业设备状况管理信息系统初始类图

● 实验实训

使用 Visio 2010 绘制用例图

1. 实训目的

（1）熟悉绘制用例图的各种图元及其含义。

（2）掌握使用 Visio 2010 绘制用例图的方法。

2. 实训内容

（1）使用 Visio 2010 绘制系统管理员的用例图。

（2）完成实训报告。

3. 操作步骤

（1）选择【开始】【程序】【Microsoft Office】【Microsoft Office Visio 2010】命令启动 Visio 2010，在模板类别任务栏中选择"软件和数据库"，如图 4-13 所示。

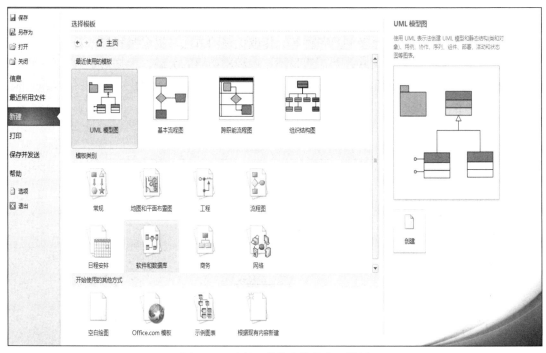

图 4-13 选择"软件和数据库"模板

（2）单击"软件和数据库"之后选择"UML 模型图"，如图 4-14 所示。

（3）在左下角模型资源管理器中，在"顶层包"上单击右键选择"新建""用例图"，如图 4-15 所示。

（4）拖动"UML 用例"任务栏中的（参与者）图元到绘图区域并调整大小及位置。进入文字编辑状态，将"主角 1"改为"系统管理员"，如图 4-16 所示。

项目四 面向对象需求分析方法

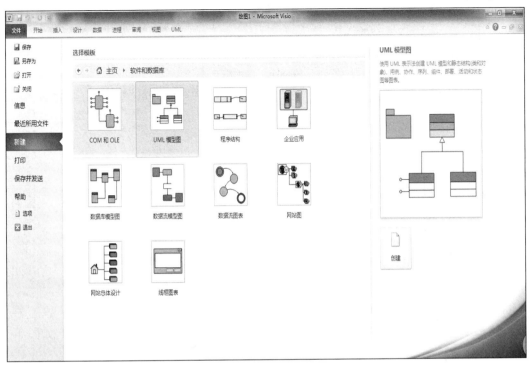

图 4-14 选择"UML 模型图"

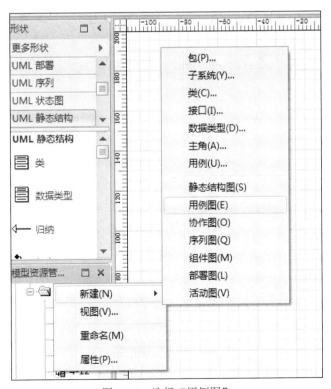

图 4-15 选择"用例图"

图 4-16 添加参与者

（5）拖动"UML 用例"任务栏中的【用例】图元到绘图区域并调整大小位置，如图 4-17 所示。

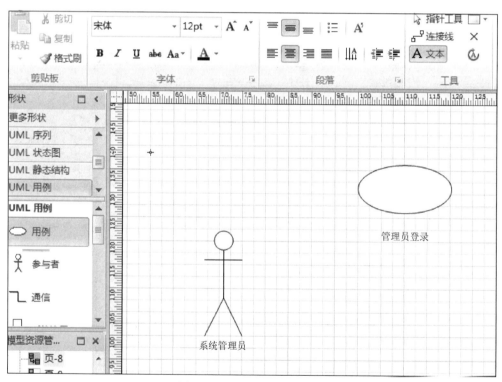

图 4-17 拖动"UML 用例"

（6）在各个图元之间添加连接线。
（7）重复以上步骤，可以绘制出用例图，如图 4-18 所示。

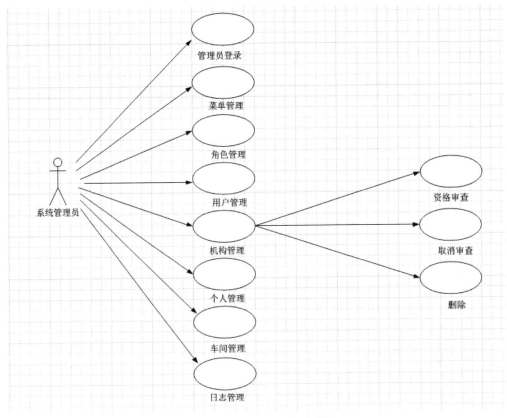

图 4-18　系统管理员用例图

● 小　　结

本项目介绍了面向对象需求分析方法的基本思想和原理。需求分析是软件开发项目生存周期的首要步骤，也是极为关键的内容，通过需求分析，就可以把软件功能和性能的总体概念描述为具体的软件需求规格说明。

面向对象需求分析方法从理解系统的"使用实例"开始，定义系统的用例，在领域分析的基础上建立域的类（对象模型），然后开始建立对象-关系和对象-行为模型，主要使用了用例图、类/对象图、对象-关系图和对象-行为图等工具，通过对象、属性和操作的表示对问题建模。

本项目利用企业设备状况管理系统为主线，详细地介绍了面向对象的需求分析方法。需求规格说明书是软件需求阶段的主要成果，是对目标系统的功能、性能是否满足用户要求的描述总结，需求分析的评审需要相关人员采用科学的评审方法，针对合理的评审内容，按照有效的评审过程进行全面需求分析审查，从而满足用户的需求。

● 习　　题

一、填空题

1. 面向对象分析方法总是从_____开始的，基本步骤是：定义系统的用例，在领域分析的基础上建立问题域的类（对象模型），然后开始建立对象-关系和对象-行为模型。

2. _____是一种面向数据流的需求分析方法，这种方法通常与设计阶段的结构化设计衔接起来使用。

3. 面向对象分析模型通常包括_____、_____和_____。

4. _____是某些对象的模板，抽象地描述该数据类的全部对象是属性和操作。

二、选择题

1. 下列不是对象具有的特点是（   ）。
   A. 数据的封装性   B. 并行性
   C. 模块独立性好   D. 对象是被动的

2. 对象模型技术是在 1991 年由 Jame Rumbaugh 等 5 人提出来的，该方法把分析、收集到的信息构造在对象模型、动态模型和功能模型中，将开发过程分为系统分析、系统设计、(   ) 和实现 4 个阶段。
   A. 对象设计   B. 类的设计   C. 模块设计   D. 程序设计

3. 按照层次来划分，UML 的基本构造包含视图、图和（   ）。
   A. 功能模块   B. 模型元素   C. 示例   D. 视图元素

三、简答题

1. 什么是面向对象技术？面向对象方法的特点是什么？
2. 什么是类？类与传统的数据类型有什么关系？
3. 怎样进行领域分析？
4. 简述类和对象之间的关系。
5. 简述面向对象需求分析的步骤。

项目五

软件项目的系统设计
——基于企业设备状况管理系统

● **项目导读**

一般来说，软件工程项目的开发阶段由设计、编码和测试 3 个环节组成，占软件工程总成本的 75% 以上，在施工之前总要先完成设计。因此，设计往往是开发活动的必要前提工作。通常，设计被定义为"应用各种技术和原理，对设备、过程或系统做出足够详细的定义，使之能够在物理上得以实现"。软件需求分析完成后，就可以开始软件设计了。在软件开发过程中，设计阶段是最需要发挥创造力的阶段，也可以说是最具有活力的工作。

从早期模块化设计和由顶向下的设计，到软件工程时代的各种系统设计方法，软件设计与其他领域的工程设计一样，都需要有科学的方法、合理的分析策略。与软件需求分析一样，软件设计也有两种主要设计方法：以结构化设计为基础的结构化软件设计和面向对象方法指导的面向对象软件设计。把软件设计仅看作程序设计或者编制程序，是很片面的。实际上，程序设计只是软件设计其中的一部分，不能把二者混同起来。

面向对象软件设计

软件架构（software architecture）是一系列相关的抽象模式，用于指导大型软件系统各个方面的设计。软件架构是一个系统的草图，它描述的对象是直接构成系统的抽象组件。各个组件之间的连接则明确和相对细致地描述组件之间的通信。在实现阶段，这些抽象组件被细化为实际的组件，比如具体某个类或者对象。在面向对象领域中，组件之间的连接通常用接口来实现。

软件体系结构是构建计算机软件实践的基础。与建筑师设定建筑项目的设计原则和目标作为绘图员画图的基础一样，一个软件架构师或者系统架构师陈述软件构架以作为满足不同客户需求的实际系统设计方案的基础。

软件构架是一个容易理解的概念，多数工程师（尤其是经验不多的工程师）会从直觉上来认识它，但要给出精确的定义很困难。尤其难以明确地区分设计和构架：构架属于设计的一方面，它集中于某些具体的特征。

软件架构师

● **项目概要**

- 概要设计
- 结构化的系统设计
- 面向对象的系统设计
- 案例：企业设备状况管理系统设计

系统设计的任务是在明确用户需求后，为满足这些需求而设计具体的功能。

系统应具有可修改性，既易读又易于进行查错和改错，还可以根据环境的变化和用户的要求进行各种改变和改进。软件设计是一个迭代过程，通过软件设计将用户的需求变为实现软件的蓝图。最初蓝图只描述软件的整体框架，随着设计活动的进行，再不断对软件描述进行细化，形成一个可实施的软件设计文件。软件设计的最终目标就是要取得可实现的最佳方案。也就是说，在所有的候选方案中，以最低成本、最短时间设计出具有较高可靠性和可维护性的软件方案。

任务5.1　概　要　设　计

20世纪70年代末到80年代初，出现了基于模块化设计和逐步细化设计策略的各种方法，其中影响最广、最有代表性的两种方法是结构化设计（structured design，SD）方法和Jackson方法，现在都统称为传统软件设计方法，以区别于后来兴起的面向对象的软件设计方法。传统的软件设计按照出发点的不同，又分为面向数据流的设计和面向数据（或数据结构）的设计两大类。

结构化设计 Structured Design SD 方法

系统设计的基本任务分为4个方面的内容：体系结构设计、模块设计、数据结构与算法设计、用户界面设计。传统的软件设计任务通常分两个阶段完成：第一个阶段是概要设计，包括体系结构设计和接口设计，并编写概要设计文档；第二阶段是详细设计，其任务是确定各个软件组件的数据结构和操作，产生描述各软件组件的详细设计文档。

Jackson 方法

概要设计通常包括体系结构设计、接口设计、数据设计和过程设计等内容。体系结构设计定义软件主要组成部件之间的关系；接口设计描述软件内部、系统之间是如何通信的（包括数据流和控制流）；数据设计将分析阶段创建的信息模型转变为实现软件所需的数据结构；过程设计将软件体系结构的组成部件转变成对软件组件的过程性描述。

在概要设计过程中，首先进行系统设计，复审系统计划和需求分析，确定系统具体的实施方案，其次进行结构设计，确定软件系统结构。具体步骤如下：

1. 设计系统方案

为了实现系统的要求，系统分析人员应该提出并分析各种可能的方案。在分析阶段提供的数据流图等模型是总体设计的出发点。数据流图中的某些处理可以逻辑地归并在一个边界内作为一组，另一些处理可以放在其他边界内作为一组。这些边界代表着某种实现策略，方案仅是边界的取舍。

2. 选取一组合理的方案

根据不同成本指标，选取一组合理的方案，准备好系统流程图、系统物理元素清单、成本效益分析和实现系统的进度计划等，进一步征求用户的意见。

3. 推荐最佳方案

分析人员综合分析各种方案的优缺点，推荐最佳方案，制订详细的进度计划。用户与有关技术专家认真审查分析人员推荐的方案，然后提交使用单位负责人审批。审批后的最佳实施方案才能进入软件具体结构设计。

4. 功能分解

软件结构设计，首先将复杂的功能进一步分解成简单的功能，遵循模块划分独立性的原则（即模块功能单一，模块与外部联系较弱），使已划分的模块功能对大多数程序员而言都是容易理解的。功能的分解将导致对数据流图的进一步细化，可选用相应的图形工具来描述。

5. 软件结构设计

功能分解后，使用结构图、层次图描述模块所组成的层次关系。当数据流图细化到适当的层次后，可采用 SD 方法直接映射出结构图。

6. 数据库设计、文件结构的设计

系统分析人员根据系统的数据要求，确定系统的数据结构、文件结构。对需要使用数据库的应用领域，分析人员还要进一步根据系统数据要求进行数据库的模式设计，确定数据库物理数据的结构约束；进行数据库子模式设计，设计用户使用数据的视图；设计数据库完整性和安全性；优化数据的存取方式。

7. 制订测试计划

为保证软件的质量，在软件设计阶段就要考虑软件的可测试性问题。这个阶段的测试仅从输入/输出功能做黑盒测试，详细设计时才能做详细的各类测试用例与计划。

8. 编写概要设计文档

系统概要设计文档主要包括如下内容：

【引言】

● 编写目的

阐明编写概要设计说明书的目的，指出预期的读者。

● 项目背景

包括项目实施的各方单位，该软件系统与其他系统的关系，列出此项目的任务提出者、开发者、用户以及将要运行该软件的计算站。

● 定义

列出本文档中所用到的专用术语的定义和缩写词的原意。

● 参考资料

列出有关资料的作者、标题、编号、发表日期、出版单位或资料来源，还可包括：项目经核准的计划任务书、合同，项目开发计划，需求规格说明书，测试计划初稿，用户操作手册初稿，文档所引用的资料或采用的标准、规范。

【任务概述】

● 目标

● 运行环境

运行环境简要说明对本系统的运行环境（包括硬件环境和支持环境）的规定。

● 需求规定

需求说明对本系统的主要输入、输出处理的性能要求。

● 条件与限制

【总体设计】

● 处理流程

说明本系统的基本设计概念和处理流程，尽量使用图表的形式。

● 总体结构和模块外部设计

- 功能分配

【接口设计】
- 外部接口

包括用户界面、软件接口与硬件接口。
- 内部接口

内部接口说明本系统内各个系统元素之间接口的安排和模块之间的接口。

【数据结构设计】
- 逻辑结构设计
- 物理结构设计
- 数据结构与程序的关系

【运行设计】
- 运行模块的组合
- 运行控制
- 运行时间

【出错处理设计】
- 出错输出信息

出错信息用一览表的方式说明每种可能的出错或故障情况出现时系统输出信息的形式、含义及处理方法。
- 出错处理对策

如设置后备、性能降级、恢复及再启动等。

【安全保密设计】

【维护设计】

系统维护设计说明为了系统维护的方便而在程序内部设计中作出的安排,包括在程序中专门安排监测点,如维护模块等。

9. 审查概要设计文档

完成概要设计文档编写后,还需对其进行仔细审查,核对无误后即完成概要设计。

任务5.2 结构化的软件设计

结构化的软件设计方法是一种面向数据流的设计方法,在面向数据流的方法中,数据流是考虑一切问题的出发点。结构化软件设计方法的中心任务就是把数据流图表示的系统分析模型转换为软件结构的设计模型,利用结构图(structure chart,SC)来确定软件的体系结构与接口,从而描述软件的总体结构。结构化设计方法的实施要点是:首先研究、分析和审查数据流图,从软件的需求规格说明中明确数据流加工的过程;其次根据数据流图决定问题的类型,通常有两种典型类型:变换型和事务型,针对不同的类型分别进行分析处理;然后由数据流图推导出系统的初始结构图;最后改进系统的初始结构图,直到获得符合要求的结构图为止。

5.2.1 系统结构图

系统结构图(SC图)是结构化设计方法在概要设计中使用的主要表达工具,用来表示软件的组成模块及其调用关系。在 SC 图中，用矩形框表示模块，用带箭头的连线表示模块间的调用关系。在调用线的两旁应写出传入和传出模块的数据流。

1. SC 图的组成符号

在系统结构图中，不能再分解的底层模块称为原子模块，如果一个软件系统的全部加工由原子模块来完成，其他非原子模块仅执行控制或协调功能，这样的系统就是完全因子分解的系统，是最为理想的系统。但实际上，这只是努力达到的目标，大多数系统做不到完全因子分解。如图 5-1 所示，SC 图使用 6 种模块符号。

传入模块，从下属调用模块取得数据，经过处理，再将其传送给上级调用模块，如图 5-1（a）所示。传出模块，从上级调用模块获得数据，进行处理，再将其传送给下属调用模块，如图 5-1（b）所示。变换模块，也叫加工模块，它从上级模块取得数据，进行特定处理，转换成其他形式，再传送给上级模块，如图 5-1（c）所示。源模块是不调用其他模块的传入模块，只使用于传入部分的始端，如图 5-1（d）所示。终模块是不调用其他模块的传出模块，仅用于传出部分的末端，如图 5-1（e）所示。控制模块是只调用其他模块，不受其他模块调用的模块，如图 5-1（f）所示。

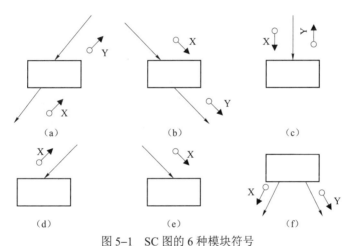

图 5-1 SC 图的 6 种模块符号

（a）传入模块；（b）传出模块；（c）变换模块；（d）源模块；（e）终模块；（f）控制模块

2. SC 图中模块的调用关系

（1）简单调用。在 SC 图中，调用线的箭头指向被调用的模块。例如，在图 5-2 中，模块 A 调用模块 B 和模块 C。在调用 B 时，A 向 B 传送数据流 X、Y，B 向 A 返回数据流 Z。调用 C 时，A 向 C 传送数据流 W。

（2）选择调用。选择调用的画法如图 5-3 所示，用菱形符号表示选择关系。模块 A 与 B 的调用关系是根据它内部的判断来决定是否调用，而模块 A 与 C、D 的调用关系是 A 按照另一判定结果选择调用 C 或 D。

（3）循环调用。循环调用在调用始端用环形箭头表示。如图 5-4 所示，模块 A 将根据内在的循环条件重复调用模块 B、C，直至模块 A 内部出现满足循环终止的条件为止。

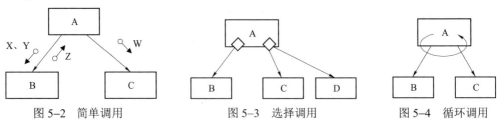

图 5-2 简单调用　　　　图 5-3 选择调用　　　　图 5-4 循环调用

说明：在图 5-3、图 5-4 中没有画出数据流，是为了画面简洁。在实际的 SC 图中是不允许省略的。

5.2.2 系统结构图的类型

在数据流图所代表的结构化设计模型中，所有系统均可纳入两种典型的形式。系统结构图有两种类型：变换型系统结构图和事务型系统结构图。

1. 变换型系统结构图

变换型数据处理的工作过程大致是：输入数据、变换数据、输出数据，如图 5-5 所示。

图 5-5 变换型数据流图

系统的结构图由输入、中心变换和输出三部分组成。顶层模块首先得到控制，沿着结构图左边依次调用下属模块，直到读入数据 W 并进行加工，然后进行变换加工得到 X，接着将 X 传送给主模块，并调用变换模块将 X 变换为 Y。再调用传出模块输出 Y，并由变换模块变换成适合输出形式的 Z，最后输出结果 Z，如图 5-6 所示。

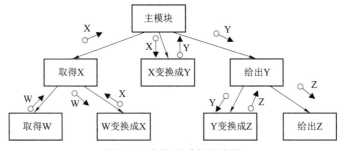

图 5-6 变换型系统结构图

现在，来回忆一下项目三中提到的铁路购票业务。将图 5-6 中的 W、X、Y、Z 分别定义为：

W——数据库所有待售车票信息；
X——符合购票人要求的车票信息；
Y——符合购票人要求的电子票据；
Z——打印出来的车票。

这样，就完成了铁路购票子系统的系统流程图（图 5-7）向系统结构图（图 5-8）的转换。

项目五 软件项目的系统设计

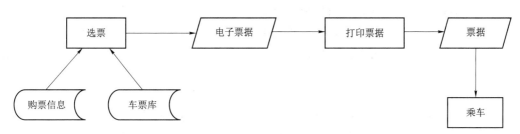

图 5-7　铁路购票子系统的系统流程图

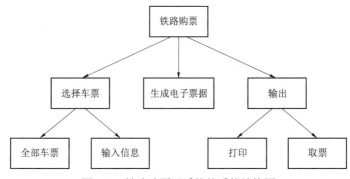

图 5-8　铁路购票子系统的系统结构图

之后，可以生成铁路购票子系统的系统框图，如图 5-9 所示。

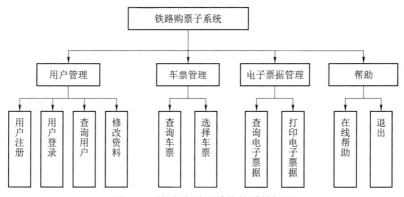

图 5-9　铁路购票子系统的系统框图

2. 事务型系统结构图

事务型系统结构图用于描述系统接受一项事务，根据事务处理的特点和性质，选择分派一个适当的处理单元，然后给出结果，通常把完成选择分派任务的部分叫作事务中心。

5.2.3　变化分析

运用变化分析设计方法建立初始的变换型系统结构图，然后对它做进一步改进，最后得到系统的最终结构图。变换分析法由下述三部分组成。

1. 重新分析数据流图

重新分析数据流图的出发点是描述系统中的数据是如何流动的，从而绘制数据流图。

2. 找出系统的逻辑输入、逻辑输出和中心变换部分

为了确定系统的逻辑输入和输出,可以从数据流图的物理输入端开始直到数据流不再被看作是系统的输入为止,构成软件的输入部分。从物理输出端到逻辑输出,构成软件的输出部分。输入部分和输出部分之间是中心变换部分。

3. 给软件结构分层

首先设计一个主模块,并用系统的名字为它命名,作为结构的顶层,也就是结构的第 0 层,它的功能是调用下一层模块,从而推动完成系统所要做的各项工作。主模块设计好之后,紧接着是结构图的第 1 层设计,在软件结构的顶层和第 1 层设计好以后,进行二级分解,自顶向下、逐步细化。

例如:我们回忆一下任务 3.5。在任务 3.5 中已经得到了它的三层数据流图,那么根据它的数据流图可以进一步导出它的系统结构图。

由图 5-10、图 5-11 赠品管理系统的前二层系统流图,可以导出前二层系统结构图,将其中的加工作为两个二级子模块,如图 5-12 所示。

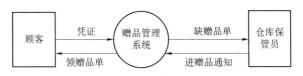

图 5-10 赠品管理系统的顶层 DFD 图

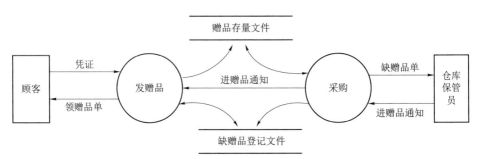

图 5-11 赠品管理系统第二层 DFD 图

图 5-12 赠品管理系统结构子图(一)

再根据第三层数据流图(图 5-13、图 5-14),将加工定义为子模块,导出第三层系统结构图,如图 5-15 所示。

在此基础之上,再增加一些系统管理的基本功能,就完成了赠品管理系统的总体框图的设计,如图 5-16 所示。

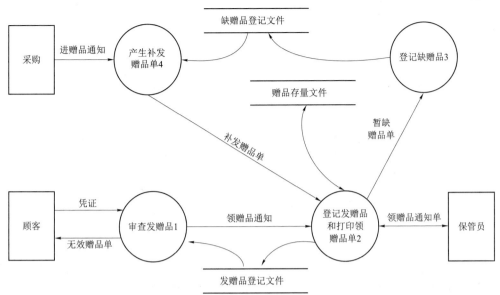

图 5-13　第三层 DFD 图——发赠品子系统

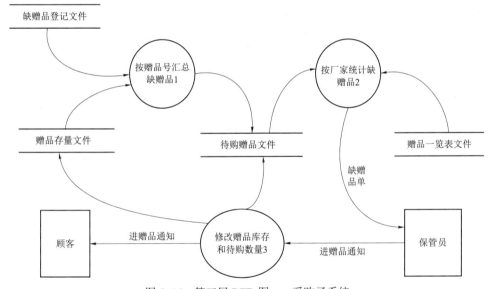

图 5-14　第三层 DFD 图——采购子系统

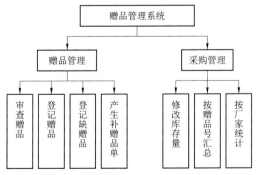

图 5-15　赠品管理系统结构子图（二）

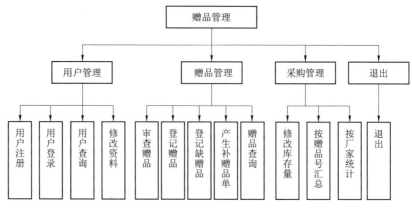

图 5-16 赠品管理系统结构图

在运用变换分析方法建立系统结构图时应注意以下几点：

（1）在分析过程中，选择模块设计次序时，应该遵守必须对一个模块的全部直接下属模块都设计完成之后，才能转向另一个模块的下层模块设计的原则。

（2）设计模块时，要遵守模块的高内聚和低耦合原则：

内聚是模块功能强度（即一个模块内部各个元素彼此结合的紧密程度）的度量。耦合是模块之间的相对独立性（即相互连接的紧密程度）的度量。模块之间的连接越紧密，联系越多，耦合性就越高，但模块独立性就越弱。一个模块内部各个元素之间的联系越紧密，则它的内聚性就越高，相对地，它与其他模块之间的耦合性就会降低，而模块独立性就越强。

（3）应用黑盒技术，将当前模块的所有下属模块定义成只知道功能和调用方式的"黑盒"，暂时不考虑其内部结构和实现功能。实质上这就是所讲的自顶向下、逐步求精的过程。

（4）模块的功能分解结束：

① 当模块不能再细分为明显的子任务时。
② 当分解成用户提供的模块或程序库的子任务时。
③ 当模块的界面是输入/输出设备传送的信息时。
④ 模块规模已经很小时。

5.2.4 事务分析

在应用中，存在某种作业数据流，它可以引发一个或多个处理，这些处理能完成该作业要求的功能，这种作业数据流就叫作事务。在实际项目中，任何情况下都可以使用"变换分析法"进行软件结构设计，但是在数据流具有明显的事务型特征时，采用"事务分析法"设计会更好。事务分析方法的具体步骤如下：

1. 明确事务源

利用需求分析得到的数据流图和数据词典，从问题定义和需求分析的结果中，能识别出需要处理的事务。通常，事务来自物理输入设备。

2. 规划适当的事务型结构

在确定数据流图所具有的事务型特征之后，根据模块划分的合理性，建立适当的事务型系统结构图。

3. 建立事务处理模块

在事务分析中,如果发现在系统内有类似的事务,可以把它们组成一个事务处理模块。

4. 定义操作模块所实现的全部细节模块

对于大型系统的复杂事务处理,可能有若干层细节模块,要尽可能地使用类似操作模块的共享公用细节模块。同时,注意内聚与耦合,尽量实现模块间的高内聚、低耦合。

总之,结构化设计方法可以很方便地将数据流图表示的信息转换成程序结构的设计描述。该方法实施的要点如下:

(1)从软件的需求规格说明中弄清数据流加工的过程,认真、仔细地研究分析和审查数据流图。

(2)数据处理问题典型的类型有两种:变换型和事务型。针对这两种不同的类型分别进行分析处理。

(3)由数据流图推导出系统的初始结构图。

(4)总结一些经验,根据实际情况,利用一些试探性原则来改进系统的初始结构图,直到得到符合要求的结构图为止。

(5)修改和补充数据词典。

(6)制订测试计划。

任务5.3 面向对象设计概述

随着面向对象技术逐渐成为研究的热点而出现了几十种支持软件开发的面向对象方法。软件构架是有关如下问题的设计层次:在计算的算法和数据结构之外,设计并确定系统整体结构成为新的问题。结构问题包括总体组织结构和全局控制结构;通信、同步和数据访问的协议;设计元素的功能分配;物理分布;设计元素的组成;定标与性能;备选设计的选择。但构架不仅是结构;IEEE 工作组架构把其定义为"系统在其环境中的最高层概念"。构架还包括"符合"系统完整性、经济约束条件、审美需求和样式。它并不仅注重对内部的考虑,而且还在系统的用户环境和开发环境中对系统进行整体考虑,即同时注重对外部的考虑。在统一开发过程中,软件系统的构架(在某一给定点)是指系统重要构件的组织或结构,这些重要构件通过接口和不断减小的构件与接口所组成的构件进行交互。从和目的、主题、材料和结构的联系上来说,软件架构可以和建筑物的架

统一开发过程
(Rational Unified Process)

构相比拟。一个软件架构师需要有广泛的软件理论知识和相应的经验来证实与管理软件产品的高级设计。软件架构师定义和设计软件的模块化,模块之间的交互,用户界面风格,对外接口方法,创新的设计特性,以及高层事物的对象操作、逻辑和流程。一般而言,软件系统的架构有两个要素:

1)它是一个软件系统从整体到部分的最高层次的划分。一个系统通常是由元件组成的,而这些元件如何形成、相互之间如何发生作用,则是关于这个系统本身结构的重要信息。详细地说,一个系统通常包括架构元件(architecture component)、联结器(connector)、任务流(task-flow)。所谓架构元件,也就是组成系统的核心"砖瓦",而联结器则描述这些元件之间通信的路径、通信的机制、通信的预期结果,任务流则描述系统如何使用这些元件和联结器

完成某一项需求。

2）建造一个系统所做出的最高层次的、以后难以更改的，商业的和技术的决定。建造一个系统之前会有很多的重要决定需要做出，而一旦系统开始进行详细设计甚至建造，这些决定就很难更改甚至无法更改。显然，这样的决定必定涉及系统设计成败，必须经过非常慎重的研究和考察。

传统软件设计方法使用清晰的符号和一组启发规则将分析模型映射到设计模型，也就是将分析模型的每个元素映射到设计模型的一个或多个层次。面向对象设计与传统结构化设计相似，数据设计（对象属性设计）、接口设计（消息模型开发）和过程设计（子系统级设计）将分析阶段所建立的分析模型转变为软件设计模型。所不同的是，在面向对象软件工程中，面向对象分析和面向对象设计之间没有明显的界限（很难精确区分两个阶段的界限），二者都是迭代过程。面向对象设计方法是建立在抽象、信息隐藏、功能独立和模块化等重要的软件设计概念基础上的，但它的模块化不仅局限在过程处理部分，而是通过数据与数据的操作封装在一起的。

软件设计阶段的主要任务是体系结构设计、数据设计、过程设计和接口设计。在面向对象设计中，体系结构的设计表现为具有控制流程对象之间的协作，数据和过程被封装为类/对象的属性和操作，接口被封装为对象之间的消息。

在传统设计过程中可分为概要设计和详细设计两个实施阶段，面向对象设计也分为两个层次：系统设计和对象设计。系统设计的主要目标是表示软件体系结构。对象设计着重对象及其交互的描述。在对象设计期间，属性、数据结构和所有操作过程设计的详细规约被创建。所有类属性的可见性（即某属性是公共的、可以被类的所有实例访问）、私有的（即仅在刻画它的类中可用）还是受保护的（即可被刻画它的类及子类访问）被定义，对象间的接口被细化描述成定义完成的消息模型。依据对象建模技术，面向对象设计过程主要由以下4个步骤组成：

（1）系统设计。系统设计主要完成系统整体结构和每个子系统的设计，这些子系统使软件能够满足客户定义的需求，并实现支持客户需求的技术基础设施。

（2）类及对象设计。类及对象设计对面向对象分析模型中的类对象模型具体化、详细化，包括使用传统设计方法中的过程设计方法来设计对象的每个操作（即算法设计），定义实现系统所需的内部类，为类属性设计内部数据结构等。为了发现对象和类，开发人员要在系统需求和系统分析的文档中查找名词和名词短语，包括可感知的事物（如汽车、压力、传感器）、角色（如母亲、设备管理员、政治家）、事件（如登录、中断、请求）、互相作用（如借贷、开会、交叉）、人员、场所、组织、设备和地点。通过查看系统的行为过程而发现重要的对象及责任是面向对象分析和设计过程初期的重要技术。

（3）消息设计。消息设计是使每个对象能够与其协作者通信的具体细节，设计系统的外部和内部接口。

（4）复审设计模型。复审设计模型的设计过程是迭代深入的，从需求和实现两个角度对设计模型进行复审。

与结构化设计方法一样，面向对象设计方法也支持三种基本的活动：识别对象/类，描述对象/类之间的关系，以及通过描述每个类的功能定义对象的行为。

面向对象的设计模型也是从面向对象分析模型导出的，见表5-1。表5-1描述出了面向对象分析模型和导出的设计模型之间的关系。

表 5-1 "面向对象分析模型"到"面向对象设计模型"的转换表

分析模型	设计模型
对象-关系模型	消息设计
类与对象建模	类与对象设计
用例、对象-行为模型	系统设计

总之，面向对象分析模型包括用例的定义、类与对象的标识建模、对象-行为模型和对象-关系模型。模型的系统设计通过考虑用户需求（用例表示）和外部可观察事件、状态（对象-行为模型）导出；类与对象设计由包含在类/对象模型中的属性、操作的描述映射出来；消息设计由对象关系模型导出。

任务 5.4 系 统 设 计

面向对象设计中的系统设计过程是：划分子系统；确定需要并行运行的子系统，并为它们分配处理器；描述子系统之间的通信；确定系统资源的管理和控制；确定人机交互（用户界面）构件；选择实现数据管理和任务管理的基本策略。

在系统设计过程中，有 4 种主要的子系统必须定义，分别是：领域子系统（即直接负责实现客户需求的子系统）、人机交互子系统（实现用户界面的子系统）、任务管理子系统（负责控制和协调并发任务的子系统）和数据管理子系统（负责对象的存储和检索的子系统）。当然，系统中的所有子系统都可以用一系列类/对象及相应的关系和行为来建模。

1. 划分子系统

在面向对象系统设计中，每个子系统可以被看作是一个高层次的模块，通过模块的外部接口与系统进行通信。通常用子系统来描述实现用户需求的组件和支持环境。

1）子系统的设计标准

子系统的划分来源于分析模型中的类、关系和行为的映射。当把一些类划入同一个子系统时，这些类应当拥有共同特性、具有相同目的、提供相应服务类型，以及类之间具有高耦合性。

2）分层设计方法的步骤

在划分子系统的同时，"分层"设计活动也在同步发生。在面向对象的系统中每层可能包含一个或多个子系统，并表示完成系统功能所需的不同功能性抽象层次。目前在大型软件系统的设计中，应用分层技术是一种重要且可行的方法。下面给出进行分层设计方法的步骤。

（1）确立分层标准。

（2）确定层的数量。设计层数要尽量适合系统应用，太多将引入不必要的复杂性，太少则不利于功能独立性。

（3）命名层，将子系统分配到层中。

（4）定义每层的接口。

（5）进一步细化子系统以建立每个层的类结构。

（6）定义层与层之间的消息模型。

（7）评审层设计以保证层间的低耦合度。

(8)迭代进行分层设计。

2. 子系统的并发处理

当某些子系统（或对象）同步作用于事件时，它们被称为并发的子系统（或对象），必须考虑同步措施。这时可采用两种解决方案：将并发子系统分配到不同的处理器；将并发子系统分配到相同的处理器并由系统提供同步控制。为了确定上述处理器分配方案是否合适，设计者必须考虑性能需求、成本和处理器之间通信所带来的开销。

3. 子系统间通信

子系统一旦被定义，就要定义子系统之间的协作，还需要进一步定义子系统间通信的合约。子系统间协作的设计步骤如下：

（1）组织子系统可能接收到的请求，并在一个或多个合约中定义。
（2）在合约中列出完成每个请求所需的操作，将操作与子系统内的特定类相关联。
（3）创建合约，包含如下内容：
① 类型——客户端/服务器或端对端。
② 协作者——合约各方的子系统的名字。
③ 类——合约隐含服务类的名字。
④ 操作——实现服务的名字。
⑤ 消息格式——协作者间交互所需的消息格式。

总之，系统设计的首要任务是从面向对象分析的各个模型导出相应的子系统。确定子系统时应当注意以下问题：

（1）明确每个子系统负责的用户需求。
（2）明确在分析中定义的对象被分配到哪个子系统中。
（3）明确哪些子系统必须并发运行，向什么系统构件协调和控制子系统。
（4）明确全局资源怎样被子系统管理。

任务 5.5　企业设备状况管理系统总体设计以及类的设计

通过运用传统的概要设计方法，对企业设备状况管理系统进行分析、设计后，得到如图 5-17 所示的总体设计框图。

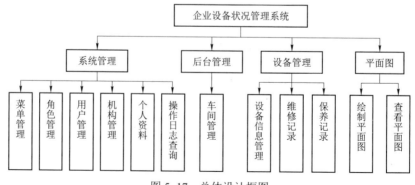

图 5-17　总体设计框图

对类图进行细化，包括确定类的属性和增加类的操作两部分工作。对具体类的属性，主要考虑与具体应用直接相关的、重要的属性，不考虑那些超出问题范围、只用于实现的属性，并且为属性取有意义的名称。"企业设备状况管理系统"类的属性如图5-18所示。

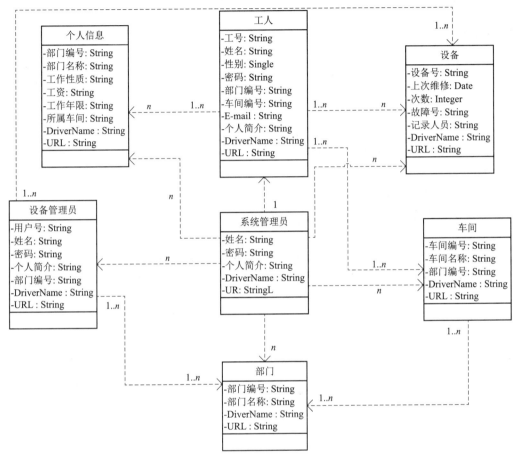

图 5-18 "企业设备状况管理系统"类的属性

在该系统的类属性中，属性 DriverName 和 URL 用来连接后台数据库管理系统服务器。对系统的类采用"自底向上"和"自顶向下"的方法进一步细化类。

类图是系统的静态模型，在此还需要建立系统的动态模型，从而充实各个类中的操作内容。从需求分析阶段业务流程的事件序列、业务用例描述和系统类模型中行的关系中抽取系统的主要动态行为。下面绘制出向数据库中插入记录的活动图，如图5-19所示。

"企业设备状况管理系统"类的操作主要包括：对类属性的读/写操作；类与数据库的操作，即连接/打开/关闭数据库、将类信息插入/更新/删除到数据库中。

通过对"企业设备状况管理系统"类的分析、设计

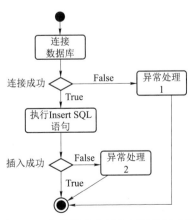

图 5-19 向数据库中插入记录的活动图

建模，总结其过程如下：
(1) 确定初始类图。
(2) 提取类的属性。
(3) 细化类图。

● 实验实训

使用 Visio 2010 绘制活动图

1．实训目的
(1) 熟悉绘制活动图的各种图元及其含义。
(2) 掌握使用 Visio 2010 绘制活动图的方法。
2．实训内容
(1) 使用 Visio 2010 绘制系统管理员的活动图。
(2) 完成实训报告。
3．操作步骤
(1) 选择【开始】【程序】【Microsoft Office】【Microsoft Office Visio 2010】命令启动 Visio 2010，在模板类别任务栏中选择"软件和数据库"，如图 5-20 所示。

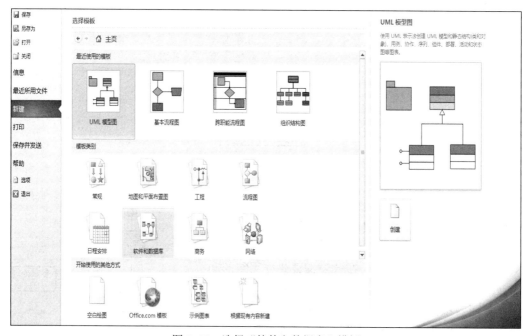

图 5-20　选择"软件和数据库"模板

(2) 单击"软件和数据库"之后选择 UML 模型，如图 5-21 所示。
(3) 在左下角模型资源管理器中，在"顶层包"上单击右键选择"新建""活动图"，如图 5-22 所示。

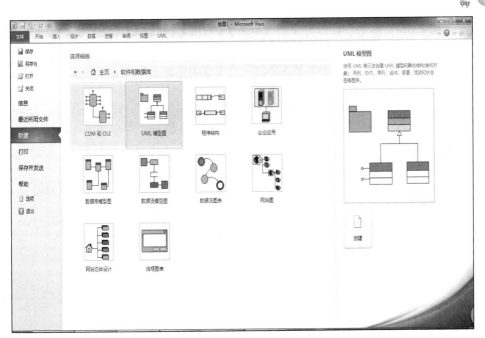

图 5-21 选择 UML 模型

图 5-22 选择"活动图"

(4)拖动"UML 活动"任务栏中的(初始状态)图元到绘图区域并调整大小及位置。进入文字编辑状态,添加相应文字,如图 5-23 所示。

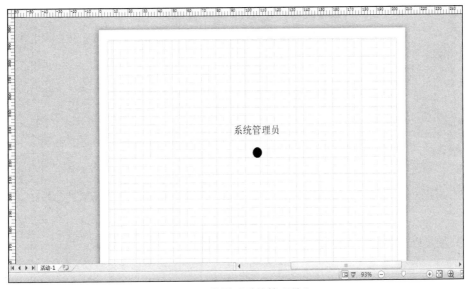

图 5-23 设置"系统管理员"

（5）拖动"UML 活动"任务栏中的【状态】【判定】【转换】【控流线】【最终状态】图元到绘图区域并调整大小位置。

（6）在【状态】添加文字，如图 5-24 所示。

图 5-24　设置状态

（7）在"输入口令"的【状态】图元与【判定】图元之间添加连接线，单击工具栏上的 连接线 按钮，如图 5-25 所示。

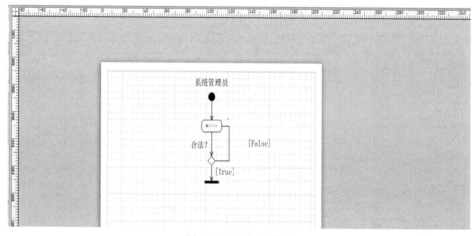

图 5-25　添加连接线

（8）重复以上步骤，最终得到的系统管理员活动图如图 5-26 所示。

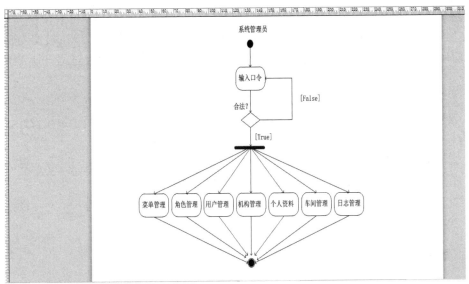

图 5-26　系统管理员活动图

小　结

本项目介绍了两种程序设计方法：结构化程序设计方法和面向对象的程序设计方法。软件设计与其他领域的工程设计一样，都需要有科学的方法、合理的分析策略。把软件设计仅看作程序设计或者编制程序，是很片面的。实际上，程序设计只是软件设计其中的一部分，不能把二者混同起来。

概要设计通常包括体系结构设计、接口设计、数据设计和过程设计等内容。面向对象的软件架构描述的对象是直接构成系统的抽象组件。各个组件之间的连接则明确和相对细致地描述组件之间的通信。在实现阶段，这些抽象组件被细化为实际的组件，比如具体某个类或者对象。在面向对象领域中，组件之间的连接通常用接口来实现。软件构架是一个容易理解的概念，多数工程师（尤其是经验不多的工程师）会从直觉上来认识它，但要给出精确的定义很困难。

本项目以赠品管理系统为主线，对结构化设计进行了详细说明，利用企业设备状况管理系统为主线，又详细地介绍了面向对象的设计方法。

习　题

一、填空题

1. 与软件需求分析一样，软件设计也有两种主要设计方法：以结构化设计为基础的_____和由面向对象导出的_____。

2. 传统的软件设计任务通常分两个阶段完成。第一个阶段是_____，包括体系结构设计和接口设计，并编写概要设计文档；第二个阶段是_____，其任务是确定各个软件组件数据结构和操作，产生描述各软件组件的详细设计文档。

3. 结构化的软件设计方法是一种_____的设计方法，在面向数据流的方法中，数据流是考虑一切问题的出发点。

4. 与结构化设计一样，面向对象设计也是将分析阶段所建立的_____转变为软件设计模型，应用数据设计（对象属性设计）、接口设计（消息模型开发）以及过程设计（子系统级设计）。

5. 当两个子系统相互通信时，可以建立_____连接或端对端连接。

6. 系统设计不仅包括主要的业务需求子系统设计，还包括用户界面子系统设计、任务管理子系统设计和_____。

7. 对象设计强调从问题域的概念转换成计算机领域的概念，通过_____、算法和数据结构设计、程序构件和接口，实现相关的类、关联、属性与操作。

8. 在面向对象设计中_____设计的主要目标是表示软件体系结构，_____设计着重于对对象及其相互交互的描述。

二、思考题

1. 简述结构化软件设计的实施步骤。
2. 简述结构化软件设计变换型分析和事物型分析的过程。
3. 面向对象设计的任务是什么？请画出将面向对象分析转换为设计模型的过程。
4. 在面向对象设计中系统设计的过程是什么？

项目六

软件项目的详细设计
——基于企业设备状况管理系统

● 项目导读

概要设计文档相当于机械设计中的装配图,而详细设计文档相当于机械设计中的零件图。文档的编排、装订方式也可以参考机械图纸的方法。

各个模块可以分给不同的人去并行设计。在详细设计阶段,设计者的工作对象是一个模块,根据概要设计赋予的局部任务和对外接口,设计并表达出模块的算法、流程、状态转换等内容。这里要注意,如果发现有结构调整(如分解出子模块等)的必要,必须返回到概要设计阶段,将调整反映到概要设计文档中,而不能就地解决,不打招呼。详细设计文档最重要的部分是模块的流程图、状态图、局部变量及相应的文字说明等。一个模块需要提供一篇详细设计文档。

在面向对象的系统设计和对象设计中还要考虑待建系统的用户界面和数据管理设计以及子系统的任务管理设计。

● 项目概要

- 传统的详细设计
- 面向对象的详细设计及案例
- 用户界面设计及案例
- 数据库管理设计及案例

任务6.1 详 细 设 计

项目5阐明了软件的概要设计,给出了项目的一个总体实现结构。在将概要设计变成代码之前还需要经历一个阶段,即详细设计阶段,这个阶段将概要设计的框架内容具体化、细致化,对数据处理中的顺序、选择、循环这三种控制结构,用伪语言或程序流程图表示出来。

6.1.1 详细设计概述

在详细设计阶段,要设计各个模块的实现方法,并精确地表达各种算法,为此,需要采用恰当的表达工具。

表达过程说明的工具叫作详细设计工具,它可分为如下三类:

（1）图形工具。把设计细节用图形方式描述出来。

（2）表格工具。用表格表达过程细节，表格列出各种可能的操作及条件，描述了输入、处理、输出信息。

（3）语言工具。可以用高级语言的伪码来描述过程细节。

6.1.2 详细设计的基本任务

详细设计的主要任务就是确定软件各个组成部分的算法以及各部分的内部数据结构和各个组成部分的逻辑过程，此外，还要做以下几方面设计并编写详细设计说明书。

（1）数据结构和算法设计。对需求分析、概要设计确定的概念性数据类型进行确切的定义。用图形、表格、语言等工具将每个模块处理过程的详细算法描述出来。

（2）物理设计。物理设计就是确定数据库的物理结构，数据库的物理结构就是指数据库的记录格式、存储安排和存储方法，这些都依赖于所使用的数据库系统。

（3）性能设计。性能需求主要是确定必需的算法和模块间的控制方式。主要考察以下 4 个指标：

① 周转时间。它指从输入到输出的整个时间。

② 响应时间。它指从用户执行一次输入操作之后到系统输出结果的时间间隔。

③ 吞吐量。它指单位时间内能处理的数据量，是标志系统能力的指标。

④ 确定外部信号的接收/发送形式。

（4）其他设计。根据软件系统的类型，还可能要进行以下设计：

① 代码设计。为了提高操作性能，节约内存空间，对数据库中的某些数据项的值要进行代码设计。

② 输入/输出格式设计。

③ 人机对话设计。对于一个实时系统，用户与计算机频繁对话，因此要进行对话方式、内容和格式的具体设计。

（5）编写详细设计说明书。

系统概要设计文档主要包括如下内容：

【引言】

● 编写目的

阐明编写详细设计说明书的目的，指出预期的读者。

● 项目背景

包括项目名称，列出此项目的任务提出者、开发者、用户。

● 定义

列出本文档中所用到的专用术语的定义和缩写词的原意。

● 参考资料

列出有关资料的作者、标题、编号、发表日期、出版单位或资料来源，还可包括：项目经核准的计划任务书、合同，项目开发计划，需求规格说明书，测试计划初稿，用户操作手册初稿，文档所引用的资料或采用的标准、规范。

【系统结构】

给出系统的结构框图，包括软件结构、硬件结构框图。用一系列表列出系统内的每个模块的名称、标识符和它们之间的层次结构关系。

【模块设计说明】

● 模块描述

给出对该基本模块的简要描述,主要说明安排设计本模块的目的和意义,并且还要说明本模块的特点。

● 功能

说明该基本模块应具有的功能。

● 性能

说明对该模块的全部性能要求。

● 输入项

给出每一个输入项的特性。

● 输出项

给出每一个输出项的特性。

● 设计方法

对于软件设计,应该仔细说明本程序所选用的算法、具体的计算公式及计算步骤。

对于硬件设计,应该仔细说明本模块的设计原理、元器件的选取、各元器件的逻辑关系及所需要的各种协议等。

● 流程逻辑

用图表辅助说明本模块的逻辑流程。

● 接口

说明本模块与其他相关模块间的逻辑连接方式,说明涉及的参数传递方式。

● 存储分配

根据需要,说明本模块的存储分配。

● 注释设计

说明安排的程序注释。

● 限制条件

说明本模块在运行使用中所受到的限制条件。

● 测试计划

说明对本模块进行单体测试的计划,包括对测试的技术要求、输入数据、预期结果、进度安排、人员职责、设备条件、驱动程序等的规定。

● 尚未解决的问题

说明在本模块的设计中尚未解决而设计者认为在系统完成之前应该解决的问题。

【其他模块设计说明】

用类似的方式,说明第 2 个乃至第 N 个模块的设计考虑。

6.1.3 详细设计方法

详细设计的主要任务是对模块的概要设计进行详细的算法描述,对模块之间的关系进行详细的描述。主要包括如下描述:

(1)模块描述:描述该模块的主要功能、要解决的问题、这个模块在什么时候被调用和为什么要设计这个模块。

（2）算法描述：确定模块设计的必要性之后，还需要确定这个模块的算法，包括公式、边界和特殊条件，还包括参考资料等。

（3）数据描述：描述模块内部的数据流，对于面向对象的模块，主要描述对象之间的关系。

传统的表达工具一般包括程序流程图、N-S 图、伪语言等。

1）程序流程图

流程图（flowchart）通过图形化的方式来表示一系列操作以及操作执行的顺序，又称程序框图。它是软件开发者最熟悉的，也是最早出现和使用的算法表达工具之一。流程图的表示元素见表 6-1。

伪语言

表 6-1　流程图的表示元素

名　　称	图　　例	说　　明
终结符	▭	表示开始和结束
处理	▭	表示程序的处理过程
判断	◇	表示逻辑判断或分支，在框内写判断条件
输入/输出	▱	获取输入信息，记录或显示输出信息
连线	→	连接其他符号，表示执行顺序或数据流向

使用以上的表示元素，可以描述的基本控制结构有如下 3 种：

（1）顺序型结构。顺序型结构的表示程序由连续的处理步骤依次排列构成，如图 6-1 所示：

（2）选择结构。选择结构表示程序由逻辑判断条件的取值决定选择两个处理中的一个执行，如图 6-2 所示。

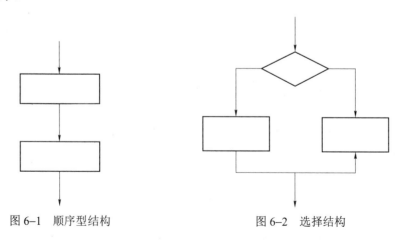

图 6-1　顺序型结构　　　　　　　　　　图 6-2　选择结构

（3）循环结构。循环结构由 while 型循环和 until 型循环组成。while 型循环是先判断循环条件，如果条件成立则重复执行循环体语句，否则跳出循环体执行循环后面的语句，如图 6-3 所示。until 型循环先执行循环体语句然后判断循环条件，条件成立继续执行循环体语句，否则跳出循环体，如图 6-4 所示。

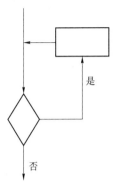

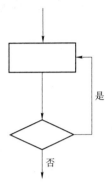

图 6-3　while 型循环结构　　　　　　　图 6-4　until 型循环结构

2）N-S 图

N-S 图又称为盒图，所有的程序结构均使用矩形框表示，以清晰地表达结构中的嵌套及模块的层次关系。N-S 图是 Nassi 和 Shneiderman 共同提出的一种图形工具，所以得名。在 N-S 图中，基本控制结构的表示符号如图 6-5 所示。

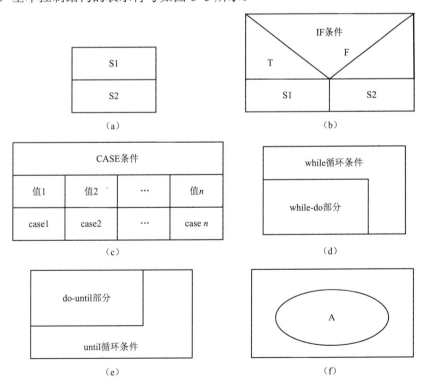

图 6-5　N-S 图基本控制结构的表示符号
（a）顺序结构；（b）分支结构；（c）多分支 CASE 结构；（d）while-do 结构；
（e）do-until 结构；（f）调用模块 A

3) PDL 伪语言

PDL（program design language）是一种用于描述功能模块的算法设计和加工细节的语言，又称为设计程序语言。PDL 描述的总体结构和一般的程序很相似，包括数据说明部分和过程部分，也可以带有注释等成分。但它是一种非形式的语言，对于控制结构的描述是确定的，而控制结构内部的描述语法不确定，可以根据不同的应用领域和设计层次灵活选用描述方式，也可以使用自然语言。

PDL 书写的模块结构如下：

PROCEDURE<过程名>(<参数名>)<数据说明部分><语句部分>END<过程名>

数据说明部分形式如下：

<数据说明表>

数据说明表由一串说明项构成，每个说明项形如：

<数据项名>As<类型字或用户定义的类型名>

语句部分可以包括赋值语句、if-then-else 语句、do-while 语句、for 语句、调用语句、返回语句等。与一般程序模块不同，其语句中除描述控制结构的关键字外，书写格式没有严格定义。

下面简单介绍几种使用 PDL 描述的常用控制结构。

（1）选择性结构。

使用 PDL 描述如下：

```
IF<条件描述>
    THEN<程序块或伪代码语句>；
    ELSE<程序块或伪代码语句>；
ENDIF
```

（2）循环型结构。

① 先测试型循环。

```
DO  WHILE<条件描述>
    <程序块或伪代码语句>；
ENDDO
```

② 后测试型循环。

```
REPEAT  UNTIL<条件描述>
    <程序块或伪代码语句>；
ENDREP
```

或

```
DO  LOOP
    <程序块或伪代码语句>；
    EXIT  WHEN<条件描述>
END  LOOP
```

③ 下标型循环。

```
DO  FOR<下标=下标表，表达式或序列>
    <程序块或伪代码语句>
```

ENDFOR

（3）子程序。

PROCEDURE＜子程序名＞＜一组属性＞

INTERFACE＜参数表＞

END

（4）输入/输出结构。

READ/WRITE TO＜设备＞＜I/O 表＞

或者

ASK＜询问＞ANSWER＜响应选项＞

注意：这里的＜设备＞指物理的输入/输出设备，＜I/O 表＞中包含着要传送的变量名。

6.1.4 面向对象的详细设计

如果面向对象系统设计被视为具有多层高楼的建筑图（建筑图规定了每层及每个房间的用途，以及连接房间和房间、房间和外部环境的设计），那么现在需要提供建造每个房间的细节，对象设计则着重于"房间"设计。

1）面向对象设计的内容

面向对象设计通常要细化和扩充对分析模型的支持、对人机交互的支持、对资源访问和数据存取的支持、对网络访问的支持、对并发计算的支持等内容。对象设计主要包括：对象的描述、算法设计、程序构件及接口。在进行面向对象设计之前，要了解一下面向对象的 4 个基本特征。

（1）抽象。面向对象方法不仅支持过程抽象而且还支持数据抽象。类实际上是一种抽象数据类型，它对外提供的公共接口构成了类的规格说明（即类的协议）。使用者无须知道类中的具体操作是如何实现的，也无须了解内部数据的具体表现形式，只要清楚它的规格说明，就可以通过接口定义的操作访问类的数据，这种抽象被称作规格说明抽象。此外，面向对象的程序设计语言还支持参数化抽象。所谓参数化抽象是指当描述类的规格说明时并不具体指定所要操作的数据类型，而是把数据类型作为参数。这使得类的抽象程度更高，应用范围更广，可复用性更好。

（2）继承。继承是面向对象软件技术当中的一个概念。如果一个类 A 继承自另一个类 B，就把这个 A 称为"B 的子类"，而把 B 称为"A 的父类"。继承可以使得子类具有父类的各种属性和方法，而不需要再次编写相同的代码。在令子类继承父类的同时，可以重新定义某些属性，并重写某些方法，即覆盖父类的原有属性和方法，使其获得与父类不同的功能。另外，为子类追加新的属性和方法也是常见的做法。通过继承，可以实现代码的重用。

（3）封装。封装是将一个完整的概念组成一个独立的单元，然后通过一个名称来引用它。在系统的较高层次，可以将一些相关的应用问题封装在一个子系统中，对子系统的访问是通过访问该子系统的接口实现的；在系统的较低层次中，可以将具体对象的属性和操作封装在一个对象中，通过对象类的接口访问其属性。

（4）多态。多态（polymorphism）按字面的意思就是"多种状态"。在面向对象语言中，接口的多种不同的实现方式即为多态。多态性是允许将父对象设置成为一个或更多的与它的子对象相等的技术，赋值之后，父对象就可以根据当前赋值给它的子对象的特性以不同的方式运作。简单地说，就是允许将子类类型的指针赋值给父类类型的指针。多态性在 C++中都是通过虚函数实现的。

2）面向对象设计的原则

在面向对象需求分析过程给出了问题域的对象模型，为了便于系统的实现和优化，在设计过程中需要对这个模型进行扩展和重构。在设计时应该尽可能地考虑复用已有对象类，这是为了提高软件的复用度，尽量利用继承的优点。

为了更好地进行对象设计，需要遵循以下原则：

（1）信息隐藏。在面向对象设计的方法中，信息隐藏是通过对象封装实现的。类的结构分离了接口和实现。对于类的使用者来说，属性的表示和操作的实现都是隐藏的。

（2）强内聚。对象设计中包括两种内聚：服务内聚，一个服务内聚完成并且仅完成一个功能；类内聚，设计类的原则就是一个类的属性和操作全部都是完成某个任务所必需的。

（3）弱耦合。弱耦合是设计高质量软件的一个重要原则，因为它有助于隔离变化对系统其他元素的影响。在面向对象设计中，耦合主要指不同对象之间相互关联的程度。如果一个对象过多地依赖于其他对象来完成自己的工作，那么会使该对象的可理解性下降，而且还会增加测试、修改的难度，同时降低了类的可复用性和移植性。

（4）可复用。软件复用是从设计阶段开始的，所有的设计工作都是为使系统完成预期的任务，提高工作效率、减少错误、降低成本。复用性有两方面的含义：一是尽量使用已有的类，包括开发环境提供的类库和已有的相似类；二是对于创建的新类应在设计时考虑其将来的可复用性。如图 6-6 所示为在对象设计过程中，将分析模型转换为设计模型的对应关系。

图 6-6 分析模型转换为设计模型的对应关系

6.1.5 类图/对象图简介

在 UML 中，类和对象模型分别由类图和对象图表示。在面向对象建模技术中，客观世界的实体被映射为对象，并归纳成类。对于开发的目标系统，其类模型和对象模型用来描述系统的结构。

类描述同类对象的属性和行为。在 UML 中，类可表示为一个划分为 3 格的矩形（下面两个格可省略），如图 6-7 所示。

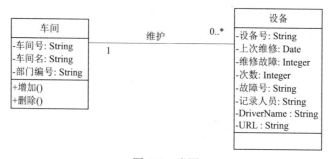

图 6-7 类图

最上层注明类的名字,类的命名应尽可量使用应用领域中的术语,表述明确、无歧义,以利于开发人员与用户之间的交流。在确定问题领域中的类时,开发人员必须与业务领域专家合作,仔细分析业务流程,抽象出领域中的概念,然后对其定义。UML 中规定类属性的语法格式如下:

可见性　属性名:类型=默认值{约束特性}

其中,"可见性"有 3 种:Public、Private 和 Protected,在 UML 中分别表示为+、-和#。"类型"表示该属性的数据类型,一般由所涉及的程序设计语言确定。"约束特性"是对该属性的一个约束说明,如(只读)属性。

类的操作(即通过对属性值的操作或执行某些动作)被封装在类中。只能作用到该类的对象上。UML 规定操作的语法格式如下:

可见性　操作名(参数表):返回类型{约束特性}

对象与类在表现形式上相同。对象是类的实例,对象图可以看作类图的一个实例,对象之间的关系是类之间关系的实例,如图 6-8 所示为对象图。

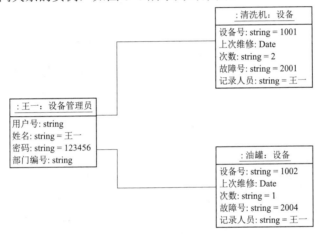

图 6-8　对象图

在类与类之间存在一定的联系(即关系),主要有关联、聚集、泛化和依赖。在图形表示上,把关系画成一条线,并用不同的线区别关系的种类。

1. 关联关系

关联表示类之间存在某种关系,通常用一个无向线段表示。关联也是对对象之间存在的某种具体关系的抽象。例如:一名教师在某学校工作,该学校有许多部门,就可以认为教师与学校之间,学校与部门之间存在某种联系。在分析、设计类图模型时,教师类和学校类、学校类和部门类之间应建立关联关系。最常见的关联可在两个类之间用一条直线连接,并在直线旁边写上关联名。在关联的两端可写上一个被称为"重数"的数值范围,表示该类有多少个对象与对方的一个或多个对象连接。该重数符号有:

```
1..1(或 1)          表示 1 个对象,重数的默认值为 1;
0..1                表示 0 或 1;
1..*                表示 1 或多;
0..*(或*)           表示 0 或多。
```

2. 聚集

聚集(aggregation)是一种特殊形式的关联,表示类之间的关系是整体与部分的关系。

一个公寓包含 2 个卧室、1 个卫生间、1 个厨房和 1 个客厅，就是一个聚集的例子。在需求分析中，"包含""组成""分为……部分"等聚集设计成聚集关系。聚集又分为共享聚集和组合聚集。在 UML 中，共享聚集表示为空心菱形，组合聚集表示为实心菱形。例如，一个兴趣组包含许多名组员，但是每名组员又可以是另外一个兴趣组的组员，如图 6-9 所示为兴趣组类与组员类之间的共享聚集。在组合聚集中，整体拥有各部分，若整体不存在，则部分也随之消失。如图 6-10 所示，一个公寓由卧室、卫生间、厨房和客厅组成。

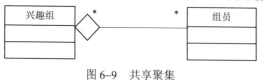

图 6-9　共享聚集

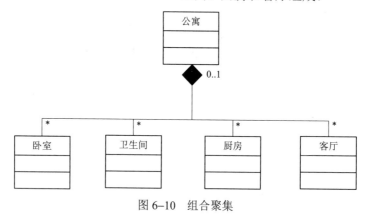

图 6-10　组合聚集

3. 泛化

泛化（generalization）用于描述类之间一般与特殊的关系。具有共同特性的元素抽象为一般类，并通过增加其内涵，进一步抽象为特殊类。具有泛化关系的两个类之间，特殊类继承了一般类的所有信息，称为子类，被继承类称为父类。类的继承关系可以是多层的。在 UML 中，泛化常表示为一端带空心三角形的连线，空心三角紧挨着父类。如图 6-11 所示，父类是设备类，清洗设备和加工设备是它的子类。

4. 依赖

依赖（dependency）描述的是两个模型元素（类、用例等）之间的连接关系。假设有两个类设备管理员和设备，如果修改设备管理员类的定义则可能会引起对另一个设备类定义的修改，那么称设备类依赖于设备管理员类。两个类之间依赖关系的表现形式有：一个类使用另一个类的对象作为操作中的参数，一个类调用另一个类的操作等。UML 中依赖关系常用带有箭头的虚线段来表示，如图 6-12 所示。

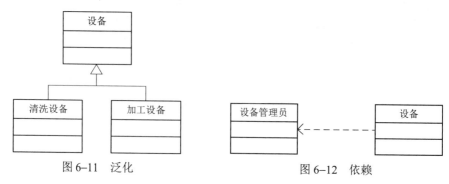

图 6-11　泛化　　　　　　　　　图 6-12　依赖

任务 6.2　人机交互（用户界面）设计

用户界面设计即人机界面设计。由于要突出用户如何命令系统以及系统如何向用户提交信息，因此需要在设计中加入人机交互设计部分，并用原型来帮助实际交互机制的开发与选择。现代信息系统的开发大都采用图形用户界面（GUI），人机接口部件的基本对象有窗口、菜单、图标和各种控件的应用。

GUI

系统需求分析阶段的用例模型描述了用户和系统的交互情况（即确定了用户与系统交互的属性和外部服务），在系统设计阶段应据此考虑人机交互，即用户如何操作、系统如何响应命令、系统以什么样的格式显示信息报表等。

如今已有许多可视化开发工具，能够提供大量可复用的基础图形（如窗口、菜单、按钮、对话框等）类库，帮助设计用户界面，但是要设计出令用户满意的人机交互界面却不是一件很容易的事情。一款优秀的软件界面设计需要考虑软件界面布局的合理性、软件界面设计的规范性、软件界面操作可定制性和软件界面风格的一致性。用户界面设计的三大原则是：

1. 对用户特点进行分类，设计不同界面

不同类型的用户对系统操作的要求是不相同的，可按照工作性质、掌握技术的熟练程度和对系统的访问权限进行分类，尽量照顾到所有用户的合理要求，优先满足特权用户的需要。通常在设计系统时，可参考市场常用的优秀商品软件，尽量遵循用户界面的一般原则和规范，然后根据用户分析结果确定初步的系统用户界面，最后优化直到用户满意为止。要设计出让用户满意的人机交互界面，需要遵循下列准则：

（1）一致性。尽量使用一致的术语、一致的步骤、一致的动作。

（2）减少操作，提供在线帮助。应将用户为完成某项任务而单击鼠标的次数或敲击键盘的次数减至最少，另外要为熟练用户提供简捷操作方法（如热键）。界面上应提供联机参考资料，以方便用户在遇到困难时可随时参阅。

（3）避免用户的大量记忆内容。不应要求用户记住在某个窗口中显示的信息，要将用户在使用系统时用于思考人机交互方法所花费的时间减到最少，而将完成用户想做的工作所用的时间增加至最大。

2. 增加用户界面专用的类和对象

用户界面专用类的设计通常与所选用的图形用户界面有关。目前主流的 Windows、X-Windows 等 GUI 通常都依赖于具体的平台，在字型（包括字体、字号、风格）、坐标系和事件处理等方面有些差异。为此，首先利用类结构图来描述各窗口及其分量的关系；其次，为每个窗口类定义菜单条、下拉式菜单和弹出菜单，同时定义必需的操作，完成菜单创建、高亮度显示所选菜单项及其对应动作等功能，以及将要在窗口内显示的所有信息。在必要时还可增设窗口中快速选项、选字体和剪切等专用类。

3. 利用快速原型演示，改进界面设计

除了遵守上述三大原则之外，良好的用户界面一般都符合下列用户界面规范。

1) 软件界面布局的合理性

界面的合理性是指界面与软件功能融洽,界面的布局和颜色协调等。界面布局的合理性主要包括 4 个方面内容:

(1) 屏幕不能拥挤,整个项目采用统一的控件间距。

(2) 控件按区域排列。一行控件纵向中对齐,控件间距基本保持一致,行与行之间间距相似,靠窗体的控件距窗体边缘的距离应大于行间距。当屏幕有多个编辑区域,要以视觉成效和效率来组织这些区域。

(3) 有效组合,逻辑上相关联的控件应当加以组合以示意其关联性。

(4) 固定窗口大小,不准许改动尺寸。

界面颜色搭配方面主要是指运用恰当的颜色,使软件的界面看起来更加规范。

(1) 统一色调,针对软件类型以及用户工作环境挑选恰当色调。

(2) 与操作系统统一,读取系统准则色表。

(3) 遵循比较原则,在浅色背景上运用深色文字,深色背景上运用浅色文字。

(4) 整个界面色彩尽量少地运用类别不一样的颜色。

(5) 颜色方案也许会因为显示器、显卡、操作系统等原因显示出不一样的色彩。

(6) 针对色盲、色弱用户,能够运用特殊指示符。

2) 软件界面设计的规范性

遵循一致的准则,确立准则并遵循,是软件界面设计中必不可少的环节。确立界面准则便于用户操作,用户感觉到统一、规范,在运用软件的流程中能愉快轻轻松松地完成操作,提高对软件的认知。此外,能够降低培训、支撑成本,不必花费较多的人力对客户执行逐个指导。

3) 软件界面操作可定制性

界面的可定制性大致可体现为以下几方面:

(1) 界面元素可定制;

(2) 工具栏可定制;

(3) 统计检索可定制;

(4) 软件界面所包含各类元素准则的定制:窗口、菜单、图标、控件、鼠标、文字、联机帮助。

4) 软件界面风格的一致性

界面的一致性既包含运用准则的控件,也指相似的信息表现要领,如在字体、标签风格、颜色、术语、显示错误信息等方面确保一致。界面风格一致性表现为以下几方面:

(1) 在不一样分辨率下的美观程度;

(2) 界面布局要一致;

(3) 界面的外观要一致;

(4) 界面所用颜色要一致;

(5) 操作要领要一致;

(6) 控件风格、控件功能要专一:不错误地运用控件,一个控件只做单一功能,运用 Table 页;

（7）标签和讯息的措辞要一致；

（8）标签中文字信息的对齐方式要一致；

（9）快捷键在各个配置项上语义保持一致。

5）菜单位置原则

菜单是界面上最重要的元素，菜单位置通常按照功能来组织。

菜单设置原则如下：

（1）菜单通常按照"常用—主要—次要—工具—帮助"的位置排列，符合流行的 Windows 风格。

（2）常用的有"文件""编辑""查看"等菜单，几乎每个系统都有，当然要根据不同的系统有所取舍。

（3）下拉菜单要根据菜单选项的含义进行分组，并按照一定的规则进行排列，用横线隔开。

（4）一组菜单的使用有先后要求或有向导作用时，应该按先后次序排列。

（5）没有顺序要求的菜单项按使用频率和重要性排列，常用的放在前面，不常用的靠后放置；重要的放在前面，次要的放在后边。

（6）如果菜单选项较多，应该采用加长菜单的长度而减少深度的原则排列。

（7）菜单深度一般要求最多控制在 3 层以内。

（8）对常用的菜单要有快捷命令方式。

（9）对与进行的操作无关的菜单要用屏蔽的方式加以处理，采用动态加载方式（只有需要的菜单才显示）最好。

（10）菜单前的图标不宜太大，与字高保持一致最好。

（11）主菜单的宽度要接近，字数不应多于 4 个，每个菜单的字数能相同最好。

（12）主菜单数目不应太多，最好为单排布置。

6）快捷方式的组合原则

在菜单及按钮中使用快捷键可以让喜欢使用键盘的用户操作得更快一些。在西文 Windows 及其应用软件中快捷键的使用大多是一致的。菜单中的快捷键组合如下所示：

（1）面向事务的组合有 Ctrl+D（删除）；Ctrl+F（寻找）；Ctrl+H（替换）；Ctrl+I（插入）；Ctrl+N（新记录）；Ctrl+S（保存）；Ctrl+O（打开）。

（2）列表相关的组合有 Ctrl+R 或 Ctrl+G（定位）；Ctrl+Tab（下一分页窗口或反序浏览同一页面控件）。

（3）编辑相关组合有 Ctrl+A（全选）；Ctrl+C（复制）；Ctrl+V（粘贴）；Ctrl+X（剪切）；Ctrl+Z（撤销操作）；Ctrl+Y（恢复操作）。

（4）文件操作相关组合有 Ctrl+P（打印）；Ctrl+W（关闭）。

（5）系统菜单的相关组合有 Alt+A（文件）；Alt+E（编辑）；Alt+T（工具）；Alt+W（窗口）；Alt+H（帮助）。

（6）MS Windows 保留键包括 Ctrl+Esc（任务列表）；Ctrl+F4（关闭窗口）；Alt+F4（结束应用）；Alt+Tab（下一应用）；Enter（默认按钮/确认操作）；Esc（取消按钮/取消操作）；Shift+F1（上下文相关帮助）。

按钮中的快捷键可以根据系统需要进行调节，以下只是常用的组合：

Alt+Y（确定或是）、Alt+C（取消）、Alt+N（否）、Alt+D（删除）、Alt+Q（退出）、Alt+A（添加）。

Alt+E（编辑）、Alt+B（浏览）、Alt+R（读）、Alt+W（写），这些快捷键也可以作为开发中文应用软件的标准，但亦可使用汉语拼音的开头字母。

7）排错性考虑原则

在界面上通过下列方式来控制出错率，会大大减少系统因用户人为错误引起的破坏。开发者应当尽量周全地考虑到各种可能发生的问题，使出错的可能降至最小。如应用出现保护性错误而退出系统，这种错误最容易使用户对软件失去信心。因为这意味着用户要中断思路，并费时费力地重新登录，而且已进行的操作也会因没有存盘而全部丢失。排错性原则如下：

（1）最重要的是排除可能会使应用非正常中止的错误。

（2）应当注意尽可能避免用户无意输入无效的数据。

（3）采用相关控件限制用户输入值的种类。

（4）当用户选择的可能性只有两个时，可以采用单选框。

（5）当选择的可能性多于两个时，可以采用复选框，每一种选择都是有效的，用户不可能输入任何一种无效的选择。

（6）当选项特别多时，可以采用列表框或下拉式列表框。

（7）在一个应用系统中，开发者应当避免用户做出未经授权或没有意义的操作。

（8）对可能引起致命错误或系统出错的输入字符或动作要进行限制或屏蔽。

（9）对可能发生严重后果的操作要有补救措施，通过补救措施用户可以回到原来的正确状态。

（10）对一些特殊符号或与系统使用的符号相冲突的字符等进行判断并阻止用户输入该字符。

（11）对错误操作最好支持可逆性处理，如取消系列操作。

（12）在输入有效性字符之前应该阻止用户进行只有输入之后才可进行的操作。

（13）对可能造成等待时间较长的操作应该提供取消功能。

（14）对与系统采用的保留字符冲突的情况要加以限制。

（15）在读入用户输入的信息时，应该根据需要选择是否去掉信息前后的空格。

（16）有些读入数据库的字段不支持中间有空格，但用户确实需要输入中间空格时，要在程序中加以处理。

8）多窗口的应用与系统资源原则

（1）设计良好的软件不仅要有完备的功能，还要尽可能占用最低限度的资源。

（2）在多窗口系统中，要求有些界面必须保持在最顶层，避免用户在打开多个窗口时，不停切换甚至最小化其他窗口来显示该窗口。

（3）在主界面载入完毕后自动空出内存，让出所占用的系统资源。

（4）关闭所有窗体，系统退出后要释放所占用的所有系统资源，除非是需要后台运行的系统。尽量防止对系统的独占使用。具体的例子参见任务 6.5 中的：设备状况管理系统的用户界面设计。

任务6.3 任务管理设计

任务管理设计就是建立将子系统组织成任务的基础设施,来管理任务并发。虽然从理论上讲,不同对象可以并发工作,但是在实际系统中,许多对象往往存在相互依赖关系。另外,在实际应用的硬件中,可能仅有一个处理器支持多个对象。因此,任务管理设计的重要内容之一就是确定哪些是必须同时动作的对象、哪些是相互排斥的对象,然后进一步设计任务管理子系统。面向对象分析建立的动态模型是分析并发性的主要依据。如果两个对象之间不存在交互,或者它们同时接收事件,那么这两个对象本质上是并发的。

面向对象设计中的任务管理的引进主要是因为现代开发平台大都是多用户、多任务或多进程(多线程)的操作系统,通过任务描述目标软件系统中各个子系统之间的通信或协作,可简化某些应用的设计和编码。用于设计管理并发任务对象的策略如下:

(1)确定任务的特征。
(2)定义协调者任务及与之关联的对象。
(3)集成协调者和其他任务。

确定任务的特征通常从理解任务如何被激活开始,事件驱动和时钟驱动任务是最常见的两类任务,二者均由中断激活。事件驱动任务接收来自某些外部源(如另一个处理器、传感器)的中断,时钟驱动任务由系统时钟控制。具体而言,任务管理设计遵循如下的步骤和策略:

1)识别任务是由事件驱动,还是由时钟驱动

事件驱动的任务通常完成通信工作,如与设备和屏幕上的窗口、其他任务或处理器通信,这类任务的工作流程是任务处于睡眠状态,等待事件;一旦接收到事件触发的中断就唤醒该任务,开始接收数据并执行相应的操作;该任务重新回到睡眠状态。时钟驱动任务是按一定时间周期激活的任务。

2)识别关键性任务和任务的优先级

关键性任务是指对整个系统成败起重要作用的任务,高优先级的任务即使在资源可用性减少或系统在退化状态下运行时也必须能够继续运行。任务优先级能根据需要调节实时处理的优先级顺序,保证紧急事件能在限定的时间内得到处理,也就是高优先级任务必须能够立即访问系统资源。

3)定义具体任务

一旦任务的特征确定,就需要完成与其他任务协调和通信所需的属性、操作的定义。任务对象的基本内容采用以下形式:

(1)任务名——对象的名字。
(2)描述——对对象目的的叙述。
(3)优先级——任务优先级(如高、中、低)。
(4)服务——一组对象责任的操作。
(5)协调——对象行为被调用的方式。
(6)通信——与任务输入和输出相关的数据值。

以上描述可以被翻译为任务的标准设计模型(结合属性和操作的表示)。

任务6.4 数据管理设计

数据管理设计是指建立一组类和协作,使系统管理一些永久的数据(如文件、数据库等)。设计数据管理既要包括数据存放方法的设计,还要包括相应服务的设计。应当为每个带有存储对象的类和对象增加一个属性和服务,使用户知道如何存储。常用的数据管理方法有:关系型数据库管理系统和面向对象数据库管理系统。

每一个应用系统都需要解决对象数据的存储和检索问题。在面向对象设计中,通常定义专用数据管理组件,将软件系统中依赖开发平台的数据存取部分与其他功能分离,使数据存取通过其他数据管理系统(如关系型数据库)实现。

无论基于哪种数据管理方法,数据管理组件的设计都应包括定义数据格式和设计相应的操作两部分。

1. 定义数据格式

设计数据格式的方法与所使用的数据存储管理模式密切相关,下面以关系型数据库管理系统和面向对象数据管理系统为存储管理模式,分别介绍数据格式定义。

(1)关系型数据库管理系统。关系型数据库管理系统定义数据格式的工作包括:

① 用数据表格的形式列举每个类的属性。

② 将所有表格规范为第三范式。

③ 为每个第三范式表格定义一个数据库表。

④ 从存储和其他性能要求等方面评估,修改完善原设计的第三范式。例如,将多个属性组合以减少空间耗费;将父、子类合并,以减少文件数目,等等。

(2)面向对象数据库管理系统。在实践中,面向对象数据库管理系统有两种实现途径:扩展的关系型数据库途径和扩展的面向对象程序设计语言途径。

① 扩展的关系型数据库途径:与关系型数据库管理系统定义数据格式的方法相同。

② 扩展的面向对象程序设计语言途径:因为数据库管理系统本身具有把对象映射成存储值的功能,所以不需要规范化属性步骤。

2. 设计相应的操作

不同的数据存储管理模式,相应的操作方法设计也不同。

(1)关系型数据库管理系统。被存储的对象需要知道应该访问哪些数据库表,如何访问所需要的行,以及如何更新。另外,还要定义一个 ObjectServer 类,声明它的对象提供以下服务:

① 通知对象保存自己。

② 检索已存储的对象,以便其他子系统使用。

(2)面向对象数据库管理系统。

① 扩展的关系型数据库途径:与关系型数据库管理系统定义数据格式的方法相同。

② 扩展的面向对象程序设计语言途径:无须增加操作,在数据库管理系统中已经为每个对象提供了"存储自己"的行为。

任务6.5 企业设备状况管理系统的详细设计

1. 设备状况管理系统的用户界面设计
1）登录界面
系统登录界面如图6-13所示。

图6-13 登录界面（一）

作为登录界面，首先，应该让用户清楚自己所使用的系统名称，所以标题应该是醒目的；其次，要符合用户的使用习惯，输入用户名、密码、验证码后按 Enter 键就相当于单击［登录］按钮，如图6-14所示。

图6-14 登录界面（二）

当信息输入完成并登录时，系统要对用户的信息做出反馈；成功登录或输入错误。

2）主界面

登录成功后，进入主界面，如图 6-15 所示。菜单是主界面上最重要的元素，菜单的位置按照功能来组织，使用户可以快速高效地找到自己需要的功能。

为了美观，主菜单的宽度要接近，字数尽量少于 4 个字，且最好相同。

功能方面要求进入任何一个子界面后，主菜单要依然可见、可用，能够让用户灵活地在自己需要使用的功能之间任意切换。

主界面的标题栏要随着功能的切换而显示不同的菜单项，让用户知道自己在使用系统的哪一个功能，如图 6-16 所示。

图 6-15　主界面

图 6-16　菜单管理界面

3）子界面

子界面要与主界面在风格、大小和位置上保持一致。子界面中不同类型的功能放在不同的位置上，注意各个控件的大小及位置，要做到简洁、大方、合理。增加菜单界面如图 6-17 所示。

图 6-17 增加菜单界面

4）删除菜单管理界面

当对系统有任何操作时，要对操作结果给予适当提示。删除菜单界面如图 6-18 所示。

图 6-18 删除菜单界面

2. 数据库的设计

数据库一共设置了 24 张表，具体如图 6-19 所示。

其中，每张表的具体结构如图 6-20 所示。系统菜单表说明见表 6-2。

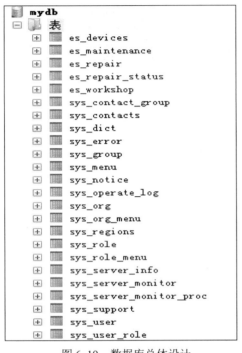

图 6-19 数据库总体设计

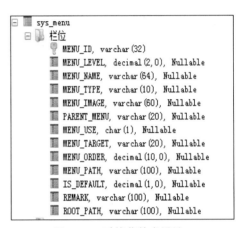

图 6-20 系统菜单表设计

表 6-2 系统菜单表说明

Field Name	Type	Size	NULL	说明
MENU_ID	varchar	32		主键
MENU_LEVEL	decimal	2	NULL	菜单级别
MENU_NAME	varchar	64	NULL	菜单名
MENU_TYPE	varchar	10	NULL	菜单类型
MENU_IMAGE	varchar	60	NULL	菜单图片
PARENT_MENU	varchar	20	NULL	上一级菜单
MENU_USE	char	1	NULL	菜单用户
MENU_TARGET	varchar	20	NULL	菜单对象
MENU_ORDER	decimal	10	NULL	菜单循序
MENU_PATH	varchar	100	NULL	菜单路径

项目六 软件项目的详细设计

续表

Field Name	Type	Size	NULL	说明
IS_DEFAULT	decimal	1	NULL	是否默认
REMARK	varchar	100	NULL	标志
ROOT_PATH	varchar	100	NULL	根路径

● 实验实训

使用 Visio 2010 绘制对象图

1．实训目的

（1）熟悉绘制对象图的各种图元及其含义。

（2）掌握使用 Visio 2010 绘制对象图的方法。

2．实训内容

（1）使用 Visio 2010 绘制设备管理员的对象图。

（2）完成实训报告。

3．操作步骤

（1）选择【开始】【程序】【Microsoft Office】【Microsoft Office Visio 2010】命令启动 Visio 2010，在模板类别任务栏中选择"软件和数据库"，如图 6-21 所示。

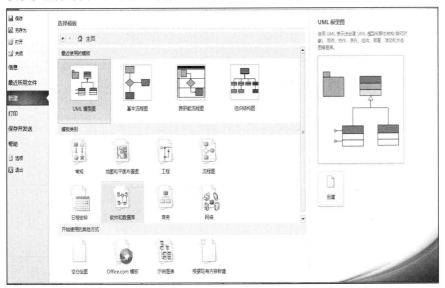

图 6-21　选择"软件和数据库"模板

（2）单击"软件和数据库"之后选择 UML 模型，如图 6-22 所示。

（3）拖动"UML 静态结构"任务栏中的（对象）图元到绘图区域并调整大小及位置，如图 6-23 所示。

（4）在绘图上双击左键，弹出对话框，将名称删除，如图 6-24 所示。

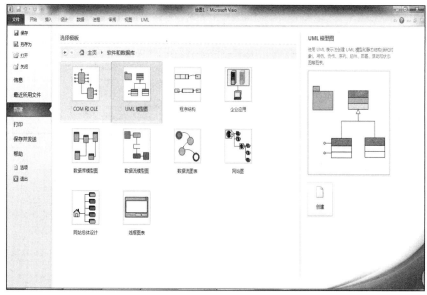

图 6-22 选择 UML 模型

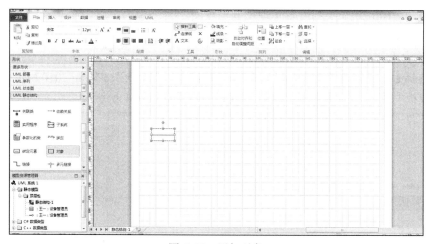

图 6-23 添加对象

图 6-24 删除名称

（5）单击"新建"，并编辑名称，如图 6-25 所示。

图 6-25　编辑名称

（6）选择"特性"出现如图 6-26 所示的界面，"特性"栏填写"变量名"，"类型"栏填写"变量类型"。

（7）重复第（3）至第（6）步，完成后如图 6-26、图 6-27 所示。

图 6-26　清洗机对象

图 6-27　油罐对象

（8）拖动"UML 静态结构"任务栏中的（链接）图元到绘图区域并调整大小及位置，如图 6-28 所示。

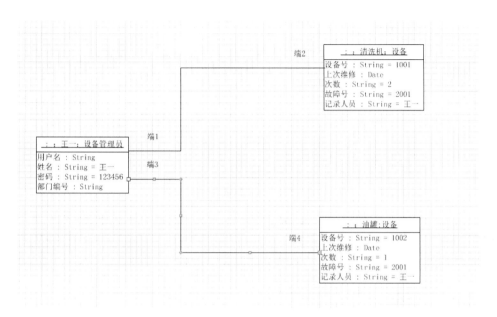

图 6-28　添加链接

（9）单击端号，弹出对话框，删除链接端，如图 6-29 所示。

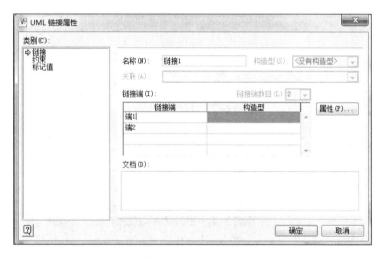

图 6-29　删除链接端

（10）最终对象图如图 6-30 所示。

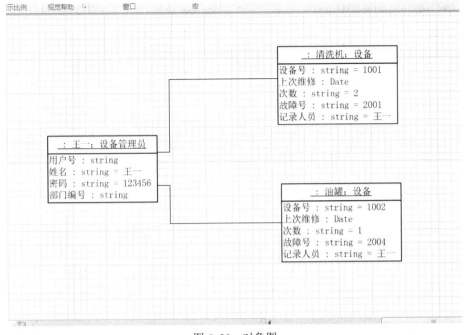

图 6-30 对象图

小 结

本项目介绍了软件项目的详细设计的方法和原理。详细设计又称过程设计,是利用概要设计说明书来确定如何具体地实现所要求的目标系统。详细设计的工具很多,如程序流程图、PDL 伪语言等,选择合适的工具并且正确使用是非常重要的,详细设计阶段要产生详细设计说明书。

用户界面设计即人机界面设计。由于要突出用户如何命令系统以及系统如何向用户提交信息,现代信息系统的开发大都采用 GUI,人机接口部件的基本对象有窗口、菜单、图标和各种控件的应用。

数据管理是每一个应用系统都需要解决对象数据的存储和检索问题。在面向对象设计中,通常定义专用数据管理组件,将软件系统中依赖开发平台的数据存取部分与其他功能分离,使数据存取通过其他数据管理系统(如关系型数据库)实现。

本项目利用了企业设备状况管理系统为主线,介绍了详细设计的方法。

习 题

一、选择题

1. 软件详细设计的主要任务是准确定义所开发的软件系统是(   )。
   A. 如何做   B. 怎么做   C. 做什么   D. 对谁做
2. N-S 图通常是(   )阶段的工具。
   A. 需求分析   B. 软件设计   C. 测试   D. 维护
3. 软件详细设计的主要任务是确定每个模块的(   )。

A. 算法和使用的数据结构　　　　　B. 外部接口
C. 功能　　　　　　　　　　　　　D. 编程

4. 对象图是静态图的一种，它的主要组成部分是（　　）。

A. 属性　　　　B. 对象名　　　　C. 用户接口　　　　D. 联系

二、简答题

1. 详细设计的基本任务主要有哪些？
2. 详细设计时应该遵守哪些原则？
3. 传统的软件设计工具有哪些？
4. 设计用户界面时应该注意哪些问题？
5. 设计数据库时应该把握哪些原则？

项目七

软件项目的系统实现
——基于企业设备状况管理系统

● **项目导读**

在一个软件项目的生命周期中，系统实现包括系统编码和系统测试两大部分，现在的项目规模越来越大，体系结构越来越复杂，其中涉及的角色主要有系统分析员、程序员和测试人员。

作为软件工程的一个阶段，软件编码是对设计的进一步具体化，程序的质量主要取决于软件设计的质量，而软件设计者可能不熟悉软件系统的开发、运行环境，所以，设计的方案实施起来会困难重重，一些流程图等并不一定易于编写代码，但是编码是实现软件最关键的步骤，同时也是程序员最重要的工作。高质量的编码会对程序的可靠性、可读性、可测试性和可维护性产生深远的影响。虽然随着计算机辅助设计工具的不断改进，编码的工作会越来越少，但是目前还没有一种技术手段，可以直接设计软件而无须编码。

在编码阶段，程序员要充分地理解设计者的设计思路，选用熟悉的软件编码语言，了解各种程序设计语言及程序设计的风格，更好地完成编码工作。

● **项目概要**

- 程序编码的风格
- 编码语言的选择
- 源程序文档化
- 案例：企业设备状况管理系统的实现

任务7.1 程序编码的风格

随着计算机软件开发技术的发展，软件的规模不断增大，软件的复杂性也日益增加。为了便于阅读复杂的程序和文档，需要解决程序设计的统一风格问题。程序设计风格，即编码风格（coding style），是指一个人编写程序时所表现出来的特点、习惯和逻辑思路等。良好的编程风格可以减少编码的错误，减少阅读程序的时间，从而提高软件开发和维护的效率。下面从语句构造的原则、输入/输出技术和程序设计的效率三个方面来介绍。

7.1.1 语句构造的原则

项目的设计者在设计阶段，已经完成了项目的逻辑结构的设计，实现其基本功能则是编码阶段的任务，下面给出语句构造的几个原则。

（1）在源程序中，尽量不要把多条语句写在同一行，并采用适当的缩进格式，这样会使程序读起来逻辑变得清晰。很多程序设计语言在语法上讲是可以写在同一行上的，但这样会降低程序的可读性。例：

  int gh,i,j;printf("请输入要修改的职工号:\n");scanf("%d",&gh);

如果把这几行语句分行写，效果会更好些，例：

  int gh,i,j;
  printf("请输入要修改的职工号:\n");
  scanf("%d",&gh);

这样，就增加了程序的清晰性。

  但是，有时，把具有连续动作的语句写在一行，能到达很好的效果，例：

  printf("请输入正确的信息:\n");
  printf("职工号:");scanf("%d",&sta[i].num);
  printf("姓名:");scanf("%s",sta[i].name);
  printf("基本工资:");scanf("%d",&sta[i].jbgz);
  printf("津贴:");scanf("%d",&sta[i].jt);
  printf("房补:");scanf("%d",&sta[i].fb);
  printf("医保:");scanf("%d",&sta[i].yb);
  printf("公积金:");scanf("%d",&sta[i].gjj);

这样，读者阅读时会觉得更方便。

（2）编写程序时首先应当考虑清晰性，不要刻意为了追求技巧性，而使程序过于紧凑。在遵守程序规范的同时，保证程序的清晰性和可维护性是最重要的。

（3）尽量只采用三种基本的控制结构来编写程序，如 if-else、for、do-while 或 do-until 等语句，每个循环都要有终止条件，不要出现死循环。要避免大量使用条件嵌套语句和循环嵌套语句，表达式中适当使用括号可以提高运算次序的清晰性。例：

  for(i=1;i<=3;i++)
  for(j=1;j<=4 i;j++)
  if(ss[j]<ss[j+1])
  {
  t=ss[j];
  ss[j]=ss[j+1];
  ss[j+1]=t;
  }

这种结构的循环、嵌套是可以接受的，如果再多一层循环或嵌套，其可读性就会降低，所以一般都保留在三层以内。

（4）对于多分支语句，尽量把出现可能性较大的情况放在前面，这样可以节省运算时间。例如，我们要将学生的成绩按照分数进行分等，就要先统计一下在哪个分段的人多。例如，学生成绩统计表，见表7–1。

表 7-1 学生成绩统计表

分数段	等级	比例
0～60	不及格	12%
60～70	及格	25%
70～80	中	40%
80～90	良	18%
90～100	优	5%

写语句的时候就应该这样：
```
SWITCH(A/10)
    {
    CASE 7:PRINTF("中\N");BREAK;
    CASE 6:PRINTF("及格\N");BREAK;
    CASE 8:PRINTF("良\N");BREAK;
    CASE 9:PRINTF("优\N");BREAK;
    DEFAULT:PRINTF("不及格!\N\N");
    }
```
这样，把大概率事件放在前面运行，就可以提高运行效率。

（5）因为 goto 语句很容易产生不清晰、不易读的代码，所以要避免不必要的流程转移或滥用 goto 语句，例：

```
begin:
if(){
    if(){
        a=b;
        goto  mid;
        }
    else{
        goto  end;
            }
    else{
            for(j=1;j=100;j++)
            {
        mid:{……}
        goto begin;
            }
        }
    }
end:{……}
……
```

在这段程序中,由于 goto 语句的使用,程序在判断语句和循环语句中跳来跳去,增加了复杂性,逻辑显得比较混乱。

(6) 尽量减少使用"否定"条件的条件语句。一般都把否定写在 else 语句中,例:

```
if(strcmp(sta[i].name,xm)==0)
{ …… }
else{ ……}
```

(7) 在程序开发过程中,尽可能使用库函数、包等。这样可以使程序结构完整、运行高效。例:

```
for(j=0;j<256;j++)
    {v1[j]=0;
    v2[j]=0;}
for(k=0;k<128;k++)
    {v3[k]=0;}
    ……
```

其中,三个变量 v1、v2、v3 都可以使用 W32 的 API 函数的 ZeroMemory 函数来实现。

```
ZeroMemory(v1,256);
ZeroMemory(v2,256);
ZeroMemory(v3,128);
```

这样,由于 ZeroMemory 函数的效率非常高,就大大提高了程序的运行效率。

7.1.2　输入/输出技术

对于用户来讲,经常做的事情就是输入、输出,所以要想提高用户对一个软件系统的满意度,很大程度取决于输入和输出的风格。输入和输出技术是与用户使用系统最直接关联的技术。因此,在软件需求分析阶段和设计阶段就应大致确定输入和输出的风格。通常,输入和输出的方式与格式应当尽可能方便用户的使用,尽量避免因设计不当而给用户带来不必要的麻烦。在设计和编码时应考虑以下一些原则。

(1) 用户对系统不熟悉,很容易输入格式不正确,为了避免用户误输入,对输入数据要进行校验,使每个数据都是有效的。如输入日期时应该有固定的格式,如图 7-1 所示。

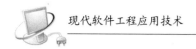

图 7-1　输入日期

（2）有时候，需要输入多项信息，应检查输入项组合的正确性，必要时报告输入错误信息，如图 7-2 所示。

（3）在交互式输入时，为使输入的步骤和操作尽可能简单，并保持简单的输入格式，要在屏幕上使用提示符明确提示交互输入的请求，指明可使用选择项的种类和取值范围，如图 7-3 所示。

（4）输入数据时，应允许使用自由格式输入，应允许默认值，如图 7-4 所示。

图 7-2　错误提示

图 7-3　可以选择输入

图 7-4　默认性别

（5）输入一批数据时，最好使用输入结束标志，而不要由用户指定输入数据数目。当输入的数据超出输入范围时，自动换行，如图 7-5 所示。

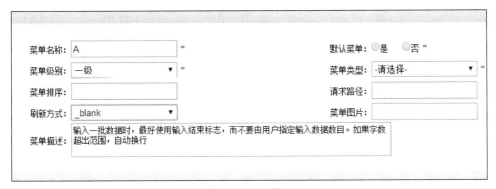

图 7-5　自动换行

（6）给所有输出加注解，并设计输出报表格式，如图 7-6 所示。

（7）输入/输出反应速度有时还受到许多其他因素的影响，如输入/输出设备、用户的熟练程度和通信环境等。这时，需要有缓冲动画，有文字提示，如图 7-7 所示。

7.1.3　程序设计的效率

程序设计的效率是指程序的执行速度及程序运行时所占用的存储空间。程序编码是最后提高运行速度和节省存储空间的机会，好的设计可以提高效率。程序的效率与程序的简单性有关，因此编码阶段必须考虑程序的效率，简单总结几条准则。

序号	设备编号	设备名称	规格型号	出厂日期	车间名字	运行情况	维修次数	保养次数
1	6-1-205	井式回火炉	Φ1.6*3m, 95...	09-9-10	热处理事业部	停机	2	2
2	6-1-306	井式电阻炉	Φ0.6*6m,110...	09-9-9	热处理事业部	停机	2	2
3	6-1-307	液压校正机	KY-JZ-500 500t	11-9-9	热处理事业部	正常	1	0
4	1-2-109A	电热台车炉	40t	13-8-8	车间2	正常	0	0
5	6-1-102	井式渗碳炉	Φ1*1.5m,950...	10-2-10	Test	正常	0	0
6	6-1-108	多功能淬火油槽	Φ3.4*5.4m	14-9-12	Test	正常	0	0
7	6-1-107	井式回火炉	Φ2*3.5m,700...	15-9-16	Test	正常	0	0
8	6-1-109	清洗槽	Φ3.5m*4.0m	11-9-6	Test	正常	1	2
9	6-1-303	井式回火炉	Φ0.8*12m,11...	10-9-15	Firefox	正常	0	0
10	6-1-411	单柱精密校直机	YA40-100, 1...	14-9-15	IE8	正常	0	0
11	A	A	A	14-9-15	IE11	正常	1	1
12	Z066-003	加重型龙门铣床	X2040	14-9-22	制造	正常	1	2
13	6-1-405	台车式加热炉	3.8*1.5*1.0m	14-9-23	热处理事业部	停机	0	0
14	6-1-404	台车式加热炉	3.8*1.5*1.0m	14-9-23	热处理事业部	正常	0	0

图 7-6 报表

图 7-7 缓冲动画

（1）程序的效率与程序的简单性相关，好的设计可以提高效率，应该加强对设计阶段人员的要求。

（2）在写程序前，尽量简化有关数学、算法、逻辑表达等问题。

（3）程序的正确性和清晰性应该是第一位的，不得损坏程序的可读性和可靠性，其次才是提高效率。

（4）尽量不使用复杂的数据结构，如：多维数组。详细设计阶段确定的算法与效率密切相关，而不在于编程时对程序语句所做的细微调整。

（5）仔细检查算法中的循环和嵌套算法，尽可能减少这些算法的使用次数，简化使用指针和复杂表。

任务7.2 语言的选择

在系统需求分析或设计阶段，一般来说，编码语言已经确定了，这里只是针对语言的分类、特点等做简单的介绍。

7.2.1 程序设计语言的发展过程

第 1 代语言是与机器密切相关的机器语言，用它编写的程序都是以二进制代码形式存在的机器指令，难读、难写、难记，而且出错率很高，但它突出的优点是运行效率十分高。

第 2 代语言是比机器语言更为直观的一些汇编语言。它的每一条助记符指令都和相应的机器指令相对应。并且增加了一些含有宏、符号地址等特殊功能的指令，可由机器分配和使用存储空间等资源。

机器语言

不同的处理器系统有自己的一套汇编语言。用汇编语言书写的程序执行速度仅次于机器语言，适用于实时过程控制场合。

第 3 代语言是比汇编语言更贴近于人类语言的高级程序设计语言。其特点是易读、易写、易认、可移植性强。这类语言的代表如下：

（1）基础语言。如 Basic、FORTRAN、COBOL、ALGOL 60 等。

（2）结构化语言。如 C、PASCAL、PL/1 和 Ada 等。

（3）面向对象语言。如 Smalltalk、C++、Java 等。

汇编语言

（4）专用语言。如 APL、Lisp、PROLOG 等。

第 4 代语言（4GL）将语言的抽象层次提到了一个新的高度，已不再涉及太多的算法性细节。4GL 具有如下一些特点：

（1）友好的用户界面。用户界面友好是指操作简单，使非计算机专业人员也能方便地使用它。

（2）完备的数据库。多数与数据库系统相结合，可直接对数据库进行操作，即在 4GL 中实现数据库功能，不再把 DBMS（数据库管理系统）看成是语言以外的成分。

高级语言

（3）对许多应用功能均有默认的假设，用户不必详细说明每一件事情的做法。

（4）高效的程序代码。这是指能缩短开发周期，并减少维护的代价。

（5）兼有过程性和非过程性双重特性。非过程性指语言的抽象层次又到了一个新的高度，只需告诉计算机"做什么"，而不必描述"怎么做"，"怎么做"的工作由语言系统运用它专门领域的知识来填充。

7.2.2　程序设计语言的分类

根据不同类型软件开发的需求，作为一个初学者，应首先注意编程环境的选择。软件开发已经逐渐从早先的手工作坊式发展到现代软件工程阶段。随着面向对象技术和可视化编程工具的出现，系统开发平台和编程语言的对应关系，见表 7-2 所示。

表 7-2　系统开发平台和编程语言的对应关系

操作系统	编程语言
微软系列操作系统	C/C++，VB/VB.NET，VC++，C#，ASP.NET，Delphi
支持跨平台的操作系统	C，Java，PowerBuilder，PHP，J2EE
Linux、UNIX 操作系统	C，Java，PowerBuilder，PHP

软件开发工具的选择也是非常重要的，要根据实际需要掌握不同类型的程序设计语言及

学会 SQL 和管理数据库的能力、动态网页管理技术等,并且了解面向对象技术、Web 技术、组件技术等。表 7–3 显示了不同的编程语言所能实现的功能。

表 7–3　不同的编程语言所能实现的功能

所实现的功能	编程语言
编程工具	C/C++,C#,VB/VB.NET,Java,VC++,ASP.NET,Delphi
数据库开发工具和平台	开发工具:VB、C#、Java、Delphi、PowerBuilder 数据库平台:Access、SQL Server、Oracle
网页设计	VBScript、JavaScript、ASP/JSP/PHP、ASP.NET/VB.NET

从某种意义上讲,选择良好的编程语言,可以使软件开发达到事半功倍的效果,因此,选择程序设计语言是一件非常重要的事情。

7.2.3　选择程序设计语言的原则

在选择程序设计语言时,第一个需要考虑的是语言的技术特性,因为技术特性对软件工程各阶段都有一定的影响,特别是确定了软件需求之后,程序设计语言的特性就显得非常重要了,要根据项目的特性选择相应特性的语言。如 Ada、Smalltalk、C++等支持抽象类型的概念;Pascal,C 等允许用户自定义数据类型,并能提供链表和其他类型的数据结构,根据这些程序设计语言的不同特性,将其应用到不同的项目中。有的要求实时处理能力强,有的要求提供复杂的数据结构,有的要求能方便地进行数据库的操作等。软件的设计质量一般与语言的技术特性关系不大(面向对象设计除外),但将软件设计转化为程序代码时,转化的质量往往受语言性能的影响,可能会影响到设计方法。例如,设计某企业的一个设备状况管理系统的软件,需要软件能够很好地和数据库后台(Oracle 或 SQL Server)相连接,而且要求用网页的形式与多个用户进行沟通,考虑到运行效率、支持可视化的运行环境、开发周期要短等因素,从编程语言的特性考虑,选用 C#或 Java 较适合该系统的开发。Java 技术有下列优点:简单、面向对象、分布式、解释执行、鲁棒性、安全、体系结构中立、可移植、高性能、多线程以及动态性。

1. 简单

Java 语言是一种面向对象的语言,它通过提供最基本的方法来完成指定的任务,只需理解一些基本的概念,就可以用它编写出适合于各种情况的应用程序。例如:Java 略去了运算符重载、多重继承等模糊的概念,并且通过实现自动垃圾回收的机制大大简化了程序设计者的内存管理工作。另外,Java 也适合于在小型机上运行,它的基本解释器及类的支持只有 40 KB 左右,加上标准类库和线程的支持也只有 215 KB 左右。

2. 面向对象

Java 语言的设计集中于对象及其接口,它提供了简单的类机制以及动态的接口模型。对象中封装了它的状态变量以及相应的方法,实现了模块化和信息隐藏;而类则提供了类-对象的原型,并且通过继承机制,子类可以使用父类所提供的方法,实现了代码的复用。

3. 分布式

Java 是面向网络的语言。通过它提供的类库可以处理 TCP/IP 协议,用户可以通过 URL

地址在网络上很方便地访问其他对象。

4. 鲁棒性

Java在编译和运行程序时，都要对可能出现的问题进行检查，以消除错误的产生。它提供自动垃圾收集来进行内存管理，防止程序员在管理内存时出错。在编译时，通过集成的面向对象的异常处理机制，帮助程序员正确地进行选择以防止系统的崩溃。另外，Java在编译时还可捕获类型声明中的许多常见错误，防止动态运行时不匹配问题的出现。

5. 安全

用于网络、分布环境下的Java必须防止病毒的入侵。Java不支持指针，一切对内存的访问都必须通过对象的实例变量来实现，这样就防止了程序员使用"特洛伊"木马等欺骗手段访问对象的私有成员，同时也避免了指针操作中容易产生的错误。

6. 体系结构中立

Java解释器生成与体系结构无关的字节码指令，只要安装了Java运行时系统，Java程序就可在任意处理器上运行。这些字节码指令对应于Java虚拟机中的表示，Java解释器得到字节码后，对它进行转换，使之能够在不同的平台运行。

7. 可移植

与平台无关的特性使Java程序可以方便地移植到网络上的不同机器。同时，Java的类库中也实现了与不同平台的接口，使这些类库可以移植。另外，Java编译器是由Java语言实现的，Java运行时系统由标准C语言实现，这使得Java系统本身也具有可移植性。

8. 解释执行

Java解释器直接对Java字节码进行解释执行。字节码本身携带了许多编译信息，使得连接过程更加简单。

9. 高性能

和其他解释执行的语言如Basic、PASCAL不同，Java字节码的设计使之能很容易地直接转换成对应于特定CPU的机器码，从而得到较高的性能。

10. 多线程

多线程机制使应用程序能够并行执行，而且同步机制保证了对共享数据的正确操作。通过使用多线程，程序设计者可以分别用不同的线程完成特定的行为，而不需要采用全局的事件循环机制，这样就很容易实现网络上的实时交互行为。

11. 动态性

Java的设计使它适合于一个不断发展的环境。在类库中可以自由地加入新的方法和实例变量而不会影响用户程序的执行。并且Java通过接口来支持多重继承，使之比严格的类继承具有更灵活的方式和扩展性。

这些语言特性为设计者进行概要设计和详细设计提供了很大的方便，但在有些情况下，仅在语言具有某种特性时，设计需求才能满足。同样，语言的特性对软件的测试与维护也有一定影响，支持结构化构造的语言有利于减少程序环路的复杂性，在选择语言的时候还要考虑程序易于测试、容易维护。

程序是人设计的，人的因素在设计程序时至关重要，不同程序设计语言的语法规定不同，相应的处理方法也不相同，程序员要能适应语言的不同语法规定编写合法的程序。同样，开发工具是给开发者选用的，开发人员是这些工具的用户，不同的开发人员对工具的偏爱情况也不相同。例如，习惯 Basic 语言语法的程序员喜欢选用 VB/VB.NET，而习惯 Windows 的 C++程序员则会选择 VC++或 C#，在不同平台下的 Java 编程人员可能会更加喜欢 JSP 等。许多心理因素是作为程序设计的结果出现的，虽然不能用定量的方法度量，但可以认识到它在语言中的不同表现形式。无论怎样，在选择程序设计语言时，还应考虑一些基本规约。

1. 二义性

程序设计语言通常是无二义性的，编译程序总是根据语法，按一种固定方法来解释语句，但有些语法规则易使人用不同的方式来解释语言，这就产生了心理上的二义性。例如，X=X1+X2–X3，编译系统只有一种解释，而人们却有不同的理解，一些人理解为 X=（X1+X2）–X3，另一些人却理解为 X=X1+（X2–X3）。又如，C 语言中，对 X=1/2 的理解有二义性，有人为理解为 0.5，但实际结果是 0，因为 C 语言进行的是整除运算，正确写法是 X=1.0/2 或者 X=1/2.0，这样 C 语言就认为是浮点运算了。

2. 简洁性

程序员要掌握一种语言，就要记住语句的种类和格式、各种数据类型、各种运算符、各种内部函数和内部过程，这些成分数量越多，简洁性越差，程序员越难以掌握。语言功能的强大与语言的成分成正比，所以语言的成分既不能太简单，又要易读和易理解。例如：有的语言（如 Basic）为了简洁，提供了形式简明的运算符，允许不用定义变量，就可以直接使用变量，但是，如果程序出现了问题，维护的工作量还是不可省略的。所以，Basic 语言现在使用的机会和场合越来越少了。反之，C 语言的语法复杂，结构复杂，程序员在掌握时需要比 Basic 语言付出更多的精力，但是 C 语言具有强大的功能，至今仍然发挥着重要的作用，由 C 语言派生出来的 C++、C#是活跃的主流语言，就是 Java 也有 C 语言的影子，占据着强大的市场，用最少的代码去实现更多的功能是大家追求的理想。面向对象语言的诞生，基本解决了这一问题。

3. 局部性和顺序性

人的记忆特性对使用语言的方式有很大的影响。局部性指语言的联想性，在编码过程中，由语句组合成模块，由模块组装成系统结构。并在组装过程中实现模块的高内聚、低耦合，使局部性得到加强，提供异常处理的语言特性则削弱了局部性。若在程序中多采用顺序序列，则使人易理解，如果存在大量分支或循环则不利于人们的理解。顺序性是指人的记忆特性有两方面，即联想方式和顺序方式。人的联想力使人能整体地记住和辨别某件事情，如很快就能识别一个人的画面，而不是一部分一部分地看过之后才能认出；人的顺序记忆提供了回忆序列中下一个元素的手段，例如，对于儿童背的儿歌，熟练了之后，可以一句句地依次背出，而不必思索。

4. 可重用性

软件公司的利润，在很大程度上与编程语言能否提供可重用的软件成分有关，如计算子模块（包括所有算术运算），可通过源代码剪贴、包含和继承等方式来实现，如果有相似的项目开发，公司可以利用自己研发的模块进行复用，复用的模块数越多，工作量就越少。

5. 可维护性

项目开发后期的主要开销是维护工作，所以源程序的可维护性对复杂的软件开发项目尤其重要，选择程序设计语言时，源程序的可读性、语言文档化特性对软件的可维护性具有重大影响，必须考虑到项目的可维护性问题，越是功能强大的语言，其维护性越强。

6. 可移植性

可移植性是指程序从一个计算机环境移植到另一个计算机环境的难易程度。计算机环境是指不同机型、不同的操作系统版本及不同的应用软件包。要增加程序的可移植性，应考虑以下几点：

（1）在选择程序设计语言时，模块与操作系统特性要避免有高度联系。

（2）要使用标准语言和标准的数据库操作，尽量不使用扩充结构。

（3）对程序中各种可变信息，均应参数化，以便于修改。当然最好使用可移植性好的语言，如 C、Java 等。

任务 7.3　源程序文档化

用程序设计语言编写的计算机指令代码叫作源程序。它必须符合一定的语法，经过编译器编译或解释后生成具有一定功能的可执行文件（.exe）或组件。想要写出好的程序，源程序中一定要包含恰当的符号名、适当的注释和一定的组织格式。好的源程序代码的重要标准是逻辑简明清晰、易读易懂。

组件

1. 符号名的命名

符号名也称标识符，一般由首写字符是大写字母的字符序列组成。标识符通常包括模块名、变量名、常量名、标号名、子程序名、数据区名以及缓冲区名等。在一个程序中，一个变量只能用于一种用途。这些名字在命名的时候，要做到见名知意：它的名字能本能地反映它所代表的实际内容。例如，表示名字的属性用 Name，表示数量的变量用 Count，表示平均值的变量用 Average，表示和的标识法用 Sum 等。需要注意的是，名字应避免过长，应当选择精练且含义明确的名字。必要时可使用缩写名字或字符之间加下画线来区分，例如 STU_SCE，可以用来表示学生的分数，但要注意缩写规则要一致，并且要给每一个名字加写注释。

2. 程序的注释

程序的注释的作用是辅助理解源程序的重要内容，是程序员与读者之间交流沟通的重要手段。一些正规的程序文本中，注释行的数目占到整个源程序的 1/3 以上。注释并不是可有可无的，而是必需的，大多数程序设计语言允许使用自然语言写注释，注释分为序言性注释和功能性注释。

（1）序言性注释。序言性注释通常置于每个程序模块的开头部分，它用来给出程序的整体说明，对于理解程序本身具有引导作用。有些软件开发部门对序言性注释进行了明确而严格的规定，要求程序员逐项列出。有关项目如下：

① 程序标题。

② 有关每个模块的功能和用途以及编写的目的。

③ 模块的接口说明。模块的接口说明包括调用形式、参数描述及从属子程序的清单。

④ 数据描述。重要变量说明、数据用途、约束或限制条件以及其他有关信息。

⑤ 模块位置。模块位置指模块在哪一个源文件中，或隶属于哪一个软件包。

⑥ 开发过程说明。开发过程说明包括模块设计者、复审者、复审日期、修改日期及有关说明等。

（2）功能性注释。功能性注释是来描述一段程序的，不是描述每条语句的，嵌在源程序

体中,用以描述其后的语句或程序段是在做什么工作,或是执行了下面的语句会怎么样,而不要解释下面怎么做。例如:

```
/*定义学生类型*/
struct student
{
int num;/*定义学生学号*/
char name[10];/*定义学生姓名*/
int score[5];/*定义学生成绩*/
int sum;/*定义学生总分*/
int aver;/*定义学生平均分*/
int mc;/*定义学生名次*/
}stu[5];/*定义学生数组*/
```

这样的注释,面面俱到,显然不好。

如果总结一下,简要说明:

```
/*定义学生类型,包括学号、姓名、成绩、名次等*/
struct student
{
int num;
char name[10];
int score[5];
int sum;
int aver;
int mc;
}stu[5];/*学生数组可容纳5人*/
```

这样的注释就是好的注释。

注释时应注意以下问题。

① 注释要少而精,必须正确。

② 为一段程序加注释,而不是给每一个语句加注释。

③ 用缩进格式、空行及括号等使程序与注释容易区分。

④ 修改程序,也应修改注释。

3. 组织格式

读程序,多数是在维护阶段进行,如果程序写得密密麻麻,不分层次,将会令人反感。优秀的程序员在程序中采用空格、空行和缩进格式等技巧,可以帮助人们从视觉上看清程序的结构。具体规则如下:

(1) 对所输入的数据进行验证,识别错误的输入,以保证每个数据的有效性。

(2) 恰当地利用空格,可以突出运算的层次和优先性,避免发生运算的错误。例如,将表达式(a<1)&&(b>2)写成(a<1) && (b>2)看起来更清晰。

(3) 自然的程序段之间可用空行隔开。

(4) 通过缩进格式可清晰地观察程序的嵌套层次,同时还容易发现遗漏语句等错误。例如，if-then-else 的双层嵌套语句缩进结构：

```
if( ){…… if( ){……if( ){……}}}
```

如果写成：

```
if( ){……
        if( ){……
    ……      if( ){……}
                }
        }
```

看起来，层次显然是分明的。

任务7.4 企业设备状况管理系统的实现

在不同的项目开发过程中，每种语言都有不同的规则，但是项目组由很多人组成，这些人的编码规则应该是一样的，而且必须一样，为了以后的维护工作能够正常进行，就必须制定统一的规范，下面，以企业设备状况管理系统为例，说明一些系统的实现应该注意的问题。

7.4.1 程序员素质的要求

1．团队合作意识

项目开发是一个团队的工作，所以，要求每个层次的工作人员都要具有团队精神和协作能力，把高水平程序员说成是独行侠是不切实际的，任何个人的力量都是有限的，所以，要求程序员时刻想着团结才能胜利，不能单打独斗。

2．培养模块化思维能力

程序编写过程中，程序员的很多工作都是重复的，从而浪费很多人力，这时，就应该提倡程序的模块化工作，将很多重复的工作独立定义为模块，这样，以后再次用到就可以重复使用了。如果在每次研发过程中都能考虑到这些问题，就能避免浪费大量的时间。如果一升级就重写全部代码，则会浪费了程序员宝贵的时间和精力。

3．培养测试习惯

很多人认为，项目组中的测试人员是专门来做测试的，所以，经常将测试工作推到测试组，不进行自测，这是错误的。一个问题越早解决，它的代价就越低，所以，程序员要保证自己写的代码段是正确、无误的才可以交付。

测试一般考虑两个方面的工作：一方面是正常调用的测试，就是看程序在正常调用下能否运行正常；一方面是异常测试，这是很关键的一步，程序员在编写代码过程中，对异常的处理是最清楚的，所以，在这个阶段测试，效果更佳。

7.4.2 规范编码习惯

本项目引用的案例是使用 Java 语言来进行编码，下面探讨一些有关利用 Java 语言来进行编码的规范。

1．命名规范

定义规范的目的是让项目组中的所有文档完整、规范，即具有一定的标准，从而增加代码的可读性,减少项目组因为技术人员岗位的变动而带来的损失。

(1) Package 包的命名。Package 包的名字都应该是由一些小写单词组成的。

(2) Class 类的命名。Class 类的名字都应该是由一些大写字母或单词组成的。

(3) Class 变量的命名。变量的命名规定小写字母开头,后面的单词用大写字母开头。

(4) 参数的命名。参数的名称必须与变量的命名规范一致。

(5) 数组的命名。数组应该这样命名。例 char [ ] a,而不是 char a [ ]。

(6) 方法的参数。使用有意义的参数命名,如果可能,使用赋值字段一样的名字。例如:Serage (int age){this.age=age;}

2. Java 源文件样式

所有的 Java 源文件(*.java)都必须遵守如下的样式规则:

(1) 版权信息。版权信息必须在(*.java)文件的开头,比如:

/*** Copyright ® 2010 Shenyang XXX Co.Ltd * All right reserved.*/

(2) Package/Imports。Package 行要在 Import 行之前,Import 中标准的包名要在本地的包名之前,而且按照字母顺序排列。如果 Import 行中包含了同一个包中的不同子目录,则应该用*来处理。例如:

package com.device.baseinfo.devices.model;

import com.device.baseinfo.maintenance.model.MaintenanceBean;

import com.device.baseinfo.repair.model.RepairBean;

import java.io.Serializable;

import java.math.BigDecimal;

import java.util.Date;

import java.util.List;

(3) Class 类。

第一部分:类的注释,一般是用来解释类的。

如:/*定义了一个设备类*/

第二部分:类的定义,包含了在不同的行的 extends 和 implements。

如:**public class** DevicesBean **implements** Serializable{

第三部分:类的成员变量,public 的成员变量必须生成文档(JavaDoc)。proceted、private 和 package 定义的成员变量如果名字含义明确,可以没有注释。

private static final long serialVersionUID=-53052645546199774444L;

private Integer **id**;

private String **devicesCode**;

private String **specifications**;

private BigDecimal **cost**;

private Date **productionDate**;

private Float **serviceLife**;

private String **manufacturer**;

private Float **depreciation**;

private Integer **workshopId**;

```
private Float locationX;
private Float locationY;
private Integer runStatus;
private String devicesName;
private String workshopName;
private Date opDate;
private String remark;
private Float width;
private Float height;
private Integer repairCount;
private Integer maintenanceCount;
private RepairBean lastrb;
private MaintenanceBean lastmb;
private List<MaintenanceBean>listmb;
private String remarkHTML;
```

第四部分：存取方法，主要指类变量的存取方法。如果它只是简单地用来将类的变量赋值获取值，则可以简单地写在一行上。

```
public String getRemarkHTML(){
    return remark==null?" ":remark.replaceAll("\r\n","<br/>");
}
public List<MaintenanceBean>getListmb(){
    return listmb;
}
public void setListmb(List<MaintenanceBean>listmb){
    this.listmb=listmb;
}
public RepairBean getLastrb(){
    return lastrb;
}
public void setLastrb(RepairBean lastrb){
    this.lastrb=lastrb;
}
public MaintenanceBean getLastmb(){
    return lastmb;
}
public void setLastmb(MaintenanceBean lastmb){
    this.lastmb=lastmb;
}
public Integer getRepairCount(){
```

```java
        return repairCount;
    }
    public void setRepairCount(Integer repairCount){
        this.repairCount=repairCount;
    }
    public Integer getMaintenanceCount(){
        return maintenanceCount;
    }
    public void setMaintenanceCount(Integer maintenanceCount){
        this.maintenanceCount=maintenanceCount;
    }
    public Integer getId(){
        return id;
    }
    public void setId(Integer id){
        this.id=id;
    }
    public String getDevicesCode(){
        return devicesCode;
    }
    public void setDevicesCode(String devicesCode){
        this.devicesCode=devicesCode;
    }
    public String getSpecifications(){
        return specifications;
    }
    public void setSpecifications(String specifications){
        this.specifications=specifications;
    }
    public BigDecimal getCost(){
        return cost;
    }
    public void setCost(BigDecimal cost){
        this.cost=cost;
    }
    public void setCost(Double cost){
        this.cost=BigDecimal.valueOf(cost);
    }
    public Date getProductionDate(){
```

```java
    return productionDate;
}
public void setProductionDate(Date productionDate){
    this.productionDate=productionDate;
}
public Float getServiceLife(){
    return serviceLife;
}
public void setServiceLife(Float serviceLife){
    this.serviceLife=serviceLife;
}
public String getManufacturer(){
    return manufacturer;
}
public void setManufacturer(String manufacturer){
    this.manufacturer=manufacturer;
}
public Float getDepreciation(){
    return depreciation;
}
public void setDepreciation(Float depreciation){
    this.depreciation=depreciation;
}
public Integer getWorkshopId(){
    return workshopId;
}
public void setWorkshopId(Integer workshopId){
    this.workshopId=workshopId;
}
public Integer getRunStatus(){
    return runStatus;
}
public void setRunStatus(Integer runStatus){
    this.runStatus=runStatus;
}
public String getDevicesName(){
    return devicesName;
}
public void setDevicesName(String devicesName){
```

```java
    this.devicesName=devicesName;
  }
  public String getWorkshopName(){
    return workshopName;
  }
  public void setWorkshopName(String workshopName){
    this.workshopName=workshopName;
  }
  public Date getOpDate(){
    return opDate;
  }
  public void setOpDate(Date opDate){
    this.opDate=opDate;
  }
  public String getRemark(){
    return remark;
  }
  public void setRemark(String remark){
    this.remark=remark;
  }
  public Float getLocationX(){
    return locationX;
  }
  public void setLocationX(Float locationX){
    this.locationX=locationX;
  }
  public Float getLocationY(){
    return locationY;
  }
  public void setLocationY(Float locationY){
    this.locationY=locationY;
  }
  public Float getWidth(){
    return width;
  }
  public void setWidth(Float width){
    this.width=width;
  }
  public Float getHeight(){
```

```
    return height;
}
public void setHeight(Float height){
    this.height=height;
}
```
第五部分：构造函数。它应该用递增的方式写，参数多的写在后面。
```
Public class DevicesBean()
{……}
Public class DevicesBean(int a,char b)
{……}
Public class DevicesBean(int a,char b,string c)
{……}
```
第六部分：类的方法。
```
Void createGUI()
{
jta.setLineWrap(true);
jta.setWrapStyleWord(true);
menu1=new JMenu("文件(F)");//创建第一个菜单组件
menu1.setMnemonic('F');//设置快捷键
menu2=new JMenu("颜色设置(V)");//创建第二个菜单组件
menu2.setMnemonic('V');//设置快捷键
menu3=new JMenu("帮助");
menuItem11=new JMenuItem("打开(O)");//创建菜单项
menuItem11.setMnemonic('O');
menuItem11.setAccelerator(KeyStroke.getKeyStroke(KeyEvent.VK_O,java.awt.event.InputEvent.CTRL_MASK));
menuItem12=new JMenuItem("保存(S)");
menuItem12.setMnemonic('S');
menuItem12.setAccelerator(KeyStroke.getKeyStroke(KeyEvent.VK_S,java.awt.event.InputEvent.CTRL_MASK));
menuItem13=new JMenuItem("退出");
menuItem14=new JMenuItem("新建");
menuItem14.setMnemonic('C');
menuItem14.setAccelerator(KeyStroke.getKeyStroke(KeyEvent.VK_C,java.awt.event.InputEvent.CTRL_MASK));
menu1.add(menuItem14);
menu1.add(menuItem12);
menu1.add(menuItem11);
menu1.addSeparator();
```

```
    menu1.add(menuItem13);
    menuItem21=new JMenuItem("背景(B)");
    menuItem21.setMnemonic('B');
    menuItem21.setAccelerator(KeyStroke.getKeyStroke(KeyEvent.VK_B,java.awt.event.InputEvent.CTRL_MASK));
    menuItem22=new JMenuItem("前景(U)");
    menuItem22.setMnemonic('U');
    menuItem22.setAccelerator(KeyStroke.getKeyStroke(KeyEvent.VK_U,java.awt.event.InputEvent.CTRL_MASK));
    menu2.add(menuItem21);
    menu2.add(menuItem22);
    menuItem31=new JMenuItem("关于");
    menu3.add(menuItem31);
    menuBar.add(menu1);
    menuBar.add(menu2);
    menuBar.add(menu3);
    setJMenuBar(menuBar);
    getContentPane().add(jlblStatus,BorderLayout.SOUTH);
    getContentPane().add(scrollPane,BorderLayout.CENTER);
}
```

第七部分：main 方法。如果 main（String[]）方法已经定义了，那么它应该写在类的底部。

3. 代码编写格式

（1）代码应该用 UNIX 的格式，而不是 Windows 的（比如：回车变成回车+换行）。

（2）文档化。必须用 Javadoc 来为类生成文档。不仅因为它是标准，也是被各种 Java 编译器都认可的方法。使用@author 标记是不被推荐的，因为代码不应该是被个人拥有的。

（3）缩进。缩进应该是每行 2 个空格，不要在源文件中保存 Tab 字符，在使用不同的源代码管理工具时，Tab 字符将因为用户设置的不同而扩展为不同的宽度。

（4）页宽。页宽应该设置为 80 个字符，源代码一般不会超过这个宽度，并导致无法完整显示，但这一设置也可以灵活调整。在任何情况下，超长的语句应该在一个逗号或者一个操作符后折行，一条语句折行后，应该比原来的语句再缩进 2 个字符。

（5）{}对。{}中的语句应该单独作为一行。例如：

```
if(j>2){ j++};//错误,{    }放在了同一行。
if(j>2){
  j++
};//正确,{单独作为一行}语句永远单独作为一行。}语句应该缩进到与其相对应的{那一行相对齐的位置。
```

（6）括号。左括号和后一个字符之间不应该出现空格，同样，右括号和前一个字符之间也不应该出现空格，例如：

```
fx( x );//错误
fx( x );//正确
```

不要在语句中使用无意义的括号,括号只应该为达到某种目的而出现在源代码中。例如:

if((j)=1)   //错误,括号毫无意义
if(j==1)or(k==2)then   //正确,的确需要括号

4. 程序编写规范

(1) exit()。exit 除了在 main 中可以被调用外,其他的地方不应该调用。因为这样做不给任何代码机会来截获退出。一个类似后台服务的程序不应该因为某一个库模块决定想退出就退出。

(2) 异常。申明的错误应该抛出一个 RuntimeException 或者派生的异常。顶层的 main() 函数应该截获所有的异常,并且打印(或者记录在日志中)在屏幕上。

(3) 垃圾收集。Java 使用成熟的后台垃圾收集技术来代替引用计数。但是这样会导致一个问题:必须在使用完对象的实例以后进行清场工作。比如一个 prel 的程序员可能这么写:

```
{FileOutputStream fos=new FileOutputStream(projectFile);
project.save(fos,"IDE Project File");
}
```

除非输出流一出作用域就关闭,非引用计数的程序语言,比如 Java,是不能自动完成变量的清场工作的。必须像下面一样写:

```
FileOutputStream fos=new FileOutputStream(projectFile);
project.save(fos,"IDE Project File");
fos.close();
Clone
```

下面是一种有用的方法:

```
implements Cloneable
public Object clone()
{
try {
ThisClass obj=(ThisClass)super.clone();
obj.field1=(int[])field1.clone();
obj.field2=field2;
return obj;
} catch(CloneNotSupportedException e){
throw new InternalError("Unexpected CloneNotSUpportedException:"+e.getMessage());
}
}
```

(4) final 类。绝对不要因为性能的原因将类定义为 final 的(除非程序的框架要求),如果一个类还没有准备好被继承,最好在类文档中注明,而不要将它定义为 final 的。这是因为没有人可以保证会不会由于某种原因需要继承它。访问类的成员变量大部分的类成员变量应该定义为 protected 的,用来防止继承类使用它们。注意:要用"int[]packets",而不是"int packets[]",后一种永远也不要用。

```
public void setPackets(int[]packets)
```

```
{ this.packets=packets;
}
CounterSet(int size)
{this.size=size;
}
```

5. 编程技巧

1）byte 数组转换到 characters

为了将 byte 数组转换到 characters，可以这么做：

```
"Hello world!".getBytes();
```

2）Utility 类

Utility 类（仅提供方法的类）应该被申明为抽象的，来防止被继承或被初始化。

3）初始化

下面的代码是一种很好的初始化数组的方法：

```
objectArguments=new Object[]{ arguments };
```

4）枚举类型

Java 对枚举的支持不好，但是下面的代码是一种很有用的模板：

```
class Colour {
public static final Colour BLACK=new Colour(0,0,0);
public static final Colour RED=new Colour(0xFF,0,0);
public static final Colour GREEN=new Colour(0,0xFF,0);
public static final Colour BLUE=new Colour(0,0,0xFF);
public static final Colour WHITE=new Colour(0xFF,0xFF,0xFF);
}
```

这种技术实现了 RED、GREEN、BLUE 等可以像其他语言的枚举类型一样使用常量。它们可以用==操作符来比较。但是这样使用有一个缺陷：如果一个用户用这样的方法来创建颜色：

```
BLACK  new Colour(0,0,0)
```

那么这就是另外一个对象，==操作符就会产生错误。它的 equal() 方法仍然有效。由于这个原因，这个技术的缺陷最好注明在文档中，或者只在自己的包中使用。

5）Swing

避免使用 AWT 组件，混合使用 AWT 和 Swing 组件。如果要将 AWT 组件和 Swing 组件混合起来使用，请小心使用。实际上，尽量不要将它们混合起来使用。

6）滚动的 AWT 组件

AWT 组件绝对不要用 JscrollPane 类来实现滚动。滚动 AWT 组件的时候一定要用 AWT ScrollPane 组件来实现。避免在 InternalFrame 组件中使用 AWT 组件，否则会出现不可预料的后果。

7）Z-Order 问题

AWT 组件总是显示在 Swing 组件之上。当使用包含 AWT 组件的 POP-UP 菜单时要小心，尽量不要这样使用。

6. 调试

调试在软件开发中是一个很重要的部分，存在于软件生命周期的各个部分中。调试能够用配置开、关是最基本的。很常用的一种调试方法就是用一 PrintStream 类成员，在没有定义调试流的时候就为 NULL，类要定义一个 debug 方法来设置调试用的流。

7. 性能

在写代码的时候，从头至尾都应该考虑性能问题。这不是说时间都应该浪费在优化代码上，而是应该时刻提醒自己要注意代码的效率。比如：如果没有时间来实现一个高效的算法，那么应该在文档中记录下来，以便在以后有空的时候再来实现它。不是所有的人都同意在写代码的时候应该优化性能这个观点，他们认为性能优化的问题应该在项目的后期再去考虑，也就是在程序的轮廓已经实现了以后。

1）不必要的对象构造

不要在循环中构造和释放对象，在处理 String 的时候要尽量使用 StringBuffer 类，StringBuffer 类是构成 String 类的基础。String 类将 StringBuffer 类封装了起来（以花费更多时间为代价），为开发人员提供了一个安全的接口。在构造字符串的时候，应该用 StringBuffer 来实现大部分的工作，当工作完成后将 StringBuffer 对象再转换为需要的 String 对象。比如：如果有一个字符串必须不断地在其后添加许多字符来完成构造，那么应该使用 StringBuffer 对象和它的 append() 方法。如果用 String 对象代替 StringBuffer 对象的话，会花费许多不必要的创建和释放对象的 CPU 时间。

2）避免太多地使用 synchronized 关键字

避免不必要地使用关键字 synchronized，应该在必要的时候再使用它，这是一个避免死锁的好方法。

3）可移植性

Borland Jbulider 不喜欢 synchronized 这个关键字，如果断点设在这些关键字的作用域内，调试的时候会发现断点会到处乱跳，让人不知所措。除非必需，尽量不要使用。

4）换行

如果需要换行，尽量用 println 来代替在字符串中使用""。

不要这样：`System.out.print("Hello,world!");`

要这样：`System.out.println("Hello,world!");`

或者构造一个带换行符的字符串，至少要像这样：

`String newline=System.getProperty("line.separator");`
`System.out.println("Hello world"+newline);`

5）PrintStream

PrintStream 已经不被赞成（deprecated）使用，用 PrintWrite 来代替它。

● 实验实训

（1）简要写出 C 语言的主要特性，并以一个小程序为例，说明 C 语言的语法。

（2）假定编写实现解二次方程式功能的子程序，准备将其加入子程序中，提供给其他程序员使用：

① 试为该子程序写一个序言式注释。

② 用 C/C++语言按照一定的编码风格写出这个子程序，给予必要的功能性注释说明。

（3）试结合自己编写程序的经验，总结面向对象的编程语言 C++的编码规范。

● 小　　结

本项目介绍了软件项目的系统实现过程。程序编码的目的是把详细设计的结果（即模型、具体定义）翻译成用选定的程序设计语言来书写的源程序代码。程序质量主要由设计质量决定。但是，编码的风格和所使用的程序语言对编码质量也会有一定的影响。良好的编码风格，应当从规范的程序数据说明、合理的程序语句结构和清晰的文档化源程序等方面来体现。在程序编写过程中，还要充分考虑程序"输入/输出"功能以实现用户与计算机系统之间的友好交互，以及保证程序安全、可靠运行的程序编码事项。

本项目以企业设备状况管理系统为主线，介绍了软件系统实现的方法。

● 习　　题

一、选择题

1. 结构化程序的三种基本控制结构是（　　）。
A. 数组、排序、迭代　　　　　　　B. 顺序、选择、循环
C. 过程、排序、分程序　　　　　　D. 递归、迭代、排序

2. 对象的三要素是（　　）。
A. 属性、方法、事件　　　　　　　B. 窗口、数据、动作
C. 窗口、事件、消息　　　　　　　D. 数据、函数、动作

3. 每个类（　　）构造函数。
A. 只能有一个　　B. 只可有共有的　　C. 可以有多个　　D. 只可有默认的

4. 在私有继承时，某类成员在派生类中的访问权限（　　）。
A. 保持不变　　　B. 受限制　　　　C. 受保护　　　　D. 不受保护

5. 下列选项正确的是（　　）。
A. 算法的有穷性是指算法必须在执行有限个步骤之后停止
B. 算法的空间复杂度是指算法程序中指令或语句的总条数
C. 算法的执行效率与数据的存储结构无关
D. 以上三个选项都不对

6. 下列标识符中合法的为（　　）。
A. int　　　　　B. a_b_2　　　　C. A%RISE　　　　D. A.DS

二、简答题

1. 如何评价一个好的程序员？好的程序员应该有哪些素质？
2. 程序员升为项目经理后是否还要编程？
3. 目前开发信息管理系统软件主要要求会使用哪些开发工具？
4. 程序中的注释越多越好吗？试举例说明。
5. 编程语言选择时应该注意什么？

项目八

软件项目的测试和维护

● **项目导读**

软件开发是人为的一系列工作，人为因素越多，出现的错误也就越多。软件产品已应用到国民经济和社会生活的各个方面，软件产品的质量自然成为人们共同关注的焦点。软件测试是确保软件质量的重要环节，是软件开发的重要部分。质量不佳的软件产品不仅会使开发商的维护费用和用户的使用成本大幅增加，还可能产生其他责任风险，造成软件公司声誉下降。对于一些关键应用，如军事防御、核电站安全控制系统、自动飞行控制系统、银行结算系统、证券交易系统、火车票订票系统等中使用质量有问题的软件，甚至会带来灾难性的后果。

软件测试阶段是软件质量保证的关键，它代表了文档规约、设计和编码的最终检查，是为了发现程序中的错误而分析或执行程序的过程。什么是软件测试？软件测试的步骤都有哪些？软件测试都有哪些方法？如何进行测试用例设计？怎么使用软件测试工具？如何进行软件调试？面向对象软件测试原则及策略又是什么？这一系列问题将在文中予以介绍。

在软件的开发工作已经完成并把软件产品交付给用户使用之后，就进入了软件的运行维护阶段。这个阶段是软件生命周期的最后一个阶段，也是持续时间最长、花费精力和费用最多的一个阶段。软件维护需要的工作量很大，平均来说，大型软件的维护成本高达开发成本的4倍左右。目前，国外许多软件开发组织把60%以上的人力用于维护已有的软件，而且随着软件数量的增多和使用寿命的延长，这个比例还在上升。

软件维护的主要目的就是保证软件在相当长的时期内能够正常运行。软件维护主要是指根据需求变化或硬件环境的变化对应用程序进行部分或全部的修改，修改时应充分利用源程序。修改后要填写程序更改登记表，并在程序变更通知书上写明新旧程序的不同之处。变更结束后，要认真地进行回归测试和管理复审，确保系统的正确性及程序代码与相关文档的一致性。这里涉及的角色主要有维护管理员、系统管理员、修改负责人（变化授权人）和维护人员等。

● **项目概要**

- 软件测试的基本概念
- 白盒和黑盒测试技术
- 软件测试的步骤与策略
- 面向对象软件测试原则及策略
- 软件的调试
- 软件的维护

任务8.1 软件项目测试的概念

1979年，Glenford J. Myers在其经典著作《软件测试的艺术》中给出了软件测试的定义：程序测试是为了发现错误而执行程序的过程。软件测试就是利用测试工具按照测试方案和流程对产品进行功能和性能测试，或是根据需要编写不同的测试工具，设计和维护测试系统，对测试方案可能出现的问题进行分析和评估。执行测试用例后，需要跟踪故障，以确保开发的产品适合需求。软件测试是信息系统开发中不可或缺的一个重要步骤，随着软件变得日益复杂，软件测试也变得越来越重要。

《软件测试的艺术》介绍

人们进行软件测试，是期望暴露软件中隐藏的错误和缺陷，并且尽可能找出最多的错误。测试不是为了证明程序正确，而是从软件包含缺陷和故障这个假定去进行测试活动，并从中发现尽可能多的问题。而实现这个目的的关键是如何合理地设计测试用例，在设计测试用例时，要着重考虑那些易于发现程序错误的方法策略与具体数据。

8.1.1 软件测试的目标

软件测试的目的包括以下几点：
（1）测试是程序的执行过程，目的在于发现错误。
（2）测试是为了证明程序有错，而不是证明程序无错。
（3）一个好的测试用例能够发现至今尚未发现的错误。
（4）一个成功的测试是发现了至今尚未发现的错误。

可见，测试的目的是力求精心设计出最能暴露出软件问题的测试用例。

人们认识到，测试的最终目的是确保最终交付给用户的产品功能符合用户要求，在产品交付给用户之前发现并改正尽可能多的问题。因此，测试要达到以下一些目标：
（1）确保产品完成了它所承诺或公布的功能，并且用户可以访问到的所有功能都有明确的书面说明。
（2）确保产品满足性能和效率的要求。
（3）确保产品是健壮的和适应用户环境的。

总之，测试的目的是系统地找出软件中潜在的各种错误和缺陷，并能够证明软件的功能和性能与需求说明相符合。需要注意的是，测试不能表明软件中不存在错误，它只能说明软件中存在错误。

8.1.2 软件测试的内容

1. 软件测试的分类

（1）按是否需要执行被测软件分，软件测试可分为静态测试和动态测试，静态测试不利用计算机运行待测程序而应用其他手段实现测试目的，如代码审核。而动态测试则通过运行被测试软件来达到目的。

（2）按阶段划分，软件测试可分为如表8-1所示种类。

表 8-1 按阶段划分测试表

阶段名称	作　用
单元测试	单元测试是对软件中的基本组成单位进行的测试，如一个模块、一个过程等。单元测试的主要方法有控制流测试、数据流测试、排错测试、分域测试等
集成测试	集成测试是在软件系统集成过程中所进行的测试，其主要目的是检查软件单位之间的接口是否正确。集成测试的策略主要有自顶向下和自底向上两种
系统测试	系统测试是对已经集成好的软件系统进行彻底的测试，以验证软件系统的正确性和性能等满足其规约所指定的要求，检查软件的行为和输出是否正确并非一项简单的任务，它被称为测试的"先知者问题"。软件系统测试方法很多，主要有功能测试、性能测试、随机测试等
验收测试	验收测试旨在向软件的购买者展示该软件系统满足用户的需求。这是软件在投入使用之前的最后测试
回归测试	回归测试是在软件维护阶段，对软件进行修改之后进行的测试。其目的是检验对软件进行的修改是否正确
Alpha 测试	Alpha 测试是在系统开发接近完成时对应用系统的测试；测试后，仍然会有少量的设计变更
Beta 测试	Beta 测试是当开发和测试完成时所做的测试，而最终的错误和问题需要在最终发行前找到。这种测试一般由最终用户或其他人员完成，不能由程序员或测试员完成

（3）按测试方法划分，软件测试可分为白盒测试和黑盒测试，见表 8-2。

Alpha

Beta

表 8-2 按测试方法划分表

测试方法名	作　用
白盒测试	"白盒"法着眼于全面了解程序内部逻辑结构，对所有逻辑路径进行测试
黑盒测试	"黑盒"法着眼于程序外部结构，不考虑内部逻辑结构，针对软件界面和软件功能进行测试

2. 软件测试用例内容摘要

● 测试用例编号

规则：编号具有唯一性、易识别性，是由数字和字符组合成的字符串。

约定：

系统测试用例：产品编号–ST–系统测试项名–系统测试子项名–XXX
集成测试用例：产品编号–IT–集成测试项名–集成测试子项名–XXX
单元测试用例：产品编号–UT–单元测试项名–单元测试子项名–XXX

● 测试项目

规则：当前测试用例所属测试大类、被测需求、被测模块、被测单元等。

约定：

系统测试用例测试项目：软件需求项

集成测试用例测试项目：集成后的模块名或接口名
单元测试用例测试项目：被测试的函数名
- 测试标题

规则：测试用例的概括简单地描述用例的出发点、关注点，原则上不能重复。
- 重要级别

规则：

高：保证系统基本功能、核心业务、重要特性、实际使用频率高的测试用例。

中：重要程度介于高和低之间的测试用例。

低：实际使用频率不高、对系统业务功能影响不大的模块或功能的测试用例。
- 预置条件

规则：执行当前测试用例需要的前提条件，是后续步骤的先决条件。
- 输入

规则：用例执行过程中需要加工的外部信息。
- 操作步骤

规则：执行当前测试用例需要经过的操作步骤，保证操作步骤的完整性。
- 预期输出

规则：当前测试用例的预期输出结果，包括返回值的内容、界面的响应结果、输出结果的规则符合度等。

3. 软件测试文档

（1）测试计划：测试方案、测试执行策略、测试用例、BUG 描述报告，包括测试环境的介绍、预置条件、测试人员、问题重现的操作步骤和当时测试的现场信息。

（2）测试报告：从分析中总结此次设计和执行做得好的地方和需要努力的地方，以及对此项目的质量评价。

4. 软件测试的原则

（1）坚持在软件开发的各个阶段进行技术评审，尽早地和不断地进行软件测试，才能在开发过程中尽早发现和预防错误，杜绝某些隐患，提高软件质量。

（2）自己总认为自己是正确的，所以，程序员应避免检查自己的程序。

（3）在设计测试用例时，应当包括合理的输入条件和不合理的输入条件。合理的输入条件是指能验证程序正确的输入条件，而不合理的输入条件是指异常的、临界的、可能引起问题的输入条件。用不合理的输入条件测试程序时，往往比用合理的输入条件进行测试能发现更多的问题和错误。对于不合理的输入条件或数据，程序接受后应给出相应的提示。

（4）对于测试计划，要明确规定，不要随意解释。测试人员要严格执行测试计划，排除测试的随意性。

（5）测试人员要妥善保存测试计划、测试用例、出错统计和最终分析报告，为维护工作提供方便。

任务 8.2　软件项目测试的方法

软件测试的方法很多，根据程序是否运行可以把软件测试方法分为静态测试和动态测试，按照测试数据的设计依据可分为黑盒测试和白盒测试。

8.2.1 静态测试与动态测试

1. 静态测试

静态测试不需要执行所测试的程序，而只是通过扫描程序正文，对程序的数据流和控制流等信息进行分析，找出系统的缺陷，得出测试报告。

静态测试包括代码检查、静态结构分析、代码质量度量等。它可以由人工进行，充分发挥人的逻辑思维优势，也可以借助软件工具自动进行。

（1）代码检查。代码检查包括代码走查、桌面检查、代码审查，主要检查代码和设计的一致性、代码的逻辑表达的正确性、代码结构的合理性等方面；可以发现违背程序编写标准的问题，程序中不安全、不明确和模糊的部分，找出程序中不可移植的部分、违背程序编程风格的问题，包括变量检查、命名和类型审查、程序逻辑审查、程序语法检查和程序结构检查等内容。

（2）静态结构分析。静态结构分析主要是以图形的方式表现程序的内部结构，如函数调用关系图、函数内部控制流图等。其中，函数调用关系图以直观的图形方式描述一个应用程序中各个函数的调用和被调用关系；控制流图显示一个函数的逻辑结构，它由许多节点组成，一个节点代表一条或数条语句，连接节点的线称为边，表示节点间的控制流向。

（3）代码质量度量。ISO/IEC 9126 国际标准所定义的软件质量包括 6 个方面，即功能性、可靠性、易用性、效率、可维护性和可移植性。软件的质量是软件属性的各种标准度量的组合。

2. 动态测试

一般意义上的测试多是指动态测试，把以发现错误为目标的用于软件测试的输入数据及与之对应的预期输出结果称为测试用例。怎样设计测试用例是动态测试的关键。动态测试可分为以下几个步骤：

（1）单元测试。单元测试是对软件中的各个模块、基本单位进行测试，其目的是检验软件模块组成的正确性。

（2）集成测试。集成测试是在软件系统集成过程中所进行的测试，其主要目的是检查软件单位之间的接口是否正确。在实际工作中，把集成测试分为若干组装测试和确认测试。

（3）组装测试。组装测试是单元测试的延伸，除对软件基本组成模块的测试外，还对相互联系的模块之间的接口进行测试。

（4）确认测试。确认测试是对组装测试结果的检验，主要目的是尽可能排除单元测试、组装测试中发现的错误。

（5）系统测试。系统测试是对已经集成的软件系统进行的彻底测试，以验证软件系统的正确性以及验证性能等是否满足其规约所指定的要求。

（6）验收测试。验收测试是软件在投入使用之前的最后测试，是购买者对软件的试用过程。在公司实际工作中，通常采用请客户试用的方式。

（7）回归测试。回归测试的目的是对验收测试结果进行验证和修改。在实际应用中，对客户投诉的处理就是回归测试的一种体现。

不同的测试方法，其各自的目标和侧重点不同，在实际工作中要将静态分析和动态测试结合起来，以达到更加完美的效果。

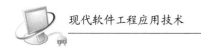

8.2.2 黑盒测试与白盒测试

首先,来看一下黑盒测试和白盒测试之间的区别:黑盒测试是已知产品的功能设计规格,通过测试以验证每个实现的功能是否符合要求;白盒测试是已知产品的内部工作过程,通过测试验证每种内部操作是否符合设计规格要求。其中,测试用例的设计是测试过程的一个关键步骤,按照测试用例的不同出发点,在进行单元测试时一般采用白盒测试,而其他测试则采用黑盒测试。

1. 白盒测试

白盒测试也称结构测试或逻辑驱动测试,白盒测试法把测试对象看作一个打开的盒子,测试人员必须了解程序的内部结构和工作过程,按照程序内部的结构测试程序,检验程序中的每条通路是否都能按预定要求正确工作,而不考虑程序的外在功能,以此来检测产品内部程序是否按照规格说明书的规定正常进行。"白盒"法是穷举路径测试,在使用这一方案时,测试者必须检查程序的内部结构,从检查程序的逻辑着手,得出测试数据。贯穿程序的独立路径数是天文数字,但即使每条路径都测试了仍然可能有错误。第一,穷举路径测试绝不能查出程序违反了设计规范,即程序本身是个错误的程序。第二,穷举路径测试不可能查出程序中因遗漏路径而出错。第三,穷举路径测试可能发现不了一些与数据相关的错误。

白盒测试主要有两种方法,即逻辑覆盖法和路径覆盖法。此外,对于循环结构,可采用循环测试法。

1)逻辑覆盖法

逻辑覆盖法是以程序内部的逻辑结构为基础的测试技术,它考虑的是测试数据执行程序的逻辑覆盖程度。使用这一方法要求测试人员对程序的逻辑结构有清楚的了解,甚至要能掌握源程序的所有细节。

按照覆盖源程序语句详尽程度的不同,逻辑覆盖可以分为语句覆盖、判定覆盖、条件覆盖、判定/条件覆盖和条件组合覆盖。

(1)语句覆盖。语句覆盖的测试用例能使被测程序的每条执行语句至少执行一次。

(2)判定覆盖。判定覆盖的测试用例能使被测程序中的每个判定至少取得一次"真"和一次"假",又称分支覆盖。

(3)条件覆盖。条件覆盖的测试用例能使被测程序中每个判定的条件至少取得一次"真"和一次"假"。如果判定中只有一个条件,那么条件覆盖满足判定覆盖。

(4)判定/条件覆盖。该方法的测试用例既满足判定覆盖又满足条件覆盖。

(5)条件组合覆盖。该方法的测试用例使每个判定中所有可能的条件取值组合至少执行一次。下面以图 8-1 所示的程序段为例,分别予以说明。

示例程序如下:

```
void jisuan( )
{int A,B,X;
if(A>3 && B==2)X=X+A;
if(A==7 || X>3)X=X+1;
}
```

其中,输入数据为 A、B 和 X,输出数据为 X。满足上述覆盖程度的测试用例见表 8-3。

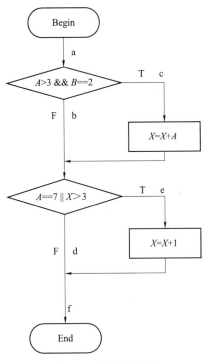

图 8-1 测试程序段

表 8-3 逻辑覆盖测试用例

X	测试路径	测试用例		
		A	B	X
语句覆盖	acef（语句 c 和语句 e 均执行）	5	2	4
判定覆盖	abef（判定条件 1 为假，条件 2 为真）	7	1	1
	acdf（判定条件 1 为真，条件 2 为假）	5	2	−5
条件覆盖	abef（满足 A>3，B≠2；A=7，X≤3；即判定条件 1 为假，条件 2 为真）	7	1	1
	abef（满足 A≤3，B=2；A≤7，X>3；即判定条件 1 为假，条件 2 为真）	1	2	4
判定/条件覆盖	acef（满足 A>3，B=2；A=7，X>3；即判定条件 1、条件 2 均取真值）	7	2	4
	abdf（满足 A≤3，B≠2；A≠7，X≤3；即判定条件 1、条件 2 均取假值）	1	1	1
条件组合覆盖	acef（满足 A>3，B=2；A=7，X>3）	7	2	4
	abef（满足 A>3，B≠2；A=7，X≤3）	7	1	1
	abef（满足 A≤3，B=2；A≠7，X>3）	3	2	4
	abdf（满足 A≤3，B≠2，A≠7，X≤3）	1	1	1

2）路径覆盖法

路径覆盖要求设计足够多的测试用例，在白盒测试法中，覆盖程度最高的就是路径覆盖，因为其覆盖程序中所有可能的路径。

对于比较简单的小程序来说，实现路径覆盖是可能的，但是如果程序中出现了多个判断和多个循环，可能的路径数目将会急剧增长，以致实现路径覆盖是几乎不可能的。因此，需要把覆盖的路径数压缩到一定限度内。基本路径覆盖是由 Tom MaCabe 提出的一种白盒测试技术。它在程序控制流图的基础上，通过分析控制构造的环路复杂性，导出基本可执行路径的集合，从而设计测试用例。设计出的测试用例要保证在测试中程序的每一条可执行语句至少被执行一次。

使用基本路径测试法挑选测试用例的步骤如下：

（1）在详细设计的基础之上导出程序的控制流图。程序的控制流图有两种图形符号——圆圈和箭头。圆圈称为控制流图的一个节点，表示一个或多个无分支的语句或源程序语句；箭头称为边或连接，代表控制流。

（2）计算控制流图的环路复杂性 $V(G)$。从程序的环路复杂性可导出程序基本路径集合中的独立路径条数，这是确定程序中每个可执行语句至少执行一次所必需的测试用例数目的上界。

（3）得到线性独立路径的基本集合。

（4）确定测试用例，原则是确保基本路径集中的每条路径都被执行。

注意：

（1）在将程序流程图简化成控制流图时，在选择或多分支结构中，分支的汇聚处应有一个汇聚节点；如果判断中的条件表达式是由一个或多个逻辑运算符（or、and、nand、nor）连接的复合条件表达式，则需要改为一系列只有单条件的嵌套的判断。边和节点圈定的区域称为区域。

（2）计算环路复杂度时，控制流图中的区域数包括图形外的区域，即封闭区域数加一个开区域。

下面以图 8-1 为例，说明其测试用例的设计过程。

第一步，画出程序控制流程图。图 8-1 所示的流程图对应的控制流程图如图 8-2 所示。其中，由源程序 if($A>3$ && $B==2$)的"与"条件可以导出 3 个单条件的判断①、②、③，由源程序 if($A==7 \| X>3$)的"或"条件可以导出两个单条件⑤、⑥。

第二步，计算环路复杂性 $V(G)$。

环路复杂性的计算方法有以下 3 种：

- 程序的环形复杂度计算公式为 $V(G)=m-n+2$。其中，m 是程序流程图中边的数量，n 是节点的数量。
- 如果 P 是程序流程图中判定节点的个数，那么 $V(G)=P+1$。
- 如果 A 是程序流程图中封闭区域的数目，区域的个数定义为边和节点圈定的封闭区域数加上图形外的区域数 1，那么 $V(G)=A+1$。

注意： 源代码 if 语句及 while、for 或 repeat 循环语句的判定节点数为 1，而 CASE 型等多分支语句的判定节点数等于可能的分支数减 1。

根据图 8-2 中的控制流图，可以很快算出 $V(G) =$ $m-n+2=10-7+2=5$。

第三步，确定独立路径集合。

环路复杂性就是该图已有的独立路径数，5 条路径分别如下：

- 路径 1：①—②—③—④—⑤—⑦（A—B—C—F—J）。
- 路径 2：①—②—③—④—⑤—⑥—⑦（A—B—C—F—G—H）。
- 路径 3：①—②—③—④—⑥—⑦（A—B—C—I—H）。
- 路径 4：①—②—④—⑤—⑦（A—D—F—J）。
- 路径 5：①—④—⑤—⑦（E—F—J）。

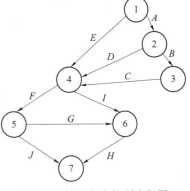

图 8-2 被测程序控制流程图

第四步，生成测试用例，确保基本路径集中每一条路径的执行。

- 路径 1：$A=4$，$B=2$，$X=3$。
- 路径 2：$A=4$，$B=2$，$X=4$。
- 路径 3：$A=7$，$B=2$，$X=3$ 或 4。
- 路径 4：$A=4$，$B=1$，$X=4$。
- 路径 5：$A=3$，$B=2$ 或 1，$X=3$。

2. 黑盒测试

黑盒测试是指不基于内部设计和代码的任何知识，而基于需求和功能性的测试，黑盒测试也称功能测试或数据驱动测试，它是在已知产品所应具有的功能之上，通过测试来检测每个功能是否都能正常使用。在测试时，把程序看作一个不能打开的黑盒子，在完全不考虑程序内部结构和内部特性的情况下，测试者在程序接口进行测试，它只检查程序功能是否按照需求规格说明书的规定正常使用，程序是否能适当地接收输入数据而产生正确的输出信息，并且保持外部信息（如数据库或文件）的完整性。黑盒测试方法主要有等价类划分、边界值分析、因果图、错误推测等，主要用于软件确认测试。"黑盒"法是穷举输入测试，只有把所有可能的输入都作为测试情况使用，才能以这种方法查出程序中所有的错误。实际上测试情况有无穷多个，人们不仅要测试所有合法的输入，而且还要对那些不合法但是可能的输入进行测试。在单元测试的时候一般都用白盒测试法，而其他测试则采用黑盒测试。

1）黑盒测试的特点

黑盒测试着眼于程序外部结构，不考虑内部逻辑结构，主要针对软件界面和软件功能进行测试。

黑盒测试是以用户的角度，从输入数据与输出数据的对应关系出发进行测试的。很明显，如果外部特性本身设计有问题或规格说明的规定有误，用黑盒测试方法是发现不了的。一方面，输入和输出结果是否正确，这是无法全部事先知道的；另一方面，要做到穷举所有可能的输入值实际上是不可能的。通常黑盒测试的测试数据是根据规格说明书来决定的，但实际上，规格说明书也难以保证是否完全正确，也可能存在问题。

2）黑盒测试用例设计法

（1）等价类划分法。等价类划分法是典型的黑盒测试方法，它将不能穷举的测试过程进行合理分类，从而保证设计出来的测试用例具备完整性和代表性。等价类划分法是把程序的所有可能输入数据划分成若干部分，然后从每个部分中选取少数代表性数据作为测试用例。每一类的代表性数据在测试中的作用等价于这一类中的其他值，也就是说，如果某一类中的一个例子发现了错误，这一等价类中的其他例子也能发现同样的错误；反之，如果某一类中的一个例子没有发现错误，则这一类中的其他例子也不会查出错误。

使用等价类划分法设计测试用例，要经过划分等价类和确定测试用例两个步骤。等价类实际上就是某个输入域的一个子集合，在该子集中，各个输入数据对于揭露程序中的错误都是等效的。等价类的划分有两种不同的情况：有效等价类和无效等价类。有效等价类是指对于程序的规格说明书来说，是合理的、有意义的输入数据构成的集合；无效等价类是指对于程序的规格说明书来说，是不合理的、无意义的输入数据构成的集合。在设计测试用例时，要同时考虑有效等价类和无效等价类的设计。

划分等价类需要经验，下面结合具体事例给出几条确定等价类的原则。

① 如果规定了输入条件的范围，那么可以划分出一个有效等价类和两个无效等价类。例如，在程序的规格说明中，输入条件为"1～100 的整数"，则有效等价类是"1<=输入数值<=100"，两个无效等价类是"输入数值<1"和"输入数值>100"。

② 如果输入条件规定了输入值的集合，或者是规定了"必须如何"的条件，这时可以确定一个有效等价类和一个无效等价类。例如，输入条件为"x=100"，则有效等价类为"x=a"，无效等价类为"x≠100"。

③ 如果输入条件是布尔值，那么可以确定一个有效等价类和一个无效等价类。

④ 如果规定了输入数据的一组值，而且程序对不同输入值进行不同的处理，则每个允许的输入值是一个有效等价类，此外还有一个无效等价类（任何一个不允许的输入值）。例如，在学生的评定奖学金中规定对三科优、两科优、一科优分别给予一等奖学金、二等奖学金、三等奖学金，进行相应处理。因此可以确定 3 个有效等价类，分别为三科优、两科优、一科优，以及一个无效等价类，即所有没有得到优的学生输入值的集合。

⑤ 如果规定了输入数据必须遵守的规则，那么可以确立一个有效等价类（符合规则）和若干无效等价类。例如，选择"舞蹈选修课"规定"必须性别为女的信息工程系学生"，有效等价类就是满足条件的输入的集合，若干无效等价类包括男生、其他系的女生等。

⑥ 如果确定已划分的等价类中各个元素在程序中的处理方式不同，则应将此等价类进一步划分成更小的等价类。

在确立了等价类之后，建立等价类表，列出所划分出的等价类，见表 8-4。

表 8-4 等价类表

输入条件	有效等价类	无效等价类
（具体内容）	（具体内容）	（具体内容）

根据已列出的等价类表，按以下 3 步确立测试用例。

① 为每一个等价类规定一个唯一的编号。

② 设计一个测试用例，使其尽可能多地覆盖尚未覆盖的无效等价类。重复这一步，直到所有有效等价类都被覆盖为止。

③ 设计一个测试用例，使其仅覆盖一个尚未被覆盖的无效等价类，重复这一步，直到所有无效等价类都被覆盖为止。

【例 8-1】小学生入学，要求检查儿童的出生日期，2016 年入学的学生生日限定在 2010 年 8 月 31 日之前出生。如果儿童的出生日期不在此范围内，则显示输入错误信息。该系统规定有效日期由 8 位数字组成，前 4 位代表年，再两位代表月，后两位代表日。现用等价类划分法设计测试用例，测试程序的日期检查功能，见表 8-5。

表 8-5　日期等价类表

输入数据	合理等价类	不合理等价类
出生日期	1. 8 位数字字符	2. 有非数字字符 3. 少于 8 个数字字符 4. 多于 8 个数字字符
年份范围	5. 小于、等于 2010	6. 大于 2010
月份范围	7. 在 1~12 之间	8. 等于 0 9. 大于 12
日期范围	10. 在 1~31 之间	11. 等于 0 12. 大于 31

首先，划分等价类并编号。

其次，为合理等价类设计测试用例。为表中 4 个合理等价类的编号 1，5，7，10 设计一个测试用例（数据）覆盖，如 20100629。

最后，为每个不合理等价类至少设计一个测试用例，见表 8-6。

表 8-6　测试用例表

输入无效	覆盖编号
10month	2
200907	3
200907031	4
20110629	6
20100001	8
20101301	9
20100800	11
20100832	12

注意：在 8 种不合理的测试用例中，不能出现相同的测试用例，否则相当于一个测试用例覆盖了一个以上不合理等价类，从而使程序测试不完全。

等价类划分法的优点是比随机选择测试用例要好得多，但缺点是没有注意选择某些高效的、能够发现更多错误的测试用例。

（2）边界值分析法。边界值分析法就是对输入或输出的边界值进行测试的一种黑盒测试方法。通常边界值分析法是作为对等价类划分法的补充，在这种情况下，其测试用例来自等价类的边界。

长期的测试工作经验告诉我们，大量的错误是发生在输入或输出范围的边界上，而不是发生在输入输出范围的内部。因此针对各种边界情况设计测试用例，可以查出更多的错误。

使用边界值分析方法设计测试用例，首先应确定边界情况。通常输入和输出等价类的边界，就是应着重测试的边界情况。应当选取正好等于、刚刚大于或刚刚小于边界的值作为测试数据，而不是选取等价类中的典型值或任意值作为测试数据。

在应用边界值分析法设计测试用例时，常见的边界值如下：

① 对 16 位的整数而言 32 767 和−32 768 是边界；
② 屏幕上光标在最左上、最右下位置；
③ 报表的第一行和最后一行；
④ 数组元素的第一个和最后一个；
⑤ 循环的第 0 次、第 1 次和倒数第 2 次、最后一次。

【例 8–2】边界值分析与等价类分析对比。

边界值分析使用与等价类划分法相同的划分，只是边界值分析假定错误更多地存在于划分的边界上，因此在等价类的边界上以及两侧的情况设计测试用例。

例：测试计算除法的函数。

输入：任意两个实数，除数和被除数。

输出：实数。

规格说明：当输入的除数不为 0 的时候，返回其商；当输入一个为 0 的数时，显示错误信息"除数非法–除数为 0"并返回。

① 等价类划分。

a. 可以考虑做出如下划分：

ⓐ 输入除数（i）=0 和（ii）≠0
ⓑ 输出（a）商（b）Error

b. 测试用例有两个：

ⓐ 输入 4，2，输出 2。对应于（ii）和（a）。
ⓑ 输入 4，0，输出错误提示。对应于（i）和（b）。

② 边界值分析。

划分（ii）的边界为最小正实数和最大负实数；划分（i）的边界为 0。由此得到以下测试用例：

a. 输入 {最小正实数}。
b. 输入 {大于最小正实数，且趋近于最小值}。
c. 输入 0。
d. 输入 {小于最大负实数，且趋近于最大值}。
e. 输入 {最大负实数}。

通常情况下，软件测试所包含的边界检验有几种类型：数字、字符、位置、重量、大小、速度、方位、尺寸、空间等。相应地，以上类型的边界值应该在：最大/最小、首位/末位、上/下、最快/最慢、最高/最低、最短/最长、空/满等情况下。

（3）错误推测法。列举出程序中所有可能有的错误和容易发生错误的特殊情况，根据它们选择测试用例。例如：在单元测试时曾列出的许多在模块中常见的错误，以前产品测试中曾经发现的错误等，这些就是经验的总结。还有，输入数据和输出数据为 0 的情况。输入表格为空格或输入表格只有一行，这些都是容易发生错误的情况。可选择这些情况下的例子作为测试用例。总之，就是进行错误的操作。例如，测试一个对线性表（比如数组）进行查找的程序，可推测列出以下几项需要特别测试的情况：

① 输入的线性表为空表；
② 表中只含有一个元素；
③ 输入表中没有这个元素；
④ 输入表中部分或全部元素相同。

（4）因果图法。等价类划分法和边界值分析法都着重孤立地考虑输入条件的测试功能，而未考虑输入条件之间的组合引起的错误。因果图法充分考虑了输入情况的各种组合及输入条件之间的相互制约关系，因此，该方法能够按一定步骤高效率地选择测试用例，同时还能指出程序规格说明书的描述中存在什么问题。

（5）综合策略。以上介绍的每种软件测试方法都能设计出一组有用的例子，但是，用其中一组例子可以发现某种类型的错误，但不易发现另一种类型的错误。因此，在实际测试中，可以综合使用各种测试方法，形成综合策略。通常先用黑盒测试法设计基本的测试用例，再用白盒测试法补充一些必要的测试用例。具体做法如下：

① 在任何情况下都应使用边界值分析法，用这种方法设计的测试用例暴露程序错误的能力最强。设计用例时，应该既包括输入数据的边界情况又包括输出数据的边界情况。
② 必要时用等价类划分方法补充一些测试用例，然后再用错误推测法补充测试用例。
③ 检查上述测试用例的逻辑覆盖程度，如未满足所要求的覆盖标准，则再增加一些例子。
④ 如果程序规格说明书中含有输入条件的组合情况，那么一开始就可以使用因果图法。

任务 8.3　软件测试的步骤与策略

8.3.1　项目测试用例的设计

测试用例就是预先编制的一组系统操作步骤和输入数据、执行条件以及预期结果，用以验证某个程序是否满足某个特定需求的文字。

1. 测试用例的设计原则

测试用例的设计原则如下：

（1）遵守测试需求的原则。例如，单元测试依据详细设计说明，集成测试依据概要设计说明，配置项测试依据软件需求规格说明，系统测试依据用户需求。

（2）选择测试方法的原则。为达到测试充分性要求，应采用相应的测试方法，如等价类划分法、边界值分析法、错误推测法、因果图法等。

总之，测试用例集应兼顾测试的充分性和测试的效率，每个测试用例的内容也应完整，具有可操作性。

2. 测试用例要素

测试用例要素主要包括如下几方面：

（1）名称和标识。每个测试用例应有唯一的名称和标识符。

（2）测试追踪。测试追踪主要说明测试所依据的内容来源。

（3）用例说明。用例说明简要描述测试的对象、目的和所采用的测试方法。

（4）测试的初始化要求。测试的初始化要求包括硬件配置、软件配置、测试配置、参数设置等。

（5）测试的输入。测试的输入包括在测试用例执行中发送给被测对象的所有测试命令、数据和信号等。

（6）期望的测试结果。期望的测试结果说明测试用例执行中由被测软件所产生期望的测试结果，即经过验证认为正确的结果。

（7）评价测试结果的准则。这是用于判断测试用例执行中产生的中间结果和最后结果是否正确的准则。

（8）操作过程。操作过程指实施测试用例的执行步骤。

（9）前提和约束。前提和约束指在测试用例说明中施加的所有前提条件和约束条件，如果有特别限制、参数偏差或异常处理，应该标识出来，并说明它们对测试用例的影响。

（10）测试终止条件。这是指说明测试正常终止和异常终止的条件。

3. 测试用例的设计步骤

测试用例设计一般包括以下几个步骤：

（1）测试需求分析。测试用例中的测试集与测试需求的关系是多对一的关系，即一个或多个测试用例集对应一个测试需求功能。

（2）业务流程分析。软件测试需要对软件的内部处理逻辑进行测试。为了不遗漏测试点，需要清楚地了解软件产品的业务流程。在测试用例设计前，先画出软件的业务流程。业务流程图可以帮助理解软件的处理逻辑和数据流向，从而指导测试用例的设计。

（3）测试用例设计。测试用例设计的类型包括功能测试、边界测试、异常测试、性能测试、压力测试等。

（4）测试用例评审。测试用例设计完成后，一般要经过评审才能作为正式的测试用例使用。评审一般由业务代表、需求分析人员、设计人员和测试人员共同参与。

8.3.2 制订测试计划

为保证软件测试的质量，必须有一个起指导作用的测试计划，并且通常由项目负责人制订。具体软件测试计划中应主要包括以下几方面的内容：

（1）项目基本情况。项目基本情况包括软件产品的运行平台、应用领域、特点和主要功能模块等。大型软件项目还要介绍测试目的和侧重点。

（2）测试任务。测试任务包括简述测试的目标、程序运行环境、测试要求等内容。

（3）测试策略。测试策略包括详细制作测试记录文档的模板，为测试作准备。还应详述测试用例的目的、输入数据、预期输出、测试步骤、进度安排、条件等。

（4）测试组织。测试组织指选择测试方法和测试用例；配置测试资源，包括测试人员、环境、设备等；制订测试进度，即计划表。

（5）测试评价。测试评价主要说明各项测试的范围、局限性及评价测试结果。

8.3.3 软件测试流程简介

软件测试是阶段性的工作，以软件开发的瀑布模型的活动阶段为例，可以反映出测试活动与分析和设计的关系，从上到下，描述了基本的开发过程和测试行为，明确地标明了测试过程中存在的不同级别，清楚地描述了这些测试阶段和开发过程期间各阶段的对应关系。各个测试阶段的执行流程是：单元测试是基于代码的测试，最初由开发人员执行，以验证其可执行程序代码的各个部分是否已达到了预期的功能要求；集成测试验证两个或多个单元之间的集成是否正确，并且有针对性地对详细设计中定义的各单元之间的接口进行检查；确认测试也称为合格性测试，用来检验所开发的软件是否按用户要求运行；系统测试用客户环境模拟系统运行，以验证系统是否达到了在概要设计中所定义的功能和性能；最后，由业务专家或用户进行验收测试，以确保产品能否真正符合用户业务上的需要。因此，软件测试的步骤为单元测试、集成测试、确认测试、系统测试和验收测试。开发阶段与测试阶段对应表见表8-7。

表8-7 开发阶段与测试阶段对应表

设计名称	测试名称
编码	单元测试
详细设计	集成测试
概要设计	确认测试与系统测试
需求分析	验收测试

1. 单元测试

单元测试的对象是软件设计的最小单位——模块。单元测试指程序模块或功能模块进行正确性检验的测试工作。其目的在于检验程序各模块中是否存在各种差错，是否能正确地实现其功能，满足其性能和接口要求。单元测试应对模块内所有重要的控制路径设计测试用例，以便发现模块内部的错误。单元测试多采用白盒测试技术，系统内多个模块可以并行地进行测试。单元测试任务包括：

（1）模块接口测试；

（2）模块局部数据结构测试；

（3）模块边界条件测试；

（4）模块中所有独立执行通路测试；

（5）模块的各条错误处理通路测试。

通常单元测试在编码阶段进行。当源程序代码编制完成，经过评审和验证，确认没有语法错误后，就开始进行单元测试的测试用例设计。利用设计文档，设计可以验证程序功能，找出程序错误的多个测试用例。对于每一组输入，应有预期的正确结果。

2. 集成测试

集成测试也称组装测试或联合测试，是在单元测试的基础上进行的一种有序测试。这种测试需要将所有模块按照设计要求，逐步装配成高层的功能模块并进行测试，直到整个软件成为一个整体。集成测试的目的是检验软件单元之间的接口关系，并把经过测试的单元组合成符合设计要求的软件。集成测试主要分为以下两种测试方式：

（1）自顶向下集成（top-down integration）方式是一个递增的组装软件结构的方法。从主控模块（主程序）开始沿控制层向下移动，把模块一一组合起来。它又有两种方法：

第一，先深度：按照结构，用一条主控制路径将所有模块组合起来；

第二，先宽度：逐层组合所有下属模块，在每一层水平地集成测试沿着移动。

（2）自底向上的集成（bottom-up integration）方式是最常使用的方法。其他集成方法都或多或少地继承、吸收了这种集成方式的思想。自底向上集成方式从程序模块结构中最底层的模块开始组装和测试。因为模块是自底向上进行组装的，对于一个给定层次的模块，它的子模块（包括子模块的所有下属模块）事前已经完成组装并经过测试，所以不再需要编制桩模块（一种能模拟真实模块，给待测模块提供调用接口或数据的测试用软件模块）。

集成测试验证程序和概要设计说明的一致性，是发现和改正模块接口错误的重要阶段。

3. 确认测试

确认测试又称有效性测试。有效性测试是在模拟的环境下，运用黑盒测试的方法，验证被测软件是否满足需求规格说明书列出的需求。任务是验证软件的功能和性能及其他特性是否与用户的要求一致。对软件的功能和性能要求在软件需求规格说明书中已经明确规定，它包含的信息就是软件确认测试的基础。

确认测试必须有用户的积极参与，或者以用户为主进行。用户应该参与设计测试方案，输入测试数据并分析评价测试的输出结果。为了使用户能够积极主动地参与确认测试，特别是为了使用户可以有效地使用这个软件系统，通常在验收之前由软件开发单位对用户进行培训。另外还需要制定一组测试步骤，描述具体的测试用例。通过实施预定的测试计划和测试步骤，确定软件的特性是否与需求相符，确保所有的软件功能需求都能得到满足，所有的软件性能需求都能达到，所有的文档都是正确且易于使用的。同时，对其他软件需求，如可移植性、兼容性、自动恢复、可维护性等，也都要进行测试。

确认测试的结果有两种可能：一种是功能和性能指标满足软件需求说明的要求，用户可以接受；另一种是软件不满足软件需求说明的要求，用户无法接受。项目进行到这个阶段才发现严重错误和偏差一般很难在预定的工期内改正，因此必须与用户协商，寻求一个妥善解决问题的方法。确认测试完成后应交付的文档有确认测试分析报告、最终的用户手册和操作手册、项目开发总结报告。

软件配置审查是确认测试过程的重要环节，其目的是保证软件配置的所有成分都齐全，各方面的质量都符合要求，具有维护阶段所必需的细节和已经编排好分类的目录。除了按合同规定的内容和要求人工审查软件配置之外，在确认测试过程中，应当严格遵守用户手册和操作手册中规定的使用步骤，以便检查这些文档资料的完整性和正确性。另外，在确认测试过程中必须仔细记录发现的遗漏和错误，并适当地补充和改正。

4. 系统测试

系统测试是将经过集成测试的软件，作为系统计算机的一个部分，与系统中其他部分结合起来，在实际运行环境下对计算机系统进行的一系列严格有效的测试，以发现软件潜在的问题，保证系统的正常运行。在软件的各类测试中，系统测试是最接近人们日常实践的测试。主要内容包括：

（1）功能测试。它测试软件系统的功能是否正确，其依据是需求文档，如产品需求规格说明书。由于正确性是软件最重要的质量因素，所以功能测试必不可少。

（2）健壮性测试。它测试软件系统在异常情况下正常运行的能力。健壮性有两层含义：一是容错能力，二是恢复能力。

系统测试的主要目标是：

（1）确保系统测试的活动是按计划进行的；

（2）验证软件产品是否与系统需求用例不相符合或与之矛盾；

（3）建立完善的系统测试缺陷记录跟踪库；

（4）确保软件系统测试活动及其结果及时通知相关小组和个人。

系统测试是进行信息系统的各种组装测试和确认测试，是针对整个产品系统进行的测试，目的是验证系统是否满足了需求规格的定义，找出与需求规格不符或与之矛盾的地方，从而提出更加完善的方案。

5. 验收测试

验收测试是系统开发生命周期最后的一个阶段，这时相关的用户或独立测试人员根据测试计划和结果对系统进行测试与接收。它让用户决定是否接收系统。它是一项确定产品是否能够满足合同或用户所规定需求的测试。

实施验收测试的常用策略有以下三种：

（1）正式验收；

（2）非正式验收或 Alpha 测试；

（3）Beta 测试。

选择的策略通常建立在合同需求、组织和公司标准以及应用领域的基础上。

验收测试的任务是要回答项目组开发的软件产品是否符合预期的各项要求，以及用户能否接受的问题。由于它不只是检验软件某个方面的质量，而是要进行全面的质量检验，并且要决定软件是否合格，因此验收测试是一项严格的正式测试活动。需要根据事先制订的计划，进行软件配置评审、功能测试、性能测试等多方面检测。

6. 书写软件测试报告

测试报告是把测试的过程和结果写成文档，并对发现的问题和缺陷进行分析，为纠正软件存在的质量问题提供依据，同时为软件验收和交付打下基础。

具体内容包括证实软件所具有的能力、存在的缺陷及限制，并给出结论性的评价意见。这些意见既是对软件质量的评价，也是决定该软件能否交付使用的重要依据。

一份详细的测试报告应该包含足够的信息，包括产品质量和测试过程的评价，还有测试报告基于测试中的数据采集以及对最终的测试结果分析。最后说明测试结论，即测试能否通过。

任务 8.4　面向对象软件测试

面向对象的开发模型将软件开发分为面向对象分析（OOA）、面向对象设计（OOD）和面向对象编程（OOP）三个阶段，针对这种开发模型，面向对象测试包括面向对象分析测试（OOA test）、面向对象设计测试（OOD test）和面向对象编程测试（OOP test）。面向对象的软件测试按照不同的级别进行，测试被分成类测试、集成测试、系统测试等不同级别。

面向对象编程

8.4.1　类测试

类必须是可靠的并可实现复用，因此类要尽可能地独立测试。类测试主要有基于规格说明的测试和基于程序的测试两种形式，它们与结构测试中的黑盒测试和白盒测试相对应。这部分的测试主要包括方法测试和对象测试，在考虑方法测试时，对成员函数的测试不完全等同于传统的函数或过程测试。尤其是继承特性和多态特性，使子类继承或重载的父类成员函数出现了传统测试中未遇见的问题。需要做以下的考虑。

面向对象测试

（1）继承的成员函数是否需要测试。如果是父类中已经测试过的成员函数，两种情况需要在子类中重新测试：继承的成员函数在子类中做了改动；成员函数调用了改动过的成员函数的部分。例如：假设父类 Book 有两个成员函数：f1() 和 f2()，子类 Newbook 对 f1() 做了改动，Newbook::f1 显然需要重新测试。对于 Newbook::f2()，如果它有调用 f1() 的语句，就需要重新测试，反之，无此必要。

（2）对父类的测试是否能照搬到子类。接用上面的假设，Book::f1() 和 Newbook::f1() 已经是不同的成员函数，它们有不同的服务说明和执行。对此，照理应该对子类重新进行测试分析，设计测试用例。但由于面向对象的继承使得两个函数有相似性，故只需在 Book::f1() 测试要求并且在测试用例上添加 Newbook::f1() 新的测试要求和增补相应的测试用例。

8.4.2　集成测试

集成测试在两个级别上发生。第一级的集成测试是新类和类簇的测试，它要求在不编写代码的情况下将软件开发中的元素结合起来，主要对类间的关系进行测试。第二级集成测试是把各子系统组装成完整的软件系统过程中的测试，它主要测试对象之间的通信。在进行测试之前制订测试计划是非常重要和必要的，好的测试计划不仅可以节省测试的时间，对软件质量的提高也起到了极其重要的作用。

面向对象的集成测试能够检测出相对独立的单元测试无法检测出的那些类在相互作用时才会产生的错误。基于单元测试对成员函数行为正确性的保证，集成测试只关注子系统的结构和内部的相互作用。面向对象的集成测试可以分成两步进行，即先进行静态测试，再进行动态测试。

静态测试主要针对程序的结构进行，检测程序结构是否符合设计要求。现在流行的一些测试软件都提供了程序理解的功能，即通过原程序得到类关系图和函数功能调用关系图。将程序理解得到的结果与 OOD 的结果相比较，检测程序结构和实现上是否有缺陷，换句话说，通过这种方法检测 OOP（面向对象编程）是否达到了设计要求。

动态测试设计测试用例时，通常需要调用功能结构图、类关系图或者实体关系图为参考，确定不需要被重复测试的部分，从而优化测试用例，减少测试工作量，使得进行的测试能够达到一定覆盖标准。测试所要达到的覆盖标准可以是：达到类所有的服务要求或服务提供的一定覆盖率；依据类间传递的消息，达到对所有执行线程的一定覆盖率；达到类的所有状态的一定覆盖率等。同时也可以考虑使用现有的一些测试工具来得到程序代码执行的覆盖率。

值得注意的是，设计测试用例时，不但要设计确认类功能满足的输入，还应该有意识地设计一些被禁止的例子，确认类是否有不合法的行为产生，如发送与类状态不相适应的消息、与要求不相适应的服务等。根据具体情况，动态的集成测试，有时也可以通过系统测试完成。

8.4.3 系统测试

系统测试与传统测试基本相同，单元测试和集成测试仅能保证软件开发的功能得以实现，不能确认在实际运行时，它是否满足用户的需要，是否大量存在实际使用条件下会被诱发产生错误的隐患。为此，对完成开发的软件必须经过规范的系统测试。

系统测试主要包括：功能测试、强度测试、性能测试、安全测试、恢复测试和可用性测试。开发完成的软件仅仅是实际投入使用系统的一个组成部分，需要测试它与系统其他部分配套运行的表现，以保证在系统各部分协调工作的环境下也能正常工作。系统测试时，应该参考 OOA 的结果，对应描述的对象、属性和各种服务，检测软件是否能够完全实现用户的要求。系统测试不仅是检测软件的整体行为表现，进一步说，也是对软件开发设计的再确认。系统测试需要对被测的软件结合需求分析做仔细的测试分析，建立测试用例。

任务8.5 软件项目的调试

软件测试后，一定会发现一些错误，项目组必须进一步诊断和改正程序中的错误，这就是软件项目的调试技术。软件调试（software debug）泛指重现软件故障（failure）、定位故障根源，并最终解决软件问题的过程。

8.5.1 软件调试过程

软件调试过程分为两个步骤：第一步确定错误的位置，找出引起错误的模块或接口；第二步确定产生错误的原因，同时设法改正错误。但是对于一个完整的软件，调试过程则是一个循环过程，它由以下几个步骤组成：

（1）重现故障。重现故障通常是指在用于调试的系统上重复导致故障的步骤，使要解决的问题出现在被调试的系统中。

（2）定位根源。定位根源即使用各种调试手段寻找导致软件故障的各种根源。通常测试人员报告和描述的是软件故障所表现出的外在症状，定位根源就是要找到导致外在缺欠的内在原因。

（3）搜索和实现解决方案。搜索和实现解决方案即根据寻找到的故障根源、资源情况、紧迫程度等设计和实现解决方案。

（4）验证方案。验证方案又称为回归测试。如果问题已经解决，那么就可以关闭问题；如果没有解决，则回到步骤（3）调整和修改解决方案。

8.5.2 调试策略

1. 单步执行

单步执行是最早的调试方法之一。简单来说，就是让应用程序按照某一步骤单位一步一步地执行。每次要执行的步骤单位，分为以下几种：

（1）每次执行一条汇编指令，称为汇编语言级的单步跟踪，其实现方法一般是设置CPU的单步执行标志。

（2）每次执行源代码的一条语句，称为源代码级的单步跟踪。高级语言的单步执行一般也是通过多次汇编级的单步执行而实现的。

（3）每次执行一个程序分支，称为分支到分支的单步跟踪。

（4）每次执行一个任务（线程），即当指定任务被调度执行时中断到调试器。

随着软件向大型化方向发展，从头到尾跟踪执行一个模块乃至一个软件已不再可行了，一般的做法是先使用断点功能将进程中断到一定位置，然后再单步执行关键的代码。下面来看如何设置断点。

2. 设置断点

设置断点是使用调试器进行调试最常用的调试技术之一。断点调试是指自己在程序的某一行设置一个断点，调试时，程序运行到这一行就会停住，然后可以一步一步往下调试，调试过程中可以看各个变量当前的值，出错的话，调试到出错的代码行即显示错误，停下。VC++中的断点调试方法如下：

（1）设置断点：在程序代码编辑框外双击左键，就成功设置了一断点（可以看到有一点在那里）。

（2）开始调试按F5键，程序运行到断点之后，按F10键就会执行当前程序行。

其基本思想是在某个位置设置一个"陷阱"，当CPU执行到这个位置时便停止执行被调试的程序，同时中断到调试器中，让调试者进行分析和调试。调试者分析结束后，可以让被调试程序恢复执行。断点可分为以下几种：代码断点、数据断点、I/O断点。

3. 日志

日志就是针对自己的工作，每天记录工作的内容、所花费的时间以及在工作过程中遇到的问题，解决问题的思路和方法。最好可以详细客观地记录下所面对的选择、观点、观察、方法、结果和决定，这样每天日事日清，经过长期的积累，就能提高自己的工作技能。记录调试日志的基本思想是在编写程序时加入特定的代码将程序运行的状态信息写到日志文件或数据库中。日志文件通常按时间取文件名，每一条记录有详细的时间信息，适合长期保存和事后检查与分析。

4. 观察和修改数据

观察被调试程序的数据是了解程序内部状态的一种直接的方法。很多提示器提供观察和修改数据的功能，包括变量和程序的栈及堆等重要数据结构。在调试符号的支持下，可以按照数据类型来显示结构化的数据。

任务 8.6 软件项目的维护

软件维护就是指在软件产品已经交付使用之后，为了改正错误或满足新的需要而修改软件的过程。如果在软件设计的过程中，遗留了大量的维护工作，则可能会束缚软件开发组织的手脚，使他们没有余力开发新的软件。

8.6.1 维护的分类

可以将软件维护的内容定义为 4 种类型：改正性维护、适应性维护、完善性维护和预防性维护。

4 种维护工作量所占比例如图 8-3 所示。

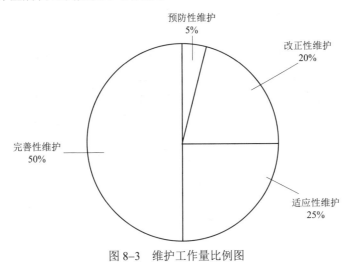

图 8-3 维护工作量比例图

1. 改正性维护

软件开发结束后，软件测试所进行的工作不一定都是完全的、彻底的，测试工作不可能发现所有错误，所以，有一些潜伏的错误在使用时才会被发现。用户常常将他们遇到的问题报告给软件维护人员并要求解决。

改正性维护是指为了识别和纠正软件错误、改正软件性能上的缺陷、排除实施中的错误，应当进行的诊断和改正错误的过程。这方面的维护工作量要占整个维护工作量的 20%。所发现的错误有的不太重要，不影响系统的正常运行，其维护工作可随时进行，而有的错误非常重要，甚至影响整个系统的正常运行，其维护工作必须制订计划，进行修改，并且要进行复查和控制。

2. 适应性维护

计算机软件、硬件各个方面发展变化十分迅速，软件不断升级，例如：操作系统不断升级，硬件的发展也非常迅速。然而，开发完的应用软件的使用时间，往往比原先的系统环境使用时间更为长久，因此，常需对软件加以改造，使之适应于新的环境。为使软件产品在新的环境下仍能使用而进行的维护，称为适应性维护。这方面的维护工作量占整个维护工作量的 25%，用户常常为改善系统硬件环境和运行环境而产生系统更新换代的需求；企业的外部

现代软件工程应用技术

市场环境和管理需求的不断变化也使得各级管理人员不断提出新的信息需求。这些因素都导致适应性维护工作的产生。进行这方面的维护工作也要像系统开发一样,有计划、有步骤地进行。

3. 完善性维护

在使用软件的过程中,用户往往要扩充原有的系统需求,增加一些在系统需求说明书中没有的功能要求,还可能提出提高程序性能的要求。为了满足这类要求而修改软件的活动,称为完善性维护。

例如,在工资管理系统交付之后,可能会有增加个别项目的功能;缩短系统的响应时间,使之达到新的要求;改变现有程序输出数据的格式,以方便用户使用;在正在运行的软件中增加联机求助功能等,这都属于完善性维护。这方面的维护占整个维护工作的50%左右,比重较大,也是关系到系统开发质量的重要方面。这方面的维护除了要有计划、有步骤地完成外,还要注意将相关的文档资料加入到前面相应的文档中去。

4. 预防性维护

为了适应未来软硬件环境的变化,改进应用软件的可靠性和可维护性,应主动增加新的预防性功能,以使应用系统适应各类变化而不被淘汰。这就出现了第4类维护活动,即预防性维护。通常,把预防性维护定义为把今天的方法用于昨天的系统以满足明天的需要。也就是说,预防性维护就是采用先进的软件工程方法对需要维护的软件或软件中的某一部分主动地进行重新设计、编码和测试。这方面的维护工作量占整个维护工作量的5%左右。

总结一下,软件开发结束后,进入到维护阶段的最初几年中,改正性维护的工作量往往比较大。但随着错误发现率的迅速降低,软件运行趋于稳定,就进入了正常使用期间。由于用户经常提出改造软件的要求,适应性维护和完善性维护的工作量就逐渐增加,而且在这种维护过程中往往又会产生新的错误,从而进一步加大了维护的工作量。由此可见,软件维护绝不仅限于纠正软件使用中发现的错误,事实上在全部维护活动中一半以上是完善性维护。

8.6.2 软件维护报告

软件维护过程本质上是修改和压缩了的软件定义和开发过程,而且事实上远在提出一项维护要求之前,与软件维护有关的工作就已经开始了。首先必须建立一个维护组织,其次必须确定报告和评价的过程,还应该建立一个适用于维护活动的记录保管过程,并且规定复审标准,这样软件维护报告就是必须存在的了。

1. 维护申请报告

软件维护人员通常给用户提供空白的维护要求表(有时称为软件问题报告表),这个表格由要求一项维护活动的用户填写,提供错误情况说明(输入数据、错误清单等)或修改说明书等。

2. 软件修改报告

维护申请报告是一个外部产生的文件,它是计划维护活动的基础。软件组织内部应该制定出一个软件修改报告。软件修改报告是与申请报告相应的内部文件,要求说明以下内容:

(1) 需要修改的功能说明。

(2) 申请修改的优先级。

(3) 为满足某个维护申请报告所需的工作量。

(4) 描述修改后的状况,要求有修改前后的对比说明。

在拟订进一步的维护计划之前,把软件修改报告提交审查批准。评审工作很重要,通过评审回答要不要维护,从而可以避免盲目的维护。

3. 保存软件维护记录

软件的可维护性是衡量软件质量的重要指标,同时也是软件可维护的基础。如果软件的可维护性能差,那么软件的维护将十分困难,有时甚至不可能维护。维护时保存的文档资料甚至比软件本身更重要。软件维护记录需要记录如下数据:

(1) 程序名称。
(2) 源程序语句条数。
(3) 机器代码指令条数。
(4) 使用的程序设计语言。
(5) 程序的安装日期。
(6) 程序安装后的运行次数。
(7) 与程序安装后运行次数有关的处理故障的次数。
(8) 程序修改的层次和名称。
(9) 由于程序修改而增加的源程序语句条数。
(10) 由于程序修改而删除的源程序语句条数。
(11) 每项修改所付出的"人时"数。
(12) 程序修改的日期。
(13) 软件维护人员的姓名。
(14) 维护申请报告的名称。
(15) 维护类型。
(16) 维护开始时间和结束时间。
(17) 用于维护的累计"人时"数。
(18) 维护工作的净收益。

每项维护工作都应该收集上述数据。

8.6.3 软件可维护性

软件可维护性指软件能够被维护人员理解、校正、适应及增强功能的容易程度。可维护性、可使用性、可靠性是衡量软件质量的主要质量特性。软件的可维护性是软件开发阶段的关键目标。可维护性主要包括可理解性、可测试性、可修改性、可靠性、可移植性、可使用性和效率。

软件的可维护性决定了软件寿命的长短,因此必须提高软件的可维护性。一般可从以下4个方面来提高软件的可维护性:

1. 明确软件的主要质量目标

如果要程序满足可维护性的全部要求,是不现实的,因为用户作为使用者,不可能了解开发者的技术,经常会提出一些意想不到的功能要求,因此要明确软件最主要的质量目标。

2. 使用合理的软件开发技术和工具

现在,软件开发工具很多,但是为了达到不同的目的,要合理地选择软件开发技术和工具，合理的开发技术开发出来的软件系统稳定性好、比较容易修改、容易理解、易于测试和调试，因此可维护性好。

3．组织严格的质量保证体系

质量保证检查是非常有效的方法，不仅在软件开发的各阶段中得到了广泛应用，而且在软件维护中也是一个非常重要的工具。

4．良好的文档习惯

在维护阶段，完善的、恰当的、齐全的文档是影响软件可维护性的决定性因素。文档的重要性将在下一个项目详细介绍。在某种程度上说，一个项目的成功与否，软件文档起着决定性的作用。

● **实验实训**

1．实训项目

完成"解二元一次方程"的黑盒测试方法。

2．拓展目的

（1）培养学生调查研究、查阅技术文献资料，以及编写软件测试报告的能力。

（2）通过实训，掌握软件项目测试的方法，学会书写软件测试计划和测试报告的格式。

3．拓展要求

（1）实训前认真做好上机实训的准备工作，针对实训内容，仔细复习与本次实训有关的知识和内容。

（2）能认真、独立地完成实训内容。

（3）实训后做好实训总结，根据实训情况完成项目实训总结报告。

（4）评价本次项目实训编写的软件测试报告的优劣。

4．拓展学时

本项目拓展为 6 学时。

5．拓展思考题

简要说明单元测试、集成测试、系统测试的内容，并指出它们各自的关注点是什么。

● **小　　结**

本项目介绍了软件项目的测试和维护的方法与原理。软件测试阶段是软件质量保证的关键，它代表了文档规约、设计和编码的最终检查，是为了发现程序中的错误而分析或执行程序的过程。项目中介绍了软件测试的概念、软件测试的步骤、软件测试的方法、测试用例的设计方法、软件测试工具、软件调试、面向对象软件测试原则及策略。软件维护的主要目的就是保证软件在一个相当长的时期内能够正常运行。软件维护主要是指根据需求变化或硬件环境的变化对应用程序进行部分或全部的修改，修改时应充分利用源程序。修改后要填写程序更改登记表，并在程序变更通知书上写明新旧程序的不同之处。变更结束后，要认真地进行回归测试和管理复审，确保系统的正确性及程序代码与相关文档的一致性。这里涉及的角色主要有维护管理员、系统管理员、修改负责人（变化授权人）和维护人员等。

习 题

一、选择题

1. 白盒测试侧重于（　　）。
   A. 程序的内部逻辑　　B. 软件的整体功能　　C. 以上都是　　D. 以上都不是
2. 以消除测试瓶颈为目的的测试是（　　）。
   A. 负载测试　　B. 性能测试　　C. 覆盖测试　　D. 动态测试
3. 下面列出的逻辑驱动覆盖测试方法中，逻辑覆盖功能最弱的是（　　）。
   A. 条件覆盖　　B. 判定/条件覆盖　　C. 语句覆盖　　D. 判定覆盖
4. 从测试的角度来看，正确的测试顺序是（　　）。
   ① 单元测试　② 集成测试　③ 系统测试　④ 验收测试
   A. ①②③④　　B. ④①②③　　C. ②③①④　　D. ③①②④
5. 导致软件缺陷的最主要原因是（　　）。
   A. 软件需求说明书　　B. 维护　　C. 编码　　D. 设计方案
6. 单元测试的主要任务不包括（　　）。
   A. 独立路径　　B. 全局数据结构　　C. 模块接口　　D. 出错处理
7. 在下列描述中，关于测试与调试的说法错误的是（　　）。
   A. 测试显示开发人员的错误，调试是开发人员为自己辩护
   B. 测试是显示错误的行为，而调试是推理的过程
   C. 测试能预期和可控，调试需要想象、经验和思考
   D. 测试必须在详细设计已经完成的情况下才能开始，没有详细设计的软件调试不可能进行
8. 维护阶段是软件生存周期中时间（　　）的阶段，花费精力和费用（　　）的阶段。
   A. 最少　　B. 最长　　C. 最短　　D. 最多
9. 软件维护费用很高的主要原因是（　　）。
   A. 人员多　　B. 人员少　　C. 生产率高　　D. 生产率低
10. 为适应软硬件环境的变化而修改软件的过程是（　　）。
    A. 完善性维护　　B. 适应性维护　　C. 校正性维护　　D. 预防性维护
11. 未采用软件工程方法开发软件，最终只有程序而无文档，对其进行的维护是（　　）。
    A. 校正性维护　　B. 预防性维护　　C. 完善性维护　　D. 适应性维护
12. 产生软件维护的副作用是指（　　）。
    A. 开发时的错误　　　　　　　　B. 隐含的错误
    C. 因修改软件造成的错误　　　　D. 运行时的错误

二、简答题

1. 常用的黑盒测试用例设计方法有哪些？各有什么优缺点？
2. 白盒测试的方法有哪些？
3. 软件的测试步骤是什么？
4. 调试的策略有哪些？

5. 面向对象测试由哪几部分组成?
6. 什么是软件测试?软件测试的目标有哪些?
7. 黑盒测试与白盒测试有何区别?
8. 软件维护的内容是什么?
9. 什么是软件的可维护性?如何衡量软件的可维护性?
10. 在软件开发过程中应采取哪些措施提高软件产品的可维护性?

项目九

软件文档与软件工程标准
——基于企业设备状况管理系统

项目导读

在软件的生产过程中，总是伴随着大量的信息要记录、要使用。因此，软件文档在产品的开发生产过程中起着重要的作用。文档是影响软件可维护性的决定性因素。由于长期使用的大型软件系统在使用过程中必然会经受多次修改，所以在一定程度上文档比程序代码更重要。

既然软件已经从手工艺人的开发方式发展到工业化的生产方式，文档在开发过程中就起到关键作用。软件系统的文档可以分为用户文档和系统文档两类。用户文档主要描述系统功能和使用方法，并不关心这些功能是怎样实现的；系统文档描述系统设计、实现和测试等各方面的内容。从某种意义上来说，文档是软件开发规范的体现和指南。按规范要求生成一整套文档的过程，就是按照软件开发规范完成一个软件开发的过程。所以，在使用工程化的原理和方法来指导软件的开发与维护时，应当充分注意软件文档的编制和管理。

软件工程的标准化对软件项目开发有着积极的推动作用，可提高软件的可靠性、可维护性和可移植性，提高软件的生产率，提高软件人员的技术水平和通信效率，减少差错和误解，既有利于软件管理，又有利于降低软件产品的成本和运行维护成本，还有利于缩短软件开发周期。

项目概要

- 软件文档
- 软件工程标准
- 案例：企业设备状况管理系统相关文档

任务9.1 软件文档简介

9.1.1 软件文档定义

1983年IEEE为软件下的定义是：计算机程序、方法、规则、相关文档资料以及在计算机上运行程序时所必需的数据。其中方法和规则通常是在文档中说明并在程序中实现的。

IEEE

9.1.2 软件文档作用

软件文档的作用简要概括如下:

(1) 提高软件开发过程的能见度。把开发过程中发生的事件以某种可阅读的形式记录在文档中,管理人员可把这些记载下来的材料作为检查软件开发进度和开发质量的依据,实现对软件开发的工程管理。在软件开发过程中,管理者必须了解开发进度、存在的问题和预期目标,此类文档类似于定期报告(每一阶段的定期报告提供了项目的可见性)。定期报告可提醒各级管理者,注意本部门对项目开发承担的责任及该部门的工作进展;该类文档规定了若干个检查点和进度表,使管理者可以评定项目的进度,如果文档有遗漏、不完善、内容陈旧,那么管理将失去跟踪和控制项目的重要依据。

(2) 提高开发效率。大多数软件开发项目被划分为若干个子任务,并由不同的小组完成。领域专家建立项目,分析员阐述系统需求,设计员制定总体设计,程序员编制详细的程序代码,质量保证专家和测试人员测试、评价整个系统性能和功能的完整性,负责维护的程序员改进各种操作或增强某些功能……这些人员需要的相互联系是通过文档资料的复制、分发和引用实现的,因此开发任务之间的联系是文档的一个重要功能。大多数系统开发方法为任务的联系规定了一系列规范文档,如分析员向设计员提供正式的需求规格说明,设计员向程序员提供正式的设计规格说明等。软件文档的编制,使得开发人员对各个阶段的工作都进行周密思考、全盘权衡,从而减少返工。并且可在开发早期发现错误和不一致性,便于及时加以纠正。

(3) 作为开发人员在一定阶段的工作成果和结束标志。

(4) 软件维护人员需要软件系统的详细说明,从而有助于理解、熟悉系统,找出并修正错误,改进并完善系统以适应用户需求的变化或适应系统环境的变化。记录开发过程中的有关信息,便于协调以后的软件、开发、使用和维护。

(5) 提供了软件的运行、维护和培训的有关信息,便于管理人员、开发人员、操作人员、用户之间的协作、交流和了解。使软件开发活动更科学、更有成效。

(6) 质量的保证。负责软件质量保证和评估系统性能的人员需要程序规格说明、测试和评估计划。制定测试计划和测试规程,并报告测试结果;说明评估、控制、计算、检验例行程序及其他控制技术……这些文档的提供可满足质量保证人员、审查人员上述工作的需要。

软件文档可用作未来项目产品的一种资源。通常文档记载系统的开发历史,可使关于系统的技术思想为以后的项目开发所利用。系统开发人员通过阅读以前的历史记录,可查明什么代码已验证过,哪些部分运行得好,哪些部分因某种原因难以运行而被排除。良好的系统文档还有助于把程序移植到各种新的系统环境中。总的说来,软件文档应该满足下述要求:

(1) 必须描述如何使用这个系统,没有这种描述即使是最简单的系统也无法使用。
(2) 必须描述怎样安装和管理这个系统。
(3) 必须描述系统需求和设计。
(4) 必须描述系统的实现和测试,以便使系统成为可维护的。

9.1.3 软件文档的分类

软件文档从形式上分为两类:一类是开发过程中填写的各种图表,可称为工作表格;另一类是编制的技术资料或技术管理资料,可称为文档或文件。文档可以书写,也可以在计算机支持系统中产生，但它必须是可阅读的。按照文档产生和使用的范围，软件文档大致可分为以下三类：

1）开发文档

开发文档主要描述软件开发的过程。这类文档在软件开发过程中，可作为软件开发人员的前一阶段工作成果的体现和后一阶段工作的依据。开发文档包括可行性研究报告、项目开发计划、软件需求说明书、数据要求说明书、概要设计说明书和详细设计说明书。

2）管理文档

管理文档是在软件开发过程中，建立在项目管理信息的基础上，由开发人员制定提交的工作计划或工作报告。管理人员能够通过这些文档了解软件开发的项目安排、进度和资源使用等。管理文档包括开发进度报告和项目开发总结等。

3）用户文档

用户文档是软件开发人员为用户准备的有关该软件使用、操作和维护的资料。用户文档包括用户手册和操作手册等。

从某种意义上讲，文档是软件开发规范的体现和指南。按规范要求生成一套文档的过程就是按照软件开发规范完成一个软件开发的过程。在使用工程化的原理和方法来指导软件的开发和维护时，应当充分注意软件的编制和管理。

拥有准确的技术文档不仅对于软件企业非常有益，而且也能够让用户从中得到方便。使用不准确的或者已经过时的技术文档会对企业的发展产生很大的阻碍，同样也会对企业的客户产生消极的影响。一旦客户发现在使用产品的时候，遇到问题不能通过伴随产品的技术文档进行解决，就会对产品产生怀疑乃至失去信心，那么企业的信誉和利益自然而然就会受到损害。这就是不准确的或过时的技术文档所带来的危害。

任务9.2　软件工程标准

9.2.1　软件工程标准简介

20世纪60年代，软件开发还只是个体化的特性，软件设计成为人们头脑中的一个隐含过程，除了程序清单之外，没有其他文档保存下来。到了70年代中期，软件需求量急剧增加，出现了以小组或小集体为单位的"软件作坊"，它们开发的软件主要供本单位使用。这种"软件作坊"基本上仍然沿用早期形成的"个体式"的软件开发方法。但是，由于用户不断提出新的需求，因此程序也必须不断做出相应修改；随着计算机硬件或操作系统的频繁升级，需要不断地修改程序以适应新环境，程序运行时发现错误也需要改正，因此"作坊式"的开发方法不能满足开发需求，并且发现后续软件维护工作正快速地消耗着系统资源。更严重的是，程序设计的个体化特点使软件最终难于甚至不能维护，于是出现了"软件危机"。

解决软件危机仅靠技术措施是非常困难的，需要有先进的管理措施。20世纪60年代后期，计算机科学家们开始研究解决软件危机的方法。逐渐形成了计算机科学技术领域中的一门新兴学科——软件工程学。

软件发展到软件工程学时代，从根本上摆脱了软件"个体式"或"作坊式"的生产方法，人们更注重项目管理和采纳形式化的标准与规范，并以各种生命周期模型来指导项目的开发进程。

软件工程的范围从当初只是使用程序设计语言编写程序，扩展到整个软件生存周期，同时还有许多技术管理工作（如过程管理、产品管理和资源管理）以及确认与验证工作（如评审和审计、产品分析和测试等），这些都已成为软件工程标准化的内容。软件工程标准可分为 5 个级别，即国际标准、国家标准、行业标准、企业标准和项目标准。

国际标准

（1）国际标准。国际标准主要由国际联合机构制定和公布，提供各国参考的标准，其中最著名的就是国际标准化组织（International Standards Organization，ISO）。

（2）国家标准。国家标准由国家政府机构制定、批准，是适用于全国范围的标准。主要有以下几种国家标准：

① GB：中国国家技术监督局是中国的最高标准化机构，它所公布实施的标准简称"国标"，常以"GB"字母开头。

国家标准

② ANSI：美国国家标准协会。

③ Bs：英国国家标准。

④ JIs：日本工业标准。

（3）行业标准。行业标准由行业机构、学术团体制定，并适用于某个业务领域的标准，如美国电气与电子工程师学会（Institute of Electrical and Electronics Engineers，IEEE）。

行业标准

（4）企业标准。企业标准又称为企业规范，是一些大型企业或公司制定的适用于本组织的规范。例如，美国 IBM 公司制定的《软件程序设计开发指南》仅供该公司内部使用。

（5）项目标准。项目标准又称为项目规范，是由某一科研生产项目组织制定的，且为该项任务专用的软件工程规范。

企业标准

9.2.2 ISO 9000 国际标准

ISO 9000 国际标准是由国际化标准组织在研究欧洲和美国的质量管理标准的基础上，于 1987 年 3 月正式公布的一组质量系列标准。ISO 9000 由 5 个相关标准组成，它们分别是：

（1）ISO 9000 质量管理和质量保证标准——选择和使用的导则。

（2）ISO 9001 质量体系——设计/开发、生产、安装和服务中的质量保证模式。

项目标准

（3）ISO 9002 质量体系——生产和安装中的质量保证模式。

（4）ISO 9003 质量体系——最终检验和测试中的质量保证模式。

（5）ISO 9004 质量管理和质量体系要素——导则。

它们适用于各种行业的不同工业活动。ISO 9000-3 的全称为"质量管理和质量保证标准"，其第三部分是用于软件开发、供应及维护的指南。

ISO 9000-3 标准的要点如下：

（1）ISO 9000-3 标准仅适用于依照合同进行的订货软件开发，也就是在按照双边合同进行的软件开发过程中，需方彻底要求供方进行质量保证活动的标准。

（2）ISO 9000-3 标准对供需双方的责任都做了明确的规定，并没有单纯地把义务全加在供方。
（3）对包含合同在内的全部工序进行审查，并彻底文档化。
（4）在 ISO 9000-3 标准中，指南性地叙述了供需双方应如何合作才能进行有组织的质量保证活动以制作出完美的软件。
（5）供方应实施内部质量审核制度。
（6）合同审查，在 ISO 9000-3 中规定供方应对每项合同进行审查。
（7）需方的需求规格说明，这是针对软件特点而加入的内容。
（8）开发计划管理，这是 ISO 9000-3 的核心内容之一。
（9）质量计划管理，这是开发计划管理的组成部分。
（10）设计和实现，这是开发的具体化，即直接把用户需求规格说明转换成软件产品活动。
（11）测试和验证，测试涉及各个软件单元到完整的软件产品。
（12）验收。当供方已对产品进行认证，准备交付时，供需双方一起进行验收活动。
（13）复制、交付和安装。
（14）配置管理，版本变更与升级。
（15）文档控制，包括工作程序文档、计划文档、产品文档的建立、审批和发布等。
（16）质量记录，包括质量记录的认同、收集、索引、文件化、存储和维护。
（17）测量，对软件产品的开发、生产过程进行测量。
（18）采购，供方应确保购入的产品或服务符合指定的要求，并归档。
（19）培训，通过教育、训练、实习等方式，提高对质量发生影响的所有人员的素质和水平。
（20）其他支持。供方应提供开发与管理的工具和技术等。

9.2.3 中国的软件工程标准

我国制定和推行标准化工作，能够在国际适用的标准一律按等同方法采用的原则，以促进国际交流。我国已发布的软件工程标准分为 4 类：基础标准、开发标准、文档标准和管理标准。表 9-1 分别列出了这些主要标准的名称及其标准号。

表 9-1 中国的主要软件工程标准

分类	标准名称	标准号
基础标准	信息技术软件工程术语	GB/T 11457—2006
	软件工程标准分类法	GB/T 15538—1995
	信息处理　程序构造及其表示的约定	GB/T 13502—1992
	信息处理　单命中判定表规范	GB/T 15535—1995
	信息处理系统　计算机系统配置图符号及其约定	GB/T 14085—1993
开发标准	计算机软件开发规范	GB 8566—1988
	计算机软件测试规范	GB/T 15532—2008

续表

分类	标准名称	标准号
文档标准	系统与软件工程　用户文档的管理者要求	GB/T 16680—2015
	计算机软件文档编制规范	GB 8567—2006
	计算机软件需求规格说明规范	GB/T 9385—2008
	计算机软件测试文档编制规范	GB 9386—2008
管理标准	计算机软件可靠性和可维护性管理	GB/T 14394—2008

任务9.3　软件产品《用户手册》的标准文档模式

下面依据 GB 8567—1988《计算机软件产品开发文件编制指南》，给出软件产品《用户手册》的标准文档案例。

1. 引言
1.1　编写目的
说明编写用户手册的目的，指出预期的读者。
1.2　背景说明
（1）用户手册所描述的软件系统的名称。
（2）该软件项目的任务提出者、开发者、用户（或首批用户）及安装此软件的计算中心。
1.3　定义
列出本文件中用到的专门术语的定义和外文首字母组词的原词组。
1.4　参考资料
列出有用的参考资料，例如：
（1）项目经核准的计划任务书或合同、上级机关的批文。
（2）属于本项目的其他已发表文件。
（3）本文件中各处引用的文件、资料，包括所要用到的软件开发标准。列出这些文件资料的标题、文件编号、发表日期和出版单位，说明能够取得这些文件资料的来源。
2. 用途
2.1　功能
结合本软件的开发目的逐项说明本软件所具有的各项功能以及它们的极限范围。
2.2　性能
2.2.1　精度
说明对各项输入数据的精度要求和本软件输出数据达到的精度，包括传输中的精度要求。
2.2.2　时间特性
定量地说明本软件的时间特性，如响应时间、更新处理时间、数据传输和转换时间以及计算时间等。

2.2.3 灵活性

说明本软件所具有的灵活性，即当用户需求（如对操作方式、运行环境、结果精度、时间特性等的要求）发生变化时，本软件的适应能力。

2.3 安全保密

说明本软件在安全、保密方面的设计考虑和实际达到的能力。

3．运行环境

3.1 硬设备

列出为运行本软件所要求的硬设备的最小配置，例如：

（1）处理机的型号、内存容量。

（2）所要求的外存储器、媒体、记录格式、设备的型号和台数、联机/脱机。

（3）I/O 设备（联机/脱机）。

（4）数据传输设备和转换设备的型号、台数。

3.2 支持软件

说明为运行本软件所需要的支持软件，例如：

（1）操作系统的名称和版本号。

（2）程序语言的编译/汇编系统的名称和版本号。

（3）数据库管理系统的名称和版本号。

（4）其他支持软件。

3.3 数据结构

列出为支持本软件的运行所需要的数据库或数据文卷。

4．使用过程

用图表的形式说明软件的功能与系统的输入源机构、输出接收机构之间的关系。

4.1 安装与初始化

按步骤说明因使用本软件而需进行的安装与初始化过程，包括程序的存储形式、安装与初始化过程中的全部操作命令、系统对这些命令的反应与答复。表征安装工作完成的测试实例等。如果有的话，还应说明安装过程中用到的专用软件。

4.2 输入

4.3 输出

4.4 文件查询

文件查询的编写针对具有查询功能的软件。

4.5 出错处理和恢复

列出由软件产生的出错编码或条件以及应由用户承担的修改和纠正工作，指出为了确保再启动和恢复的能力，用户必须遵循的处理过程。

4.6 终端操作

说明通过终端操作进行查询、检索、修改数据文件的能力、语言、过程和辅助性程序等。

任务9.4 企业设备状况管理系统相关文档（参考2006版计算机软件文档编制规范）

9.4.1 可行性分析（研究）报告（FAR）

1. 引言

1.1 标识

本文档适用于 Windows XP 或 Windows 7 以上操作系统，可行性分析（研究）报告标识表见表1。

表1 可行性分析（研究）报告标识表

文件状态：	文件标识	EESMS可行性分析报告：EESMS-001-2015
[√] 草稿	当前版本	V 1.0
[ ] 正式发布	产品名称	企业设备状况管理系统
[ ] 正在修改	产品缩写	EESMS
	作者	×××
	完成日期	二〇一六年一月十日

1.2 项目背景

中国企业在实施设备管理系统过程中，比较倾向于从形成企业竞争力的角度，重视企业设备资源与技术资源、人力资源、资金资源、物资资源之间的优化配置。通过设备管理系统建立的管理体系，实现设备资源与企业技术资源、人力资源、资金资源、物资资源的优化配置，在一个整体优化的管理之中，确保设备生产能力的最大化。设备管理系统作为技术系统，将提供这些资源整合和优化配置的数据基础，包括计划的形成、计划执行对资源条件的要求、资源协调依据、决策数据支持等；设备管理系统作为管理系统，将依靠管理行为产生的信息及其信息反馈机制，实现设备寿命周期费用的统一管理，设备维修人力资源、技术资源统一组织与配置，绩效考核与管理评价标准的统一设置和执行，从而使管理行为和技术行为，指向提高设备可靠性这一设备资产管理的核心目标，确保设备生产能力的最大化，在尽可能短的时间内，让设备投资获得最大化的资产收益。

1.3 项目概述

设备管理系统面向企业的设备管理人员，对企业设备的日常维护保养进行全面管理。某公司为了实现设备管理的信息化、严格化，以及设备管理的规范化、流程化。准备开发一套包括设备信息管理、维修记录、保养记录、平面图管理、系统管理等管理一体化的数据管理系统。达到设备管理的清晰化、透明化，解决手工记录造成的混乱不清，为该公司设备统一管理化做出贡献。

本项目预计开发时长为8~12周，从本软件开发成功开始、维护、更新直到软件生命结束。投资方为×××公司；需方为各大企业设备管理部门；用户有工人、设备管理员、系统管理员；开发方为×××学院软件教研室；支持机构×××省职业教育集团。

1.4 文档概述

本文档的主要目的在于研究软件在资金、技术、法律和社会因素等方面是否可行，是编写软件开发计划文档、软件需求分析文档、软件概要设计文档、软件详细设计文档、软件编码实现文档和软件测试文档的主要依据。

2. 引用文件

略。

3. 可行性分析的前提

3.1 项目的要求

3.1.1 功能

企业设备状况管理系统的功能：本系统主要实现了工厂日常生产设备的使用记录以及其维修保养记录，通过本软件的管理，能够降低企业在设备管理与维护上的人员成本，同时提高生产效率。本系统可供工人输入、修改、查询和打印设备状况信息；增加、查询、修改、更新设备状况信息等；主要功能包括菜单管理、角色管理、用户管理、机构管理、车间管理、设备信息管理和平面图管理等。

3.1.2 输出

设备状况基本信息、车间信息、维修保养记录信息等。

3.1.3 输入

用户号、密码、车间信息、设备信息、设备维修信息等。

3.1.4 权限

企业设备状况管理系统权限图如图1所示。

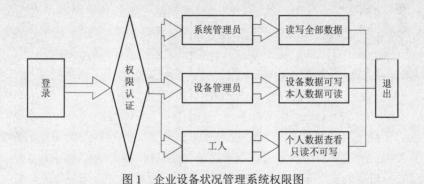

图1 企业设备状况管理系统权限图

3.2 项目的目标

该软件的设计过程必须尽量节省人力与设备费用，并且能使软件处理数据的速度提高，软件的整个设计过程必须通过生产能力的提高、人员工作效率的提高等因素使软件开发成本最小化，实现保证软件质量前提下的资金投入最小化。

3.3 项目的环境、条件、假定和限制

（1）本系统建议运行寿命为5年，理论上可达到10年。

（2）进行系统各种方案的比较时间为2周。

(3) 本系统代码实现时长为 4 周。
(4) 资金限制 3 万元。
(5) 法律安全方面的限制如下：
● 严禁违反宪法确定的基本原则。
● 严禁危害国家安全，泄露国家秘密，颠覆国家主权，破坏国家统一。
● 严禁损害国家荣誉与利益。
● 严禁传播发布妨害第三方权益的文件或者信息，包括但不限于病毒代码、黑客程序、软件破解注册信息等。
● 严禁抄袭剽窃他人作品
3.4 进行可行性分析的方法
成本效益分析、对估算问题的看法、软件的作用范围、软件的成本估算、速度安排等。
4. 可选的方案
4.1 可选择的系统方案 1
利用 VC++编写系统界面与内核，连接 SQL Server 2010 或者 Access 2010 数据库，实现工人对数据库的查询、输入、删除和修改等。
4.2 可选择的系统方案 2
采用 Java1.6，开发工具使用的是 Idea14，Spring 采用 3.2.6，Struts2 采用 2.3.16，Mybatis 采用 3.2.4。需要安装两个 Mysql 实例做读写分离即数据备份（安装在两个不同的硬盘上），一台安装 Tomcat 执行 Web 应用。技术上采用了主流的 Spring+Struts2+MyBatis 的架构，能够将代码的层次明了，提高代码的复用率，降低硬件上的要求，同时由于这些技术架构都是开源的，能降低企业在软件上的投入成本，Spring 框架是由于软件开发的复杂性而创建的。Spring 使用基本的 JavaBean 来完成以前只可能由 EJB 完成的事情。然而，Spring 的用途不仅仅限于服务器端的开发。从简单性、可测试性和松耦合性的角度而言，绝大部分 Java 应用都可以从 Spring 中受益，Struts2 是一个基于 MVC 设计模式的 Web 应用框架，它本质上相当于是一个 Servlet，在 MVC 设计模式中，Struts2 作为控制器（controller）来建立模型与视图的数据交互。Struts 2 以 WebWork 为核心，采用拦截器的机制来处理用户的请求，这样的设计也使得业务逻辑控制器能够与 Servlet API 完全脱离开，所以 Struts2 可以理解为 WebWork 的更新产品，MyBatis 是支持普通 SQL 查询、存储过程和高级映射的优秀持久层框架。MyBatis 消除了几乎所有的 JDBC 代码和参数的手工设置以及结果集的检索。MyBatis 使用简单的 XML 或注解用于配置和原始映射，将接口和 Java 的 POJOs（plain old Java objects，普通的 Java 对象）映射成数据库中的记录。利用这个架构编写本软件，它可实现在 Web Server 上的直接操作，工人、设备管理员可以随时登录网页进行查询或修改，操作更加简单。
4.3 原有方案的优缺点、局限性及存在的问题
方案 1 比较适合小型软件的开发，数据库简单，数据处理速度较快，但不能直接在 Web Server 上直接操作，功能不完整，对 Windows 操作系统的兼容性不是很好，所以在运行时难免出现各种各样的错误或警告。依据一切为了用户的原则，选择界面更加友好、操作更加便捷、速度更加流畅的方案，尽量使用户感受到本软件是他们目前最需要的。最终，选择了方案 2，此方案实现后运算结果正确率高、容错性强、具备数据错误的检测能力并会给予提示、

界面完美。

5. 所建议的系统

为了实现设备管理的信息化、严格化，以及设备管理的规范化、流程化。委托本人开发一套包括设备信息管理、维修记录、保养记录、平面图管理、系统管理等管理一体化的数据管理系统。达到设备管理的清晰化、透明化，解决手工记录造成的混乱不清。

5.1 设备
设备的科学技术含量较低，没有达到大量的计算机普及程度。

5.2 软件
软件应在适当的操作下进行，应该对用户进行适当的培训。

5.3 开发
开发本软件的周期是 8～12 周，开发完成后进行维护更新。

5.4 环境
软件在温度或湿度对硬件运行状态不造成影响的环境下运行。

5.5 经费
软件的开发经费预计为 3 万元。

6. 经济可行性（成本–效益分析）

6.1 投资
本软件的投资大部分流向人员的工资、设备和资料，共计在 1 万元左右。

6.2 预期的经济效益
本软件开发成功后可为工人和设备管理员带来极大的方便，这是一种隐形的收益，估算之后每年收益 3 万元。随着软件的使用效果日益彰显，各大企业会竞相购买，此软件的利益还会进一步增加。

6.2.1 一次性收益
将本软件一次性交付×××企业，可得收益 3 万元。

6.2.2 非一次性收益
企业在后期还将定时缴纳软件的更新维护费用，这将持续到软件合同期结束或者软件的生命历程结束，此收益预算 1.5 万元。

6.2.3 不可定量的
将本软件进一步推广到各大企业，可得收益继续增加，这部分收益为不可定量的收益，预计为 5 万元。

6.2.4 收益/投资比
收益/投资比是经过组员之间客观的预测、严密的分析和保守的估计之后得到的，其计算公式为：收益/投资比=（3.0+1.5+5）/1.5×100%。

6.2.5 投资回收周期
投资回收周期大概为 1 年。

6.3 市场预测
因为目前各大企业的设备大多数处于人工管理的状态，然而，企业的设备又不断地进行维修、保养。企业的管理理念是又快又省，所以本软件对各大企业的作用不言而喻，潜在的经济效益是非常可观的。

7. 技术可行性（技术风险评价）

技术风险评价指分析本公司现有的资源（人员、环境、设备和技术条件等）能否满足此工程和项目实施要求，若不满足，应考虑补救措施，如需要承包方参与、增加人员、投资和设备等；涉及的经济问题应进行投资、成本和效益可行性分析，最后确定此工程和项目是否具备技术可行性。

8. 法律可行性

法律可行性主要涉及系统开发可能导致侵权、违法和责任。

9. 用户使用可行性

用户使用可行性主要包括用户单位的行政管理和工作制度以及使用人员的素质和培训要求。

10. 其他与项目有关的问题

其他与项目有关的问题指未来可能的变更管理。

11. 注解

EESMS（enterprise equipment status management system）：企业设备状况管理系统。

9.4.2 系统开发计划书（SDP）

1. 引言

为明确将要设计的企业设备管理系统是否有开发价值，撰写此文档。本文档供项目经理、分析设计人员、开发人员等参考。

1.1 标识

软件开发计划书标识表见表1。

表 1 软件开发计划书标识表

文件状态： [√] 草稿 [ ] 正式发布 [ ] 正在修改	文件标识	EESMS 软件开发计划书：EESMS-002-2015
	当前版本	V 1.0
	产品名称	企业设备状况管理系统
	产品缩写	EESMS
	作者	×××
	完成日期	二〇一六年一月十日

1.2 系统概述

本系统可在特定的 Windows 操作系统下运行，用于录入、删除、修改和查看该企业设备状况信息。企业设备状况管理系统的主要用户是企业，也可用于各级使用者查询自己的资料。该系统的应用方便了企业各部门对自己企业的设备运行情况的了解，也大大提高了企业设备管理的工作效率。计划在 Windows XP 以上的操作系统环境中运行测试。

1.3 文档概述

软件开发计划是整个开发过程中所遇到的一些问题的基本描述和对应方法，以避免在整个开发过程中浪费不必要的时间、人力、物力和财力。

1.4 基线

企业设备状况管理系统可行性分析报告 1.0。

2. 引用文件

略。

3. 最后交付期限

2015/10/6—2015/10/10

3.1 项目权限设置

企业设备信息管理系统的权限分为以下几种。

企业各部门负责人：企业各部门负责人有查看所有信息的权限但无法修改信息。

系统管理员：管理员有修改各级信息的权限。

工人：工人有查看自己的信息、查看设备状况和企业的部分公开信息的权限。

其他未经过授权的用户只能查看企业的公开信息。

3.2 用户手册

本系统以 Windows 操作系统的经典界面为参考，操作方法也与其他 Windows 软件基本相同，所以对此软件的操作要求并不高，只需要有基本的计算机操作水平即可。下面举例说明（简略）：

用户使用操作手册

一、登录界面

首先，输入【用户名】【密码】【验证码】，单击"立刻登录"，如图 1 所示。

图 1　登录界面

二、系统菜单

菜单管理如图 2 所示。

图2 菜单管理

若需添加菜单，单击【添加】，出现基本信息添加，如图3所示。

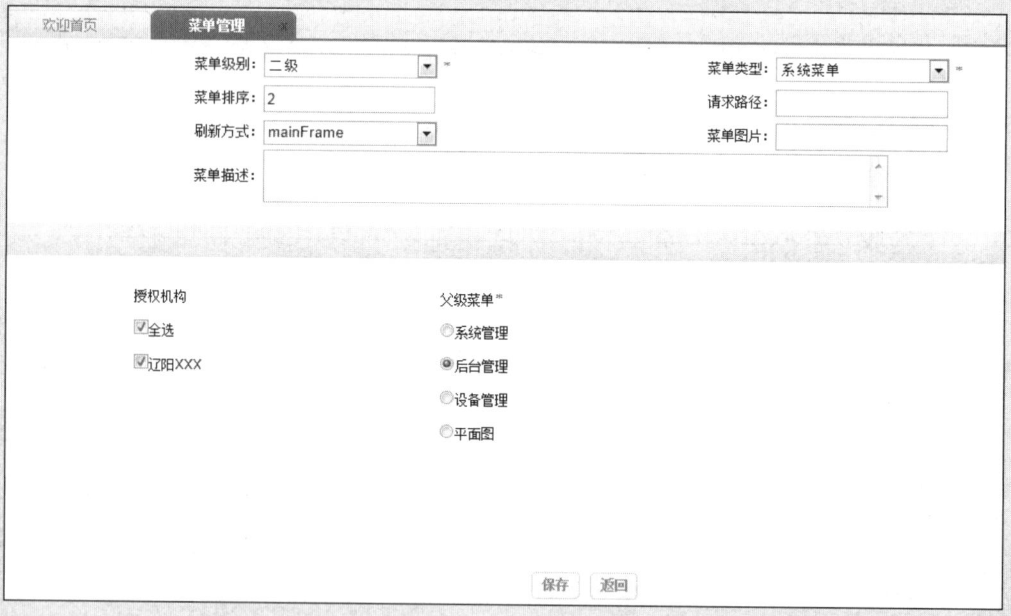

图3 添加菜单

注：【请求路径】不需要添加，保存后自动生成。带*标志的为必填项。

4. 软件开发过程

本系统的开发人员应和用户保持不断的联系，以保证在系统编写过程中的一些变动能及时得到修改，从而使系统相对更加完美。

4.1 软件开发总体计划

4.1.1 软件开发方法

采用 Java1.6，开发工具使用的是 Idea14，Spring 采用 3.2.6，Struts2 采用 2.3.16，MyBatis

采用3.2.4。并编写基线为企业设备状况管理系统可行性研究报告1.0。

4.1.2 软件产品标准

本系统的需求标准是满足客户的基本要求，并完善系统使其尽可能拥有更多的使用功能，尽可能使系统的bug少一些。

4.1.3 安全性保证

本系统中的用户以账号形式区分，并且每个账号都有自己独立的密码，此密码只有用户知道，登录时除了需要账号外，还必须验证密码。

4.1.4 保密性保证

在使用此系统过程中为了提升系统的安全性和保密性，推荐使用硬件形式的防火墙，这样不仅可以大幅度提升系统的安全性，还能提升系统内部信息的保密性。

4.1.5 私密性保证

对于每个用户的个人信息，只有用户自身能够编辑，并且除了系统管理员外，其他人都无法查看。

4.1.6 计算机硬件资源

本系统所采用的硬件配置基本为办公用计算机、打印机。

4.1.7 需求方评审途径

在本系统开发的过程中需求方或其代表可以调查开发方的工作过程，但此期间只能调查此系统相关的开发过程。

5. 实施详细软件开发活动计划

此系统的开发过程所涉及的技术性任务包括程序的编写、程序界面的制作、数据的连接及编写、软件打包成应用程序、软件系统的安装及测试等。

5.1 项目计划和监督

5.1.1 软件开发计划

本系统除了开发时所编写的程序外，还有此程序在使用后的更新补丁，以延长此系统的使用寿命。

5.1.2 系统测试计划

本系统的测试方法主要有两种，即白盒测试和黑盒测试。

5.1.3 跟踪和更新计划

本系统在投入使用后会定期向用户发送或公布更新补丁，用户也可向开发方反馈自己在使用此系统过程中所遇到的bug。

5.2 建立软件开发环境

5.2.1 软件工程环境

以普通办公计算机为主编写文档及代码、绘制图形和操作界面。此外，还有相应的参考书籍等。

5.2.2 软件测试环境

除了办公计算机外，还有中心服务器、打印机等硬件设备，以全面测试该系统的各项功能。

5.3 系统需求分析

5.3.1 用户输入分析

用户主要以文本形式输入，包括账号、密码、姓名、年龄等个人信息及查询设备状况信息等。

5.3.2 系统需求

本系统用于录入、修改、查看该企业设备状况的信息，主要用户是企业，该系统的应用提高了企业设备管理的工作效率。计划在 Windows XP 以上操作系统环境中运行测试。

5.4 系统设计

系统总体设计层次图如图 4 所示。

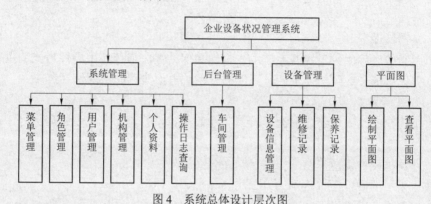

图 4 系统总体设计层次图

5.5 软件需求分析

操作人员至少拥有基本的计算机操作水平，熟悉相应的硬件设备。

5.6 软件实现过程

略。

5.7 质量保证

本系统的质量保证措施除了硬件防火墙外，还有杀毒软件和更新补丁，以保证系统的正常工作及其保密性，对于本系统的每次更新都会有所记录，此记录包括更新时间、更新补丁大小和更新内容。

5.8 问题解决过程

对于系统的每个 bug，除了开发方在后续的测试中寻找并修改发放补丁外，用户也可将自己在使用中遇到的问题向开发方提出，开发方将尽快找到解决方法或者制作更新补丁。

6. 进度表

进度表见表 2。

表 2 进度表

进度活动	活动开始时间	进度活动	活动开始时间
可行性分析	2015/10/01	测试过程	2016/12/05
需求分析	2015/10/15	测试报告	2016/01/05
代码编写	2015/11/01	交付使用	2016/01/10
测试计划	2015/12/01	后续维护	2016/01/10 以后

7. 项目组织和资源

开发单位：软件教研室

开发地点：×××学院
开发日期：2015/10/01
开发资源：办公计算机

8. 支持条件

8.1 计算机系统支持

Windows XP/7。

8.2 需方承担的工作和提供的条件

软件使用时的所有硬件设备和人员均由需方提供，并且在制作过程中所涉及的资金也由需方提供。

9. 注解

（1）EESMS（enterprise equipment status management system）：企业设备状况管理系统。

（2）此系统的工作方式与其他管理系统基本相同，操作方法上略微有所不同。

10. 附录

附录主要有项目开发团队人员分工表，见表3。

表3 项目开发团队人员分工表

姓　名	分　工
××	软件需求规格说明书 软件测试报告
××	系统开发计划 项目开发总结报告
××	系统结构说明书（概要设计和详细设计说明书）
××	软件测试计划可行性分析研究报告

9.4.3 软件需求规格说明书（SRS）

1. 引言

1.1 标识

本文档适用于 Windows XP 或 Windows 7 以上操作系统，软件需求规格说明书标识表见表1。

表1 软件需求规格说明书标识表

文件状态： [√] 草稿 [　] 正式发布 [　] 正在修改	文件标识	EESMS 需求分析报告：EESMS 003-2015
	当前版本	V1.0
	产品名称	企业设备状况管理系统
	产品缩写	EESMS
	作者	×××
	完成日期	二〇一六年一月十日

1.2 系统概述

本系统可用于企业设备管理人员信息的输入、修改、查询和打印以及企业设备状况信息的增加、查询、修改和更新等;主要功能包括设备信息管理、维修记录、保养记录、平面图管理、系统管理等管理一体化的数据管理系统。

1.3 文档概述

本《软件需求规格说明书》的读者为项目组全体成员,为明确软件需求、安排项目规划与进度、组织软件开发与测试而撰写,供项目经理、开发人员、软件测试人员等参考。本文档的编写目的如下:

(1)定义软件的总体需求,以此作为用户和软件开发人员之间相互了解的基础。

(2)提供性能需求、初步设计和对用户影响的信息,以此作为软件结构设计和编码的基础,并作为软件总体测试的依据。

1.4 基线

(1)企业设备管理系统可行性分析报告1.0。

(2)企业设备管理系统项目开发计划书1.0。

2. 引用文件

略。

3. 需求

3.1 所需的状态和方式

本软件在一般情况下正常运行,若遇到特殊情况,如死机、意外重启等事件时只需重新启动软件即可,不会造成数据的丢失。

3.2 需求概述

3.2.1 目标

(1)为了更好地服务于企业,本软件是独立的、功能齐全的。

(2)本系统的主要功能如下。

登录:系统管理员登录、工人用户登录、设备管理员用户登录。

系统管理:菜单管理、角色管理、用户管理、机构管理、个人资料和操作日志查询。

后台管理:车间管理。

设备管理:设备信息管理、维修记录和保养记录。

平面图管理:绘制平面图、查看平面图。

(3)系统高层次图如图1所示。

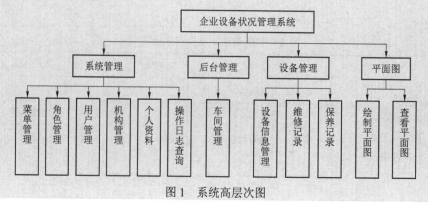

图1 系统高层次图

3.2.2 运行环境

（1）软件平台。

操作系统：Windows XP/7 或更高版本。

软件架构设计：Spring+Struts2+MyBatis 的架构；Microsoft Visio 2010。

数据库：Mysql5.6。

（2）硬件平台。

CPU：2×2.4 GHz（Intel E5–2609，4 核）。

内存：16 GB 内存（4×4 GB），用来执行 Web 应用。

硬盘：2×600 GB SAS 硬盘。

其他：打印机。

3.2.3 用户的特点

本系统的主要使用对象是工人与设备管理员，工人的权限是只读，设备管理员的权限是可读写（可编辑设备状况的信息、资料、维修记录等）。

3.3 需求规格

3.3.1 软件系统总体功能/对象结构

对软件系统总体功能/对象结构进行描述，包括系统结构图、系统关系图、流程图或对象图。

3.3.2 软件子系统功能/对象结构

设备管理子系统功能图如图 2 所示。

图 2　设备管理子系统功能图

3.3.3 描述约定

姓名：使用英文缩写。

生日：由 8 位纯数字组成，如 19920101。

密码：由 6 位纯数字组成，如 123456。

用户：工人、设备管理员、系统管理员。

3.4 计算机资源需求

3.4.1 计算机硬件需求

推荐配置如下。

内存：4 GB 以上。

硬盘：80 GB 以上。

其他：打印机。

输入/输出设备：标准键盘及鼠标。

通信/网络设备：10 MB 及以上带宽。

3.4.2 计算机硬件资源利用需求

本软件占用系统资源一般,基本不影响计算机对其他程序的响应时间,CPU 占用率稳定保持在 5%左右,内存占用稳定在 10 MB 左右。

3.4.3 计算机软件需求

(1)操作系统:Windows XP/7 或更高版本。

(2)软件要求:Tomcat、Mysql。

3.4.4 计算机通信需求

本软件对用户所连接的地理位置、网络拓扑结构、传输技术网关、要求的系统使用时间、传送/接受数据类型和容量等均无限制,但数据传输速率必须在 128 KB/s 附近波动。

3.5 软件质量因素

由于开发时间仓促、资金不足等原因可能导致本产品的功能不全面,可靠性不稳定,所以重点应放在后期维护方面。尽量使程序简单易用、效率高、功能全。

3.6 数据

本系统在数据处理方面遵循输入简、输出详的宗旨,用户只需输入简单的用户号或者姓名即可实现对系统数据的查找处理。

3.7 操作

本系统默认在常规操作下运行,如软件出现问题或者其他意外情况,可在软件启动时按下 ESC 键退出,以实现对数据的恢复操作以及数据的特殊处理。

4. 注解

EESMS(enterprise equipment status management system)企业设备状况管理系统。

9.4.4 软件测试计划书(STP)

1. 引言

1.1 标识

本文档适用于 Windows XP 成 Windows 7 以上操作系统,软件测试计划书标识表见表1。

表1 软件测试计划书标识表

文件状态: [√]草稿 [ ]正式发布 [ ]正在修改	文件标识	EESMS 软件测试计划书:EESMS–004–2015
	当前版本	V 1.0
	产品名称	企业设备状况管理系统
	产品缩写	EESMS
	作者	×××
	完成日期	二〇一六年一月十日

1.2 系统概述

本系统用于录入、修改和查看该企业设备状况的信息,主要用户是企业,也可供用户查询自己的资料。该系统的应用方便了工人对设备情况的了解,也大大提高了企业管理设备信息的工作效率。

1.3 文档概述

本测试计划为企业设备状况管理系统的测试计划，目的在于总结测试阶段的情况及分析测试结果，描述系统是否符合需求规格说明书中的需求。

1.4 与其他计划的关系

软件测试计划与其他计划的关系为平行关系。

1.5 基线

（1）企业设备管理系统可行性分析报告 1.0。

（2）企业设备管理系统项目开发计划书 1.0。

（3）企业设备管理系统需求规划说明书 1.0。

2. 引用文件

EESMS 需求规格说明书；EESMS 软件开发计划；EESMS 软件设计说明书等。

3. 软件测试环境

3.1 测试现场名称

测试地点：×××办公室。

测试环境：普通办公用计算机。

操作系统：Windows XP/7。

数据库系统：Mysql5.6。

3.2 硬件及固件项

硬件功能表见表 2。

表 2　硬件功能表

硬件及固件项	实　　例	功　　能
CPU	2×2.4 GHz（Intel E5–2609，4 核）	用来保证软件正常运行
内存	16 GB 内存（4×4 GB）	用来执行 Web 应用
硬盘	SAS 硬盘	用来保证软件正常运行
打印机	HP P1007	用于打印显示数据

3.3 所有权种类、需方权利与许可证

企业系统管理员有修改和删除的权限，普通人员只有查看的权限。

3.4 安装、测试与控制

本测试的控制方式为自动引入、控制操作的顺序和顺序操作；结果的记录存储于计算机中。

3.5 参与组织

参与人员包括工人用户、测试人员、开发人员项目管理者、其他质量管理人员和需要阅读本报告的企业管理层人员。

3.6 人员

工人用户和企业管理阶层人员若干，一名项目管理者，所有开发人员，若干其他质量管

理人员。

3.7 定向计划
无。

3.8 要执行的测试
要执行的基本测试表见表3。

表3 要执行的基本测试表

软件名称	测试进度安排	测试目的	测试内容
基本数据输入	系统完成后进行	测试是否基本达到系统的要求	输入简单的数据来测试
非法数据输入	基本数据测试完成并通过后进行	测试系统对于一些非法输入数据的反应	输入一些特殊的字符或字符串来测试
空数据输入	可以和非法数据测试一起进行	测试系统对于空白信息的反应	在所有数据项上输入空值来测试

4. 计划

4.1 总体设计
利用以黑盒测试为主、白盒测试为辅的测试方式。

4.1.1 测试级
系统级。

4.1.2 测试类别
错误输入测试。

4.2 计划执行的测试
计划执行的测试表见表4。

表4 计划执行的测试表

软件名称	测试进度安排	测试目的	测试内容
基本数据输入	系统完成后进行	测试是否基本达到系统的要求	输入简单的数据来测试
非法数据输入	基本数据测试完成并通过后进行	测试系统对于一些非法输入数据的反应	输入一些特殊的字符或字符串来测试
空数据输入	可以和非法数据测试一起进行	测试系统对于空白信息的反应	在所有数据项上输入空值来测试

以"菜单管理"为例,测试的相关内容如下。

（1）测试对象:"菜单管理"模块。

（2）测试级:单元测试。

（3）测试类型或类别:黑盒测试。

4.3 测试用例

（1）菜单管理中"菜单增加"。

(2) 对"菜单管理"窗口测试。
对"菜单管理"窗口的测试表见表5。

表5 对"菜单管理"窗口的测试表

编号	测试项	功能描述	输入	输出	发现问题	测试结果
1	菜单名称	给增加的菜单取名	合法的输入,如生产管理、个人账户管理等	合法的输出:单击"保存"后在菜单名称后显示输入的信息		通过
			非法的输入,如456、wer等	非法的输出:单击"保存"后无法显示输入的信息	无法添加	未通过
2	菜单级别	菜单所在级别	合法的输入:输入1~N(最大级别)数字	合法的输出:新添加菜单显示在相应级别上		通过
			非法的输入:输入数字<1或>N+1	非法的输出:新添加菜单无法显示	无法添加	未通过
3	菜单排序	菜单在同一级别所处的序号	合法的输入:输入1~N(最大排序)数字	合法的输出:新添加菜单显示在相应序号上		通过
			非法的输入:输入数字<1或>N+1	非法的输出:新添加菜单无法显示	无法添加	未通过

(3) 输入说明:本测试都有输入类型的数据的反应时间,最长为2 s。
(4) 环境要求:普通办公用计算机。

4.4 测试进度表

该软件于2015年12月5日开始测试,于2015年12月6日发现问题,准备修改并重新测试。

5. 评价

该软件已经过3次修改已经实现了要求的各项功能,安全合格。

5.1 评价准则

从软件的功能实现、安全性、反应速度、运行环境的高低配置等综合数据来评价。

5.2 结论

进行软件测试,期望暴露软件中隐藏的错误和缺陷,并且尽可能找出最多的错误。测试不是为了证明程序正确,而是应从软件包含缺陷和故障这个假定去进行测试活动,并从中发现尽可能多的问题。而实现这个目标的关键是如何合理地设计测试用例,在设计测试用例时,要着重考虑那些易于发现程序错误的方法策略与具体数据。要严格按照软件测试的流程进行,制订测试计划、测试方案并实施测试,对测试记录进行分析,根据测试情况撰写测试报告。

9.4.5 概要设计说明书(HLD)

1. 引言

1.1 标识

本文档适用于 Windows XP 或 Windows7 以上操作系统,概要设计说明书标识表见

表1。

表1 概要设计说明书标识表

文件状态： [√] 草稿 [ ] 正式发布 [ ] 正在修改	文件标识	EESMS 概要设计说明书：EESMS-005-2015
	当前版本	V 1.0
	产品名称	企业设备状况管理系统
	产品缩写	EESMS
	作者	×××
	完成日期	二〇一六年一月十日

1.2 系统概述

本系统用于录入、修改和查看该企业设备状况的信息，主要用户是企业，也可供用户查询自己的资料。该系统的应用方便了工人对设备情况的了解，也大大提高了企业管理设备信息的工作效率。

1.3 文档概述

本《概要设计说明书》的读者为项目组全体成员，为明确软件需求，安排项目规划与进度，组织软件开发与测试而撰写，供项目经理、开发人员、软件测试人员等参考。本系统的编写目的如下：

（1）定义软件的总体设计方案，以此作为用户和软件开发人员之间相互了解的基础。

（2）提供性能要求、初步设计和对用户影响的信息，以此作为软件结构设计和编码的基础。

（3）作为软件总体测试的依据。

1.4 基线

（1）企业设备管理系统可行性分析报告1.0。

（2）企业设备管理系统项目开发计划书1.0。

（3）企业设备管理系统需求规划说明书1.0。

2. 引用文件

略。

3. 系统体系结构

技术上采用主流的 Spring+Struts2+MyBatis 的架构，能够明了代码的层次，提高代码的复用率，降低硬件上的要求，同时由于这些技术架构都是开源的，降低了企业在软件上的投入成本。Spring+Struts2+MyBatis 框架是由于软件开发的复杂性而创建的。它的用途不仅仅限于服务器端的开发，绝大部分 Java 应用都可以从 Spring 中受益。在 MVC 设计模式中，Struts2 作为控制器来建立模型与视图的数据交互。MyBatis 是支持普通 SQL 查询、存储过程和高级映射的优秀持久层框架。

4. CSCI 体系结构设计

4.1 体系结构

4.1.1 程序（模块）划分

程序（模块）划分总表见表2。

表2 程序（模块）划分总表

模块名称	模块主要功能
系统管理	菜单管理、角色管理、用户管理、机构管理、个人资料管理、操作日志查询
后台管理	车间管理
设备管理	设备信息管理、维修记录、保养记录
平面图管理	绘制平面图、查看平面图

4.1.2 程序（模块）层次结构关系

项目的层次结构关系如图1所示。

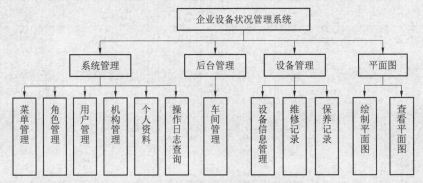

图1 层次结构关系图

4.2 数据结构

数据结构（例见表3）说明数据库中设置了24张表，具体如图2所示。

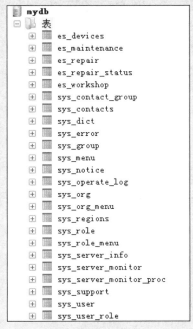

图2 数据库总体结构

表3 "系统菜单表"数据结构表

Field Name	Type	Size	NULL	说明
MENU_ID	varchar	32		主键
MENU_LEVEL	decimal	2	NULL	菜单级别
MENU_NAME	varchar	64	NULL	菜单名
MENU_TYPE	varchar	10	NULL	菜单类型
MENU_IMAGE	varchar	60	NULL	菜单图片
PARENT_MENU	varchar	20	NULL	上一级菜单
MENU_USE	char	1	NULL	菜单用户
MENU_TARGET	varchar	20	NULL	菜单对象
MENU_ORDER	decimal	10	NULL	菜单循序
MENU_PATH	varchar	100	NULL	菜单路径
IS_DEFAULT	decimal	1	NULL	是否默认
REMARK	varchar	100	NULL	标志
ROOT_PATH	varchar	100	NULL	根路径

4.3 CSCI 部件

（1）软件配置项的静态关系如图3～图5所示。

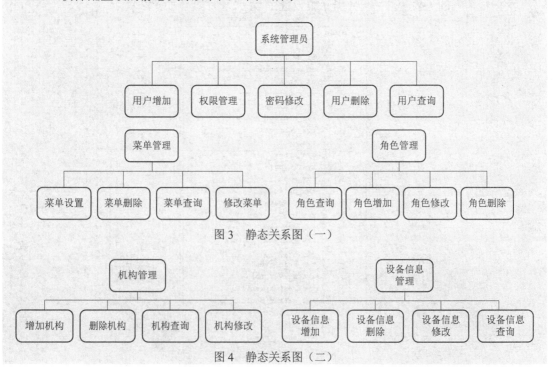

图3 静态关系图（一）

图4 静态关系图（二）

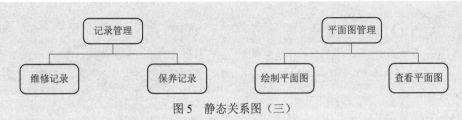

图 5　静态关系图（三）

（2）CSCI 计划使用的计算机硬件资源主要有计算机的基本配置和联网配置。

4.4　执行概念：描述软件配置项间的执行概念

软件配置项间的执行情况可以参考用户登录活动时序图和协作图，如图 6～图 7 所示。

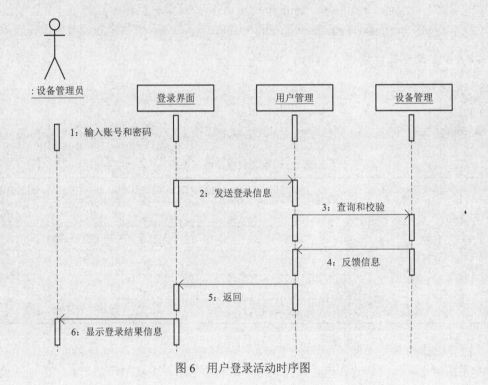

图 6　用户登录活动时序图

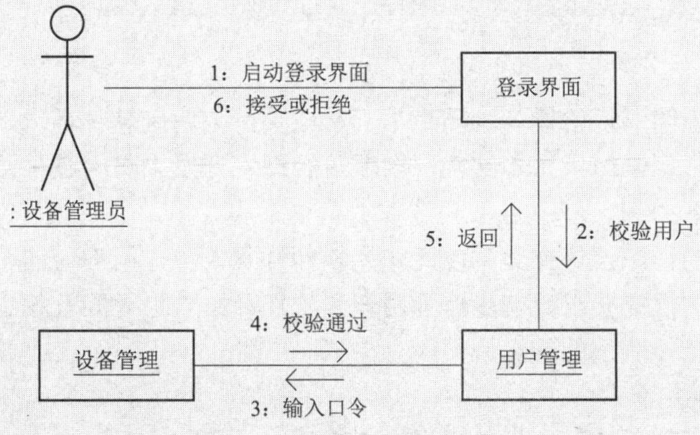

图 7　用户登录活动协作图

4.5 接口设计

4.5.1 用户接口

本系统采用面向对象语言编写,程序的输入采用最常用的窗体结构,输入方便且具有传统 Windows 系统界面风格。用户接口采用常用的命令对话框方式,用户输入方便、语法简单,除了高级管理员需要了解 Mysql 外,一般用户只需要了解 Windows 系统常用操作即可。

4.5.2 外部接口

本系统只适用于 Windows 操作系统平台,采用 Mysql5.6 数据库,网络兼容性好,适用于广域网和局域网,数据的传输支持 TCP/IP,允许批量数据传输。

4.6 注解

(1) CSCI(computer software configuration item):计算机软件配置。
(2) EESMS(enterprise equipment status management system):企业设备状况管理系统。

9.4.6 详细设计说明书(LLD)

1. 引言

1.1 标识

本文档适用于 Windows XP 或 Windows 7 以上操作系统,详细设计说明书标识表见表 1。

表 1 详细设计说明书标识表

文件状态: [√] 草稿 [ ] 正式发布 [ ] 正在修改	文件标识	EESMS 详细设计说明书:EESMS-006-2015
	当前版本	V 1.0
	产品名称	企业设备状况管理系统
	产品缩写	EESMS
	作者	×××
	完成日期	二〇一六年一月十日

1.2 系统概述

本系统用于录入、修改和查看该企业设备状况的信息,主要用户是企业,也可供用户查询自己的资料。该系统的应用方便了工人对设备情况的了解,也大大提高了企业管理设备信息的工作效率。

1.3 文档概述

本《详细设计说明书》的读者为项目组开发成员,为明确软件需求、安排项目规划与进度、组织软件开发与测试而撰写本文档,供项目经理、开发人员、软件测试人员等参考。本系统的编写目的如下:

(1) 定义软件的详细设计方案,以此作为软件开发人员之间沟通的工具。
(2) 提供详细的性能要求,初步作为用户和软件开发人员之间互相了解的基础。
(3) 作为软件总体测试的依据。

1.4 基线

(1) 企业设备管理系统可行性分析报告 1.0。

（2）企业设备管理系统项目开发计划书 1.0。
（3）企业设备管理系统需求规格说明书 1.0。
（4）企业设备管理系统概要设计说明书 1.0。

2. 引用文件

略。

3. 系统体系结构

技术上采用主流的 Spring+Struts2+MyBatis 的架构，能够明了代码的层次，提高代码的复用率，降低硬件上的要求，同时由于这些技术架构都是开源的，降低了企业在软件上的投入成本。Spring+Struts2+MyBatis 框架是由于软件开发的复杂性而创建的。它的用途不仅仅限于服务器端的开发，绝大部分 Java 应用都可以从 Spring 中受益。在 MVC 设计模式中，Struts2 作为控制器来建立模型与视图的数据交互。MyBatis 是支持普通 SQL 查询、存储过程和高级映射的优秀持久层框架。

4. CSCI 详细设计

EESMS 程序（模块）划分总表见表 2。

表 2　EESMS 程序（模块）划分总表

模块名称	模块主要功能
系统管理	菜单管理、角色管理、用户管理、机构管理、个人资料管理、操作日志查询
后台管理	车间管理
设备管理	设备信息管理、维修记录、保养记录
平面图管理	绘制平面图、查看平面图

（1）在数据的输入过程中必须保证数据库处于打开状态，否则将报错。
（2）在查询数据中，输入的新数据有可能不能被正确检索，原因是打开的数据表在刷新的数据之前，而此时新的数据并未输入数据表。
（3）系统出错信息见表 3。

表 3　系统出错信息表

出错情况	系统提示	处理方法
用户不能进行输入操作	用户权限不够	重新安装驱动
输入数据不能写入数据表	主码重复	重新启动本系统
查询结果不准确	没有查到信息	重新查询
程序打开没有数据表	没有找到数据表	检查 Mysql 是否启动

（4）出错处理对策。包括以下几方面：
① 数据储备技术。如果数据丢失可以从备份文件中查找，数据库信息一天进行一次备份。
② 恢复及再启动技术。该软件对断电输入的数据没有保存，没有恢复功能，只能重新输入。

（5）系统维护技术。数据库信息备份为一天一次，查重和盘点可以检查系统是否运行正常，数据输入是否有错。

（6）尚未解决的问题。对于该程序单元，所有的技术问题和设计方面的问题均已得到解决。

5. 注释

（1）CSCI（computer software configuration item）：计算机软件配置。

（2）EESMS（enterprise equipment status management system）：企业设备状况管理系统。

9.4.7 软件测试报告（STR）

1. 引言

1.1 标识

本文档适用于 Windows 2000 或 Windows 7 以上操作系统。

软件测试报告标识表见表1。

表1 软件测试报告标识表

文件状态： [√] 草稿 [ ] 正式发布 [ ] 正在修改	文件标识	EESMS 软件测试报告：EESMS-007-2015
	当前版本	V 1.0
	产品名称	企业设备状况管理系统
	产品缩写	EESMS
	作者	×××
	完成日期	二〇一六年一月十日

1.2 系统概述

本系统可用于企业设备管理人员信息的输入、修改、查询和打印以及企业设备状况信息的增加、查询、修改和更新等；主要功能包括设备信息管理、维修记录、保养记录、平面图管理、系统管理等管理一体化的数据管理系统。

1.3 文档概述

本测试报告为企业设备状况管理系统的测试报告，目的在于总结测试阶段的情况以及分析测试结果，描述系统是否符合需求规格说明书中的需求。预期参与人员包括企业用户、测试人员、开发人员、项目管理者、其他质量管理人员和需要阅读本报告的企业管理层人员。

1.4 基线

（1）企业设备管理系统可行性分析报告1.0。

（2）企业设备管理系统项目开发计划书1.0。

（3）企业设备管理系统需求规格说明书1.0。

（4）企业设备管理系统软件测试计划书1.0。

（5）企业设备管理系统概要设计说明书1.0。

（6）企业设备管理系统详细设计说明书1.0。

2. 引用文件

EESMS 需求规格说明书、EESMS 软件测试计划、EESMS 软件设计说明等。

3. 测试结果概述

3.1 对被测试软件的总体评估

略。

3.2 测试环境的影响

与测试工具兼容的测试环境见表 2。

表 2 与测试工具兼容的测试环境

操作系统	数据库	应用服务器	兼容测试工具
Windows XP/7	Mysql	SQL Server 2010	LoadRunner

3.3 改进建议

略。

4. 详细的测试结果

4.1 个人自然情况

应尽可能多地选择所有种类的输入数据作为测试数据。

4.2 控制

本测试的数据采用人工输入方式,顺序记录测试结果。

4.3 输入

本项测试中所测试的输入数据类型包括数字、文字、基本字符和特殊字符。

5. 测试结果

略。

6. 评价

本软件能够快速修改、添加、查询菜单管理模块中的各条信息,无缺陷和限制。当然还需要进一步改进系统功能。本软件系统能够完成预期的要求,并能够实现系统各自的功能。

7. 测试活动总结

(1) 单元测试。单元测试是对软件中的各个模块、基本单位进行测试,其目的是检验软件模块组成的正确性。

(2) 集成测试。集成测试是在软件系统集成过程中所进行的测试,其主要目的是检查软件单位之间的接口是否正确。在实际工作中,把集成测试分为若干组装测试和确认测试。

(3) 组装测试。组装测试是单元测试的延伸,除对软件基本组成模块的测试外,还对相互联系的模块之间的接口进行测试。

(4) 确认测试。确认测试是对组装测试结果的检验,主要目的是尽可能排除单元测试、组装测试中发现的错误。

(5) 系统测试。系统测试是对已经集成的软件系统进行的彻底测试,以验证软件系统的正确性以及验证性能等是否满足其规约所指定的要求。

(6) 验收测试。验收测试是软件在投入使用之前的最后测试,是购买者对软件的试用过程。在公司实际工作中,通常采用请客户试用的方式。

(7) 回归测试。回归测试的目的是对验收测试结果进行验证和修改。在实际应用中,对客户投诉的处理就是回归测试的一种体现。

8. 注解

(1) CSCI (computer software configuration item): 计算机软件配置。

(2) EESMS (enterprise equipment status management system): 企业设备状况管理系统。

9.4.8 项目开发总结报告（PDSR）

1. 引言

1.1 标识

项目开发总结报告标识表见表1。

表1 项目开发总结报告标识表

文件状态：	文件标识	EESMS 项目开发总结报告：EESMS-008-2015
[√] 草稿	当前版本	V 1.0
[　] 正式发布	产品名称	企业设备状况管理系统
[　] 正在修改	产品缩写	EESMS
	作者	×××
	完成日期	二○一六年一月十日

1.2 系统概述

本系统可用于企业设备管理人员信息的输入、修改、查询和打印以及企业设备状况信息的增加、查询、修改和更新等；主要功能包括设备信息管理、维修记录、保养记录、平面图管理、系统管理等管理一体化的数据管理系统。

1.3 文档概述

本测试报告为企业设备状况管理系统的测试报告，目的在于总结测试阶段的情况以及分析测试结果，描述系统是否符合需求规格说明书中的需求。预期参与人员包括企业用户、测试人员、开发人员、项目管理者、其他质量管理人员和需要阅读本报告的企业管理层人员。

2. 引用文件

略。

3. 实际开发结果

达到预期开发的需求要求，满足用户所提出的要求。

3.1 产品

说明最终形成的产品，包括以下几方面。

(1) 本系统（CSCI）中各个软件单元的名字，它们之间的层次关系，以千字节为单位的各个软件单元的程序量、存储媒体的形式与数量。

(2) 所建立的数据库均在 Mysql5.6 上使用。

3.2 主要的功能和性能

逐项列出本软件产品实际具有的主要功能和性能，对照可行性分析（研究）报告、项目开发计划、需求规格说明书的有关内容，说明原定的开发目标是达到了、未完全达到还是超过了。

3.3 基本流程

设备维修 E-R 图如图 1 所示。

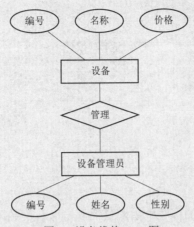

图 1　设备维修 E-R 图

EESMS 前台和后台管理结构图如图 2 所示。

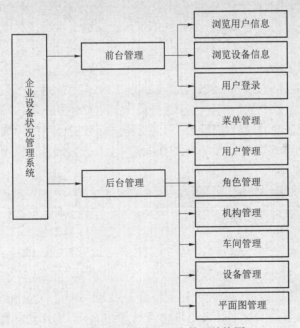

图 2　EESMS 前台和后台管理结构图

3.4 进度

本系统的开发时间与预期时间基本符合。

3.5 费用

列出原定计划费用与实用支出费用的对比，包括以下内容：

（1）工时，本系统共 4 人参与开发，1 人为教师，其余 3 人为学生，所以开发费用为 3 000 元/月×3+1 500 元/月×3×3=22 500 元/月。要求：以人月为单位，并按不同级别统计。

（2）计算机的使用时间：设备是开发单位提供的，没有费用。

(3) 物料消耗、出差费等其他支出：5 000 元。

共计：22 500+5 000=27 500（元），符合预计的支出费用。

4. 开发工作评价

达到预定要求，开发人员工作态度严谨、认真，符合程序员的素质和要求，整个开发过程缜密无误，工作做得相当好。按时地完成了任务。

4.1 对生产效率的评价

给出实际的生产效率，包括以下内容：

（1）程序的平均生产效率 60%。

（2）文件的平均生产效率 65%。

（3）和原计划相比有一定差距，但差距缩小在 0.1～0.5，差距不大，在预定时间内完成了任务所提出的要求。

4.2 对产品质量的评价

在测试过程中，检测出来的程序中错误发生率为每千条语句错误不超过 20 条（随时进行的测试不计算在内），单元测试以后的测试计划基本符合开发中制订的质量保证计划或配置管理计划。

4.3 对技术方法的评价

本软件投入使用时间不是很长，具体维护工作还在进一步发现与改善中。

4.4 风险管理

（1）初期预计的风险。

① 我们采用了主流的 Spring+Struts2+MyBatis 的架构，能够明了代码的层次，提高代码的复用率，降低硬件上的要求，同时由于这些技术架构都是开源的，降低了企业在软件上的投入成本。但是，由于之前没有使用过这样的架构进行开发，所以，这是最大的技术风险。

② 开发组中，有 3 名学生，都是大二的学生，没有开发经验，精力和体力是否能满足开发要求，也是一个风险。

（2）实际发生的风险。

Struts2 作为控制器来建立模型与视图的数据交互。我们对 Struts2 作为控制器的技术非常陌生，在开发过程中，浪费了一周左右的时间，是没有预计到的。

（3）风险消除情况。

① Spring+Struts2+MyBatis 框架是由于软件开发的复杂性而创建的。它的用途不仅仅限于服务器端的开发，绝大部分 Java 应用都可以从 Spring 中受益，我们在 Java 方面的应用技术还是比较成熟的，MyBatis 是支持普通 SQL 查询、存储过程和高级映射的优秀持久层框架，SQL 数据库技术也非常熟练。对于 Struts2 作为控制器技术，我们请技术专家进行了指导，所以，很快适应了 Spring+Struts2+MyBatis 框架开发技术，技术风险消除了。

Spring+Struts2+
MyBatis 框架

② 学生的开发经验少，但是体力好，经常加班学习，请教老师，互相切磋，又请了技术指导老师，开发任务完成得非常好。

5. 缺陷与处理

经过软件测试后，多数缺点已经被发现，但在实际运行的时候，出现了个别数据无法使用的情况，检测发现，用户对数据格式不太适应，经程序员简单维护，适应了用户的要求；

还出现了一次数据库信息无法查询的情况，检查发现数据库没有打开。如有其他情况，可联系开发人员。

6. 经验与教训

任务完成后，项目组全体成员进行了一次总结工作，我们深刻体会到最关键的问题是团队的合作精神，然后才是技术问题，再有就是吃苦耐劳的精神。技术上我们严格地遵守了软件工程的开发思想，软件项目开发阶段要完成"设计"和"实现"两大任务，其中"设计"任务包括需求分析、软件设计，"实现"任务包括编码和测试。软件项目开发阶段把"设计"和"实现"分开，目的是在开发初期让程序员集中精力设计好软件的逻辑结构，避免过早地为"实现"的细节分散精力。所以，团队合作精神和软件工程思想是我们完成任务的法宝。

7. 注解

（1）CSCI（computer software configuration item）：计算机软件配置。

（2）EESMS（enterprise equipment status management system）：企业设备状况管理系统。

● 实验实训

1. 实训项目

完成"学生成绩管理系统"的软件文档的书写工作。

2. 拓展目的

（1）培养学生运用所学的理论知识的技能，灵活分析并解决软件文档的书写问题。

（2）培养学生调查研究、查阅技术文献资料的能力。

（3）通过实训，掌握软件文档的书写方法，学会书写格式。

3. 拓展要求

（1）实训前认真做好上机实训的准备工作，针对实训内容，仔细复习与本次实训有关的知识和内容。

（2）能认真、独立地完成实训内容。

（3）实训后做好实训总结，根据实训情况完成项目实训总结报告。

（4）评价本次项目实训编写的软件文档的优劣。

● 小　　结

本项目介绍了软件项目文档的作用和书写规范以及软件工程管理标准。文档是指某种数据媒体及其所记录的数据。文档具有永久性，并可以被人或机器阅读，通常仅用于描述人工可读的内容。在软件工程中，文档用来表示对软件项目活动、需求、过程、结果进行描述、定义、规定、报告和认证的各种书面或图示信息。软件文档描述和规定了软件设计与实现的细节，说明使用软件的操作命令。文档是软件产品的组成部分，没有文档，就不能成为真正意义上的软件。在软件开发工作中软件文档的编制占有突出的地位和相当大的工作量。高质量、高效率地开发、分发、管理和维护文档，对于转让、变更、修改、扩充和使用文档，充分发挥软件产品的效益有着重要的意义。

在软件企业或其他软件开发机构实施软件工程标准是非常重要的，本项目介绍了国际标准、国家标准或行业标准，制定适用于自身软件开发的企业标准等。

本项目以企业设备状况管理系统为主线，介绍了软件文档的开发规范。

习 题

一、填空题

1. 软件文档大致可分为三类：开发文档、_____和_____。
2. 软件工程标准可以分为5个级别，即国际标准、_____、_____、_____和_____。

二、简答题

1. 实施软件工程标准化能给开发工作带来什么益处？
2. 简述国际标准 ISO 9000-3 在软件行业相关部分的主要内容。
3. 依据软件项目开发中的经验，试总结编写开发文档的经验。
4. 描述各软件工程标准之间的区别。
5. 项目开发总报告应该包含哪些内容？

项目十

项目管理工具
——Project 2013

● 项目导读

项目管理是广泛应用于各行业中的一种管理过程。近年来,项目管理思想得到了普及、应用。已成为管理研究领域的新热点。IT 行业的项目管理完善程度是决定产品研发成功、企业成功发展的重要指标。

项目开发的成功不仅依赖于关键技术的研发和应用,更离不开管理工作的有效推动。微软公司有一句名言:"一个项目一旦开始就应努力使其成功。"作为世界知名企业,微软的项目管理除了具有多年的实践经验和管理方法外,还有整套科学、先进的管理工具。Microsoft Project 是微软公司开发的项目管理软件产品。使用该产品,能够帮助用户建立一套完整的项目进度管理、项目资源分配及其成本控制的管理系统。通过使用该软件工具,可以使项目经理更好地完成项目开发的管理工作。

● 项目概要

- 项目管理中的问题及解决方法
- 项目管理及其特点
- Project 2013 简介
- 项目文档的创建与管理
- 项目资源管理
- 项目进度管理
- 实验实训:应用 Project 2013 制订"企业设备状况管理系统"管理项目计划

随着区域一体化、经济全球化的发展,项目管理已经成为经济发展的重要构成因素。项目管理对工程中项目的成功发展起到至关重要的作用。其灵活性能够适应企业产品多变的要求。显然,深入而广泛地开展项目管理实践活动、提高项目管理水平是时代发展和经济发展的客观要求。

任务10.1 项目管理中的问题及解决方法

1. 问题描述

某软件公司的项目经理全面负责某一信息系统开发的项目管理工作。经过项目需求分析与设计之后,由具体项目开发人员按照进度计划展开工作。开发期间,用户提出的一些需求变更也由各部分人员分别负责解决。项目尾声,系统各部分人员在进行自测时均报告正常,于是项目经理决定直接在用户现场进行集成。在系统集成运行时,各子系统人员分别提交了各自工作的最终版本,并以此进行组装集成。但是在系统运行中却发现问题很多。针对系统各部分所表现出来的问题,具体开发人员又分别进行修改,但问题并未减少,反而项目工作及其产品版本越来越混乱。

2. 存在的问题

项目经理在进行该信息系统开发的项目管理工作中,为提高项目进度,采取了工作细分的方式。从各子系统分别测试的效果来说,其管理方式还不能确定管理工作上是否出现问题。但是,系统各部分集成以后问题就凸现出来,说明项目经理对项目整体及其详细内容实施缺乏必要的了解,即使在工作细分的管理上做得再好,仍然达不到成功开发产品的目标,以至于最后出现"越改越乱"的局面。出现这些问题,除了技术方面的原因之外,主要是项目管理方面的原因。

项目经理

该案例存在的可能问题总结如下:

(1) 项目经理对此项目的认知度不高。

(2) 项目成员队伍中,缺少协调组织的责任人。

(3) 投资者对项目进度要求过高,或项目经理急于完成项目。

(4) 项目成员之间缺乏有效的沟通。

(5) 项目开始前缺乏对问题的全面分析。

(6) 由于该信息系统本身要求的逻辑性等指标很高,可能因为某一环节的设计失误使项目功亏一篑。

3. 解决方法

(1) 在项目招、投标环节处理得更慎重一些。

(2) 项目经理应当增强项目管理方面的知识,并选择能力强、经验丰富的成员,协助自己完成组织工作。

(3) 加强团队成员之间的沟通,阶段性地对项目的相容性进行讨论。

(4) 问题出现时,项目经理应当稳定自己及团队成员,冷静思考、分析,尽最大努力完成最后集成阶段的测试工作。

(5) 关键时刻邀请专家指导,以便能完成任务。

说明:项目经理(这里指软件企业中的项目经理)是负责并保证高质量软件产品按时完成、发布的专职管理人员。其主要任务包括:倾听用户需求;负责产品功能的定义、规划和设计;做各种复杂决策,保证开发队伍顺利开展工作及跟踪程序错误等。总之,项目经理全权负责产品的最终完成。

任务10.2 项目管理及其特点

现代项目管理不仅是技术管理,更重要的是人的管理,包括从简单的工期与成本控制到全面综合的管理控制(包括项目质量、项目范围、风险及团队建设等)。目前,越来越多的项目管理人员使用现代信息技术，对项目全过程中产生的信息进行收集、存储、检索、分析和分发，动态地改善项目周期内的决策和信息的沟通。

10.2.1 项目管理的知识领域

项目管理是指项目管理者在有限的资源约束下，运用系统的观点、方法和理论，对项目设计的全部工作进行有效的管理，即对从项目的投资决策开始到项目结束的全过程进行计划、组织、指挥、协调、控制和评价，以达到项目的最终目标。

在项目管理知识体系中，项目管理的知识领域是指作为项目经理必须具备和掌握的重要知识与能力，这些知识领域涉及很多管理工具和技术，以帮助项目经理与项目组成员完成项目的管理。

1. 项目范围管理

项目范围管理是为了实现项目的目标，对项目工作内容进行控制的管理过程，包括启动过程、范围计划、范围界定、范围核实和范围变更控制等。

2. 项目时间管理

项目时间管理也称为进度管理，是为了确保项目最终按时完成而实施的一系列管理过程，包括具体活动的界定、排序、时间估计、进度安排和时间控制等。

3. 项目成本管理

项目成本管理也称为费用管理，是为了保证完成项目的实际成本不超过预算而实施的管理过程，包括资源的配置、成本费用的预算和控制等。

4. 项目人力资源管理

项目人力资源管理是为了保证项目关系人的能力和积极性都得到最有效的发挥和利用所实施的一系列管理过程，包括组织的规划、团队的建设、人员的选聘和项目的管理者队伍建设。

5. 项目沟通管理

项目沟通管理是为了确保项目信息的合理收集、传输所实施的管理过程，包括沟通规划、信息传输和进度报告等。

6. 项目风险管理

项目风险管理涉及项目可能遇到的各种不确定因素，包括风险的识别、量化、控制和制定相应对策等。

7. 项目采购管理

项目采购管理是为了从项目实施组织之外获得所需资源或服务而进行的管理，包括采购计划、采购与征购、资源的选择和合同的管理等。

8. 项目质量管理

项目质量管理是指为了达到客户所规定的质量要求而实施的一系列管理过程，包括质量规划、控制和保证等。

9. 项目综合管理

项目综合管理也称为整合管理，就是对整个项目的范围、时间、费用、资源等进行综合管理和协调，展开综合性和全局性项目管理的工作过程，包括项目集成计划的制订、项目集成计划的实施和项目变动的总体控制等。

在项目管理的这9项知识领域中，核心领域是项目的范围管理、时间管理、成本管理、质量管理和综合管理。在项目管理过程中，要严格控制项目的进度，保证项目在规定的时间内完成；要合理利用资源和条件，将项目的费用尽量控制在计划预算之内；实时跟踪项目执行情况，保证项目按照既定的质量标准执行。

10.2.2　现代项目管理的特点

现代项目管理模式在各类经济组织形式中，扮演着日益重要的角色，其主要有以下几个方面的特点。

（1）项目管理的对象是项目或被当作项目处理的事务。

（2）项目管理的全过程贯穿着系统工程的思想。

（3）项目管理的组织具有特殊性、临时性和开放性，组织结构为矩阵结构。

（4）项目管理的方式为目标管理，是一种多层次的目标管理方式。项目管理者以综合协调者的身份向项目的各方面参与人员明确应承担的责任，协商确定时间、经费、工作标准的限定条件。

（5）项目管理的体制是一种基于团队管理的个人负责制。项目经理对项目结果负全面责任。

（6）项目管理的要点是创造和保持有利于项目顺利开展的环境。

（7）项目管理的方法、工具和手段具有一定先进性和开放性。

任务 10.3　Project 2013 简介

项目管理离不开管理工具的支持，Project 2013 是 Microsoft Office 2013 软件包中基于 Windows 操作系统的项目规划管理软件，以其强大的功能、友好的界面成为目前最受欢迎的项目管理软件工具之一。在项目管理过程中，Project 2013 的应用主要体现在以下项目阶段：

1. 项目制订计划阶段

在项目制订计划阶段，Project 2013 的主要工作如下：

（1）定义各项任务和里程碑，理清逻辑关系。

（2）设置资源，建立资源成本和任务成本。

（3）检查和调整项目计划。

2. 项目实施阶段（跟踪和控制项目进度）

在项目实施阶段，Project 2013 的主要工作如下：

（1）跟踪项目进展，控制进度、资源和预算。

（2）调整计划以适应工期和预算的变更。

（3）生成报告，包含项目进度、成本、资源利用状况和预算变更。

3. 项目结束阶段（项目状况的报告和分析）

在项目结束阶段，Project 2013 的主要工作如下：

（1）获得实际的任务工期。

（2）分析、收集和总结项目的问题与经验。

（3）为同类型的项目进行评价和归档。

10.3.1　Project 2013 的主要功能

Project 2013 作为系列产品，根据不同的用户需要提供了许多功能版本。在此主要介绍 Project 2013 标准版（专为独立管理项目的用户而设计）。该版本将可用性、强大的功能和灵活性完美地融合在一起，为用户提供了可靠的项目管理工具，从而可以更加有效且高效地管理项目。其主要功能如下：

（1）有效地管理和了解项目日程。使用 Project 2013 可通过对项目工作组、管理和客户的需求进行设置，以制定日程、分配资源和管理预算。主要功能包括：用于追溯问题根源的"任务驱动因素"、用于测试方案的"多级撤销"，以及自动为受更改影响的任务添加底纹的"可视化单元格突出显示"等。

（2）构建专业的图表和图示。Project 2013 中的"可视报表"引擎可基于 Project 数据生成 Visio 图表和 Excel 图表的模板。用户可以使用该引擎通过专业的报表和图表来分析、报告 Project 数据。项目管理者可以与其他用户共享所创建的模板，也可以在自定义的现成报表模板列表中进行选择。

（3）进一步控制资源和财务使用状况。使用 Project 2013 可以轻松地为任务分配资源，还可以调整资源的分配情况以解决分配冲突；通过为项目和计划分配预算，可控制财务状况；通过"成本资源"，可改进成本估算。

（4）快速访问所需信息。可以按任何预定义字段或自定义字段对 Project 数据进行分组，合并数据后，使用户能够快速查找和分析特定信息，从而节约时间。同时，项目管理者还可以轻松地标识项目不同版本之间的更改，有效地跟踪日程和范围的更改。

（5）根据需要跟踪项目。预定义或自定义衡量标准可以用来帮助项目管理者跟踪所需的相关数据（即完成的百分比、预算与实际成本、盈余分析等），还可以在"基准"中保存项目快照来跟踪项目进行期间的项目性能情况。

10.3.2　Project 2013 的常用工作视图

Project 2013 不仅具有 Windows 应用程序标准工作界面（即标题栏、菜单栏、工具栏等），而且提供特有的工作视图界面。这些不同类型的视图，通过使用不同的格式和组件（如表、筛选器、组以及详细信息）来呈现项目信息。Project 2013 使用下述三种类型的视图。

1. 任务视图

任务视图主要显示项目任务信息，包括多种任务窗体，如日历、详细甘特图、甘特图、里程碑总成、PERT 项工作表、任务数据编辑、关系图、任务工作表和任务分配状况。

2. 资源视图

资源视图主要显示项目所使用的资源信息，包括资源工作表、资源图表和资源使用状况。

3. 工作分配视图

工作分配视图主要显示分配到每项任务的资源以及每项工作分配的总计、时间分段工时和成本信息的视图。有两种工作分配视图，即"任务分配状况"视图和"资源使用状况"视图。

10.3.3　使用视图的建议

首先要确定使用视图工作时希望看到的项目信息（如任务、资源或工作分配数据），然后确定希望使用的格式。这样做有助于用户确定哪种视图最适合自己的需求。如果在电子表格中输入项目的资源数据，可以选择"资源工作表"视图或"资源使用状况"视图，若要在图表中审阅资源使用状况数据，可以选择"资源图表"视图。

如果在 Project 窗口中显示视图列表，可在"视图"菜单上单击"视图栏"进行选择。如果单个视图提供的信息还不够详细，那么使用复合视图会很有帮助。复合视图可以同时显示两个视图。当选择复合视图顶部窗格中的任务或资源时，底部窗格中的视图将显示有关所选任务或资源的详细信息。例如，当在顶部窗格中显示任意任务视图，并在底部窗格中显示"资源使用状况"视图时，底部窗格会显示分配给顶部窗格中选定任务的资源及其相关信息。所显示的资源信息与每个资源所分配的任务相关，而不是仅与顶部窗格中选择的任务相关。

提示：若要将多个视图显示为复合视图，可以在"窗口"菜单上单击"拆分"。若要重新转换为只显示一个视图，请在"窗口"菜单上单击"取消拆分"。

任务 10.4　项目文档的创建与管理

使用 Project 2013 管理项目的首要任务是要创建项目文档。

10.4.1　新建项目文档

新建项目文档的主要方法有：新建空白项目文档和新建基于模板的项目文档。

1. 新建空白项目文档

空白文档是用户最常用的文档，可在"常用"工具栏中，单击【新建空白文档】按钮，或选择【文件】|【新建】命令，打开"新建项目"任务窗口，在"新建"选项区域中单击"空白绘图"即可，如图 10-1 所示。

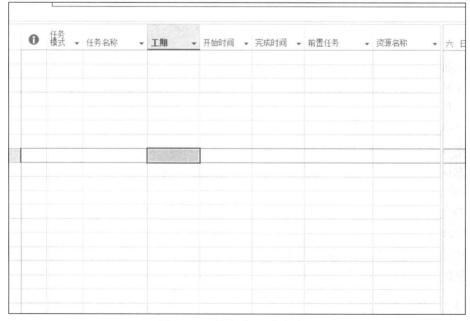

图 10-1　"新建项目"任务窗口

启动 Project 2013 后，将自动新建一个名为"项目 1"的文档，如果还需要新的空白文档，可以继续创建，并且以"项目 2""项目 3"等依次自动命名。

2．新建基于模板的项目文档

Project 2013 不仅自带了常用的项目文档模板（如 IT 模板、产品开发生命周期模板），而且还可以从 Office Online 网站上下载文档模板。使用这些模板可以帮助用户快速创建基于某种类型模板的文档。要创建基于模板的项目文档，选择【文件】|【新建】命令，在"新建项目"任务窗口的"模板"选项区域中单击"计算机上的模板"，打开"模板"对话框，在"项目模板"选项卡中选择需要的模板即可。以"MSF 应用开发"为模板的项目文档，如图 10–2 所示。

图 10–2　以"MSF 应用开发"为模板的项目文档

提示：模板中给定的文档结构和格式并不是固定不变的，用户可以根据需要进行更改和删除。在 Project 2013 中，模板文件的扩展名为.mpt，项目文档的扩展名为.mpp。

10.4.2　创建项目计划

新建项目文档后，还需要定义与项目有关的多项活动内容，包括定义项目的开始时间、工作时间及属性等。定义项目最重要的一步是定义项目的任务名称和开始时间。如果未设置项目开始的时间，Project 2013 自动以现在的时间为开始时间。在最初创建新任务时，Project 2013 为任务指定一个为期一天的估计工期（工期即完成任务所需的有效工作时间的总范围，通常按照项目日历和资源日历的定义，是从任务的开始时间到完成时间的工作时间总量），一般这个估计工期需要更改以满足实际应用。

【技能 10–1】新建一个空白项目文档"项目1"，定义项目的任务名称和开始时间为 2016年 8 月 5 日，并保存项目。

（1）启动 Project 2013，新建一个名为"项目 1"的项目文档。在项目"甘特图"的"任务名称"域中自上而下分别输入"需求分析""软件设计""编码实现""测试集成"和"部署安装" 5 项任务，如图 10–3 所示。如果在已有的任务之间插入任务，则在"插入"菜单上单击"新建任务"，然后在插入的行中输入任务名称。在插入任务后，任务 ID 将自动重新编号。

（2）在各项任务的"工期"栏中分别输入所需的工期值"5、10、10、10、5"，单位为工作日。工期可以以分钟（m）、小时（h）、天（d）、星期（w）或月（mo）为单位，如果新工期是估计值，则在它后面输入一个问号。

建议：若要提高任务工期估计值的准确性，可根据管理者以往的经验，或者依据以前项目中做过类似事情的其他人员以往的经验行事。如此项任务需要多长时间？任务的完成中碰

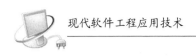

图 10-3 新建项目文档

到过哪些挑战？如果必须再次执行，会用什么不同的方式？另外，要善于记下新任务和过去完成的类似任务之间的差异，并在估计任务工期时考虑这些差异。

（3）设置"项目1"的工作开始时间为"2016年8月5日"，可选择"项目信息"，如图10-4所示，项目各个任务的完成时间是自动计算的。

图 10-4 "项目1"的项目信息对话框

（4）在项目中创建任务之后，需要对任务进行链接。所谓的链接，就是在项目中建立任务之间的相关性。链接任务可定义开始日期和完成日期之间的相关性。在"任务名称"域中选择多个任务，然后单击工具栏中的【链接】按钮，即可完成任务之间关系的建立，如图10-5所示。

（5）使用项目日历可反映项目的常规工作日和工时，以及正常的非工作时间和特别休息日，选择"更改工作时间"，可对工作日、例外日期等任务工作时间的相关内容进行设置，如图10-6所示。

项目十 项目管理工具

图 10-5 "项目1"各任务的链接

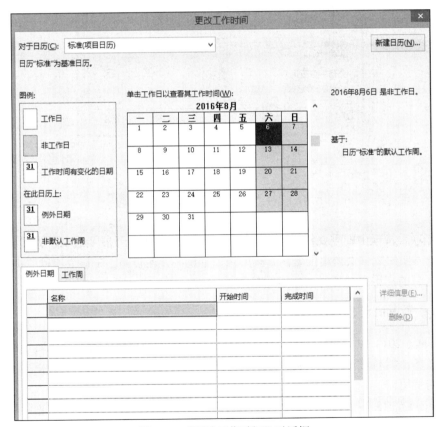

图 10-6 "更改工作时间"对话框

（6）设置项目及项目文档属性。每个项目都包含一组特有的组件，如特定任务、工作人员等。在 Project 2013 中可以记录这些重要的详细信息，以便于项目组成员之间交流或需要时查阅这些信息。

在"文件"菜单中，选择【信息】命令。打开右侧"属性|高级属性"对话框，如图 10-7

- 239 -

所示。在"摘要"选项卡中的"主题"文本框中输入项目的主题含义,在"作者"文本框中输入项目的生成人,在"公司"文本框中输入项目的完成单位等各种项目相关信息资料。

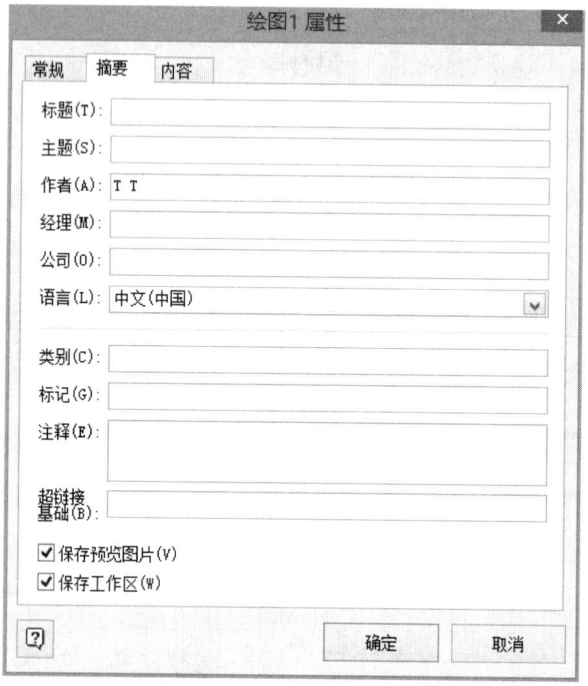

图 10-7 "项目 1 属性"对话框

任务 10.5 项目资源管理

资源是项目管理中的重要组成部分,关系到项目能否顺利开展及成功。为了有效地管理资源,首先需要生成可供调用的资源,然后为每个任务分配资源。在整个项目的实施过程中,还要调整资源的利用率、工时和成本等信息。

10.5.1 资源的创建

在 Project 2013 中资源分为三类:工时资源、材料资源和成本资源。工时资源要消耗时间来完成任务;材料资源指可消耗的供应品或材料消耗品等物资;成本资源指固定的而不随时间变动的费用。

在 Project 2013 中通常在"资源工作表"视图中创建资源,输入方法与创建项目任务的方法相似。

【技能 10-2】在"项目 1"中创建资源信息。

(1)启动 Project 2013,打开项目文档"项目 1",选择【视图】|【资源工作表】命令,切换到"资源工作表"视图,如图 10-8 所示。

(2)在"资源名称"栏所在的第一个单元格中输入"系统分析员",在"类型"栏下的单元格中选择"工时"选项,如图 10-9 所示。

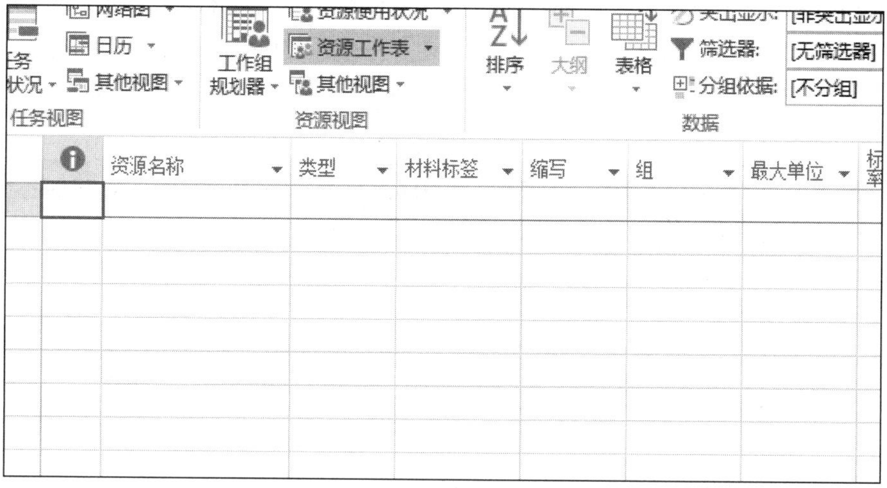

图 10-8 "资源工作表"视图

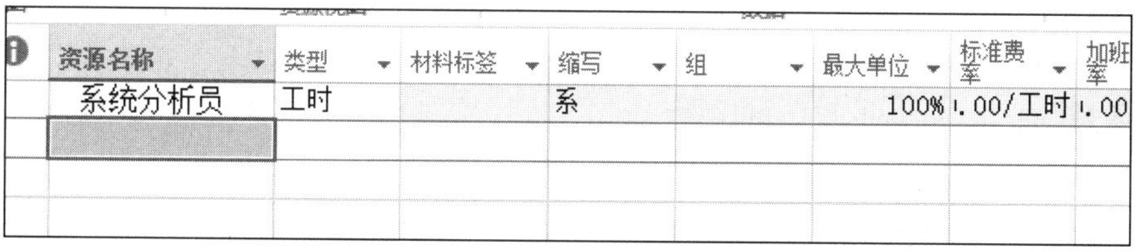

图 10-9 输入项目资源窗口

10.5.2 资源的分配

创建资源信息后,就可以为项目中的任务分配资源了。合理分配资源是顺利完成任务的重要因素之一。一种资源可以同时在多个任务中使用,而一个任务也可以由多种资源共同完成。

1. 使用"甘特图"视图分配资源

如果项目中使用的资源较少,可使用"甘特图"视图来分配资源。打开项目文档,在"甘特图"视图的"资源名称"栏中单击对应的单元格,使其变为下拉列表框,在下拉列表框中选择相应的选项即可,如图 10-10 所示。

图 10-10 在"甘特图"视图中分配资源

2. 使用"任务信息"对话框分配资源

如果项目中的使用资源较多,可以使用"任务信息"对话框来分配资源。双击需要分配资源任务所在行的任意单元格,打开"任务信息"对话框,选择"资源",如图 10–11 所示,将"资源名称"列表框中的空白单元格变为下拉列表框,从中选择所需的资源。

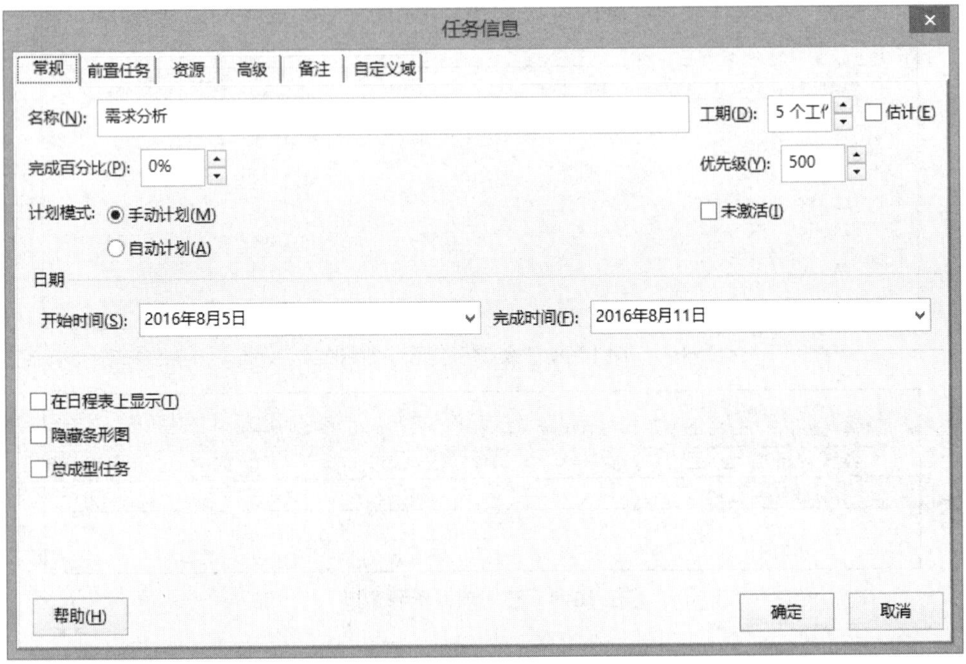

图 10–11 "任务信息"对话框

任务 10.6　项目进度管理

项目进度管理是整个项目管理中极为重要的组成部分。在项目的实施过程中,不同的因素会影响任务完成的结果,这就需要实时跟踪项目的实际运行状态。包括设置比较基准、更新进度、显示进度线和查看项目进度等。

10.6.1　设置比较基准

基准指在计划结束时或在其他关键阶段结束时保存的一组原始数据或项目图。基准实质上是一组数据,并与跟踪时输入的实际数据保存在同一个文件中。基准提供了一种比较实际项目进度时所依据的参照点,比较基准参照点包括五类:开始日期、完成日期、工期、工时和成本估计。通过这些点的设置,可以在完成和优化原始项目计划时记录该计划。在项目不断推进的过程中,还可以设置附加比较基准,以帮助计划中的更改。如果项目有多个阶段,则可以在每个阶段的末尾单独保存一个比较基准,以便将计划的值与实际数据进行比较。

项目十 项目管理工具

提示：项目跟踪是指在项目运行过程中，把遇到的实际情况和原先计划进行一系列的相关比较。在进行跟踪之前需要把原先计划制订成基准计划并保存下来。在 Project 2013 中。每个项目最多保存 11 个比较基准。在开始跟踪进度前，需设置比较基准计划，以便将该信息与项目中最新的信息进行比较。要设置比较基准，选择【工具】|【跟踪】|【设置基线】"命令，打开"设置基线"对话框，如图 10-12 所示。

10.6.2 跟踪项目进度

为项目建立比较基准后，就可以不断更新项目的日程来跟踪项目进度情况，如更新任务的实际开始日期和完成日期、任务完成百分比、实际工时。跟踪这些实际值可以使用户了解所做的更改如何影响其他任务，以及对最终项目完成日期的影响。

下面以 Project 2013 中的"软件开发"项目模板（项目从 2016 年 8 月 8 日开始到 2016 年 12 月 1 日结束）为例，介绍项目跟踪的不同操作方法。

图 10-12 "设置基线"对话框

【技能 10-3】在"软件开发"项目文档中，将项目进度更新为 2016 年 8 月 13 日。

（1）启动 Project 2013，打开"软件开发"项目文档，如图 10-13 所示。

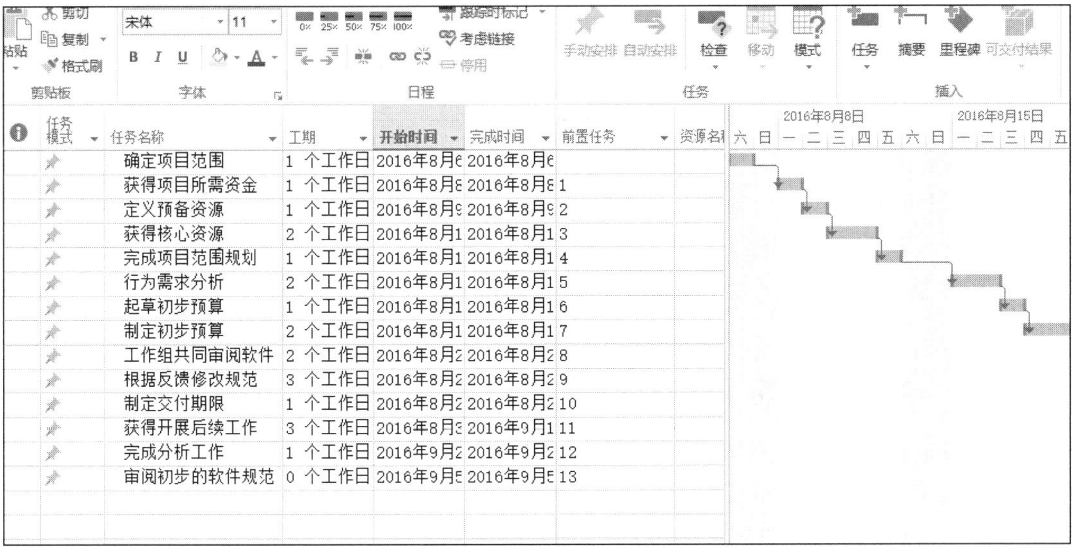

图 10-13 "软件开发"项目文档

（2）选择【工具】|【跟踪】|【更新项目】命令，打开"更新项目"对话框，在"将任务更新为在此日期完成"中将日期更改为"2016 年 8 月 13 日"，如图 10-14 所示。

- 243 -

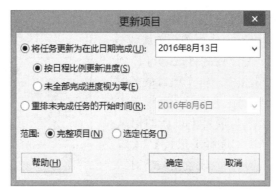

图 10-14 "更新项目"对话框

（3）单击【确定】按钮，可以看到进度线显示到 2016 年 8 月 13 日的项目进度，如图 10-15 所示。

图 10-15 "软件开发"项目的进度

跟踪项目进度不仅可以跟踪项目进展日期，而且还可以跟踪项目中具体任务的完成情况。要更新任务，需要在"任务名称"栏中选择要更新的任务，然后选择【工具】|【跟踪】|【更新任务】命令，即可按任务已完成的百分比、实际工期和剩余工期等内容跟踪项目单个任务的进展。

10.6.3 查看项目进度

查看项目进度可以了解并把握项目的进展情况，清楚项目中任务的完成程度，了解项目实际运行状况与项目计划是否有差异，从而根据这些情况来调整任务，以保证项目的顺利完成。查看项目总体情况，选择【项目】|【项目信息】命令，在"项目信息"对话框中，单击"统计信息"，在"项目统计"中查看即可。

Project 2013 在查看项目总体情况时，若发现实际运行与项目计划之间存在差异，就需要对项目任务的具体内容进行分析、调整，以控制项目进度的正常运行。

【技能 10-4】在"软件开发"项目文档中，查看项目进度差异和日程差异。

（1）启动 Project 2013，打开"软件开发"项目文档。

（2）查看项目进度差异，在"跟踪甘特图"视图中，选择【视图】|【表】|【差异】命令即可。

（3）如果发现有些任务没有按计划进行，则查看任务实际消耗工时与项目计划之间的差异，可在"甘特图"视图中，选择【视图】|【表】|【工时】命令。

● 实验实训

应用 Project 2013 制订"企业设备状况管理系统"管理项目计划

为了更好地完成一个企业设备状况管理系统的预定目标，对所需任务和资源进行规划、组织和管理，通常需要满足时间、资源或成本等方面的限制。在软件项目管理中，项目的计划可以很简单，也可以很复杂，由项目具体内容的复杂程度来决定。软件项目管理的主要人员有：项目投资人，一般是购买所开发的软件系统的用户或有其他商业目的的出资人；项目经理，负责项目进展和成本的掌控者；项目开发团队，协同完成项目的人员。

应用 Project 2013 进行软件项目管理的整个过程一般包括计划阶段、实施阶段和总结收尾阶段。计划阶段包括：定义项目中的各个任务及各阶段的里程碑，并理清其中的逻辑关系；设置资源，建立资源成本和任务成本。实施阶段包括：跟踪进展，控制进度、资源和预算；调整计划以适应工期和预算；生成包含项目进展、成本、资源利用状况和预算变更等报告。收尾阶段包括：获得实际的任务工期；收集、分析和总结项目的问题与经验；为同类型的项目进行评价。

总之，利用 Project 2013 进行软件项目管理的步骤可以归纳如下：

（1）制订项目计划。

（2）检查和调整项目计划。

（3）跟踪和控制项目进度。

（4）写出项目状况的报告并进行分析。

下面将通过一个简单的软件开发项目说明应用 Project 2013 进行项目管理的全过程。该软件项目的过程主要包括需求分析、软件设计、开发实现、软件测试和软件产品部署等内容。启动一个新项目管理可以通过"创建空白的新项目""利用模板创建项目"和"利用导入向导导入 Excel 工作表"三种方式来实现。在一个项目中往往包含了三类信息：任务信息、资源信息和分配信息。

制订项目计划主要是制订项目的任务计划、资源计划，以及为项目中的任务分配资源。主要涉及 Project 2013 的"甘特图"视图和"资源工作表"视图。"甘特图"视图以条状的形式显示基本的任务信息。由于"甘特图"便于查看任务的日程，大多数用户使用此视图来创建初始计划、查看日程和调整计划。"甘特图"的主要任务是完成计划任务和为任务分配资源；"资源工作表"的主要任务是完成项目资源的计划制订。

1. 制订任务计划

1）创建初始任务列表

启动 Project 2013，创建空白的项目文档，打开"甘特图"（也可以选择菜单项"视图|甘特图"），然后依次输入项目的各项任务（用户可通过在"任务名称"域中按项目的执行顺序输入任务来快速创建任务列表，紧接着在项目名称的右端显示每项任务所需的时间图，在这

种视图下可以很方便地进行修改或重新安排），该项目的初始任务计划列表如图 10-16 所示。

图 10-16 项目的初始任务计划列表

2）设置任务工作时间及日历

创建项目初始任务之后接着设置项目任务的时间信息，包括任务的开始日期、项目所用到的自定义日历等内容。特别是定义日历将影响项目以后计算成本、计算项目进度。Project 2013 有 3 种基准日历（即任务的工作时间）选项：标准（项目日历），是指项目成员除星期六、日以外，每天工作 8 小时（即 8:00 至 12:00，13:00 至 17:00）；24 小时；夜班，反映周一晚上到周六早上的夜班日程，工作时间为每天晚上 23:00 到早上 8:00，中间有一个小时的休息时间。

项目日历定义的是任务的工作日、非工作日、工作时间和非工作时间。项目日历中的工作日和工作时间反映整个项目的工作日和工作时间。可以指定特殊休假（如公司休假），还可以指定其他非工作时间以反映整个工作组从事非项目活动（如公司会议或部门整顿）的时间段。

图 10-17 "新建基准日历"对话框

项目日历通过选择"工具|更改工作时间"菜单，在对话框中的"对于日历"列表中对日历进行设置。本例的项目开始时间是"2016 年 8 月 5 日"，无特殊假期，工作时间为每周 5 天，每天 8 小时（8:00 至 17:00）。设置项目日历的步骤如下：

（1）在"更改工作时间"对话框中单击【新建日历】按钮，弹出如图 10-17 所示的对话框。

（2）在"更改工作时间"对话框中单击【选项】按钮，可在如图 10-18 所示的对话框中设置该项目的工作时间。

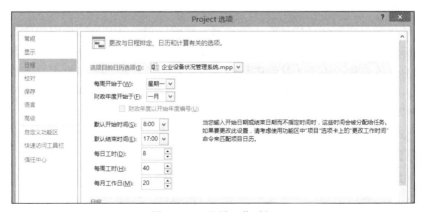

图 10-18 设置工作时间

该项目的日历和工作时间的设置结果如图 10-19 所示。

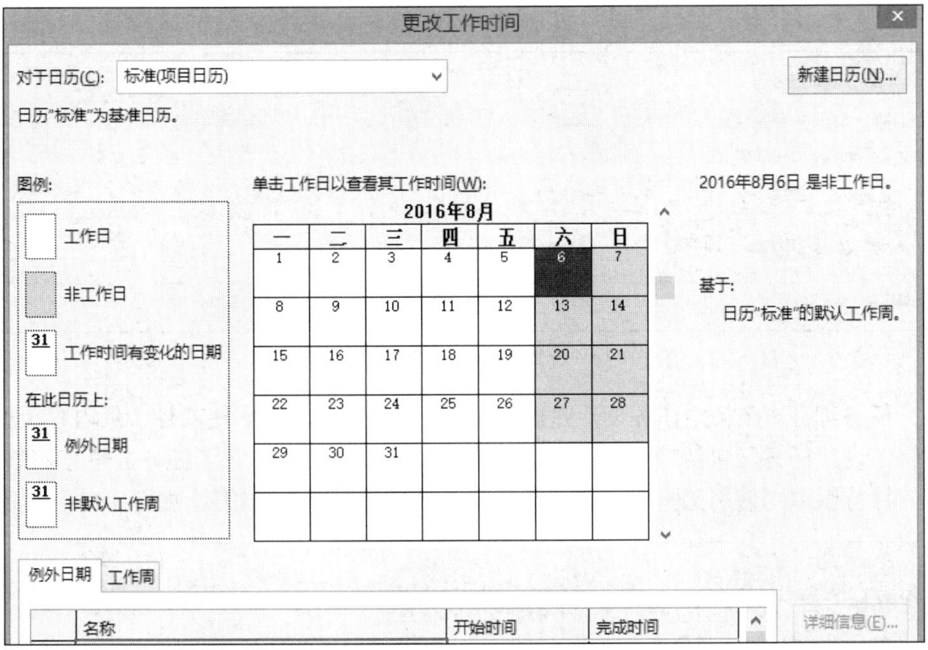

图 10-19 "更改工作时间"对话框

（3）设置周期性任务。周期性任务是指在项目过程中重复发生的任务，如每周的总结会议。在 Project 2013 中可以方便地输入和更改周期性任务，用户可以将任务的发生频率设置为每天、每周、每月或每年，也可以指定任务每次所持续的时间、工期、任务、何时发生以及两次之间的时间间隔或指定的发生次数。

在该例的项目管理中增加一个每周进展例会，其操作步骤如下：

① 在"甘特图"视图中，选择要显示周期性任务的那一行，在"插入"菜单上打开"周期性任务信息"对话框，如图 10-20 所示。

图 10-20 打开"周期性任务信息"对话框

② 在"周期性任务信息"对话框中，输入任务名称；在"工期"框中输入任务单次出现

的工期；设置"开始时间"，选择相应的日历；设置"完成时间"的指定日历。设置该项目的"每周进展例会"，如图10-21所示。

图10-21 设置"周期性任务信息"对话框

（4）任务细分。在初始任务设计完后，需要进一步细化任务，使项目计划内容更加清晰。该例的软件设计任务又包括功能设计、数据库设计和界面设计3个子任务，将它们添加到现在项目的甘特图中（使用工具栏，在指定任务上单击【降级】按钮），如图10-22所示。

图10-22 细分软件设计任务

此外，还可以显示项目摘要任务（项目摘要任务汇总了项目中所有任务的工期、工时和成本的任务，它显示于项目的顶部，标识号为0，显示项目从开始时间到完成时间的时序表），该任务使用位于项目顶部的摘要任务栏，在单行上显示有关整个项目的摘要信息。在默认情况下，项目摘要任务是隐藏的。

若要显示项目及子项目（子项目是插入到其他项目中的项目，可作为一种将复杂项目分解为更多可管理部分的方法，也称其为插入项目）的项目摘要任务，单击【工具】│【选项】│【视图】命令，在"大纲选项"下面，选中"显示项目摘要任务"复选框。

（5）设置WBS代码。如果拥有由特定长度、序列或集合的数字和字母组成的详细WBS代码将会使项目从中受益，可以为项目设置单一自定义的WBS（项目拥有的单一自定义代码掩码不能超过一个）。自定义的WBS代码记录在"WBS"域中。

与大纲数字一样，自定义的WBS代码的每个级别代表着任务列表中的一个大纲级别。该代码的每个级别可以使用独特的格式，而且每个级别均按照任务、摘要任务和子任务的层次结构在代码中列出。设置本项目的WBS代码，操作步骤如下：

① 在"项目"菜单中指向"WBS"，然后单击【定义代码】按钮，打开"'企业设备状况管理系统'中的WBS代码定义"对话框，如图10-23所示。

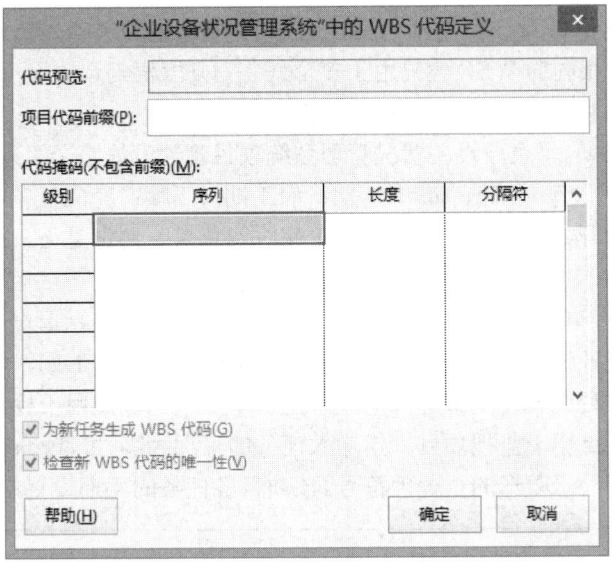

项目十 项目管理工具

图 10-23 打开"'企业设备状况管理系统'中的 WBS 代码定义"对话框

② 在"项目代码前缀"框中输入特定项目的代码前缀（此前缀有助于标识处于 WBS 代码的最高级别的项目）。为第一级任务指定代码字符串，在"序列"中的第一行单击想用于该级别的字符类型：数字（序数），为该级别显示数字 WBS 代码（如 1、2 和 3 表示项目中的前 3 个摘要任务）；大写字母（有序），可显示用大写字母表示的字母 WBS 代码（如 A、B 和 c 表示项目中的前 3 个摘要任务）；小写字母（有序），可显示用小写字母表示的字母 WBS 代码（如 a、b 和 c 表示项目中的前 3 个摘要任务）；字符（无序，可显示数字和大、小写字母的任意组合）。在"长度"列中，可以输入确切的字符数，也可以选择"任意"，允许该代码级别有任意数量的字符。在"分隔符"列中，输入或选择一个字符，以便将某个级别的代码字符串与下一个级别的代码字符串分隔。本例的项目 WBS 代码定义如图 10-24 所示。

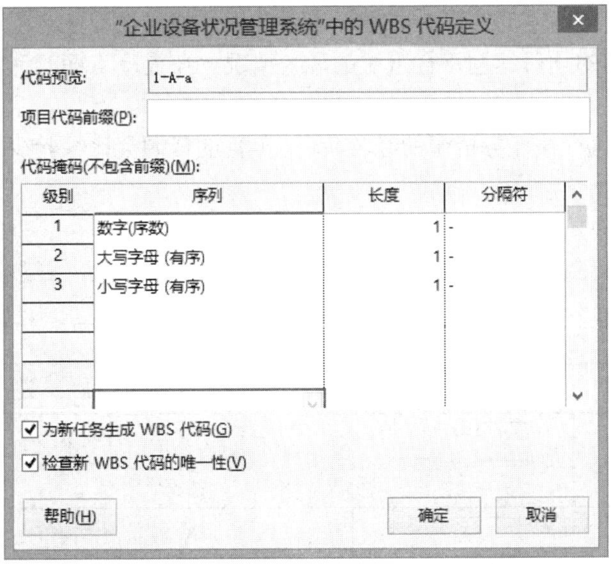

图 10-24 设置"'企业设备状况管理系统'中的 WBS 代码定义"对话框

- 249 -

说明：如果不需要 Project 自动分配 WBS 代码，则取消勾选"为新任务生成 WBS 代码"复选框；如果允许将相同的 WBS 代码用于多个任务，则取消勾选"检查新 WBS 代码的唯一性"复选框。

（6）设置项目工期。"企业设备状况管理系统项目管理"的整个工期从"2016 年 8 月 5 日至 2016 年 9 月 29 日"。在 Project 中，默认的工期（工期：完成任务所需的有效工作时间的总范围，从任务的开始时间到完成时间的工作时间总量）单位是天，但可以更改为分钟、小时、周或月。

在"工具"菜单上单击"选项日程"选项卡，可在"工期显示单位"列表中指定工期单位。设置项目每项任务的所需工期，可在"甘特图"中任务的"工期"域中进行设置。

另外，可以在项目中设置里程碑（里程碑是一个工期为零，用于标识日程的重要事项），它可以作为一个参考点用于监视项目，当输入任务的工期为零时，Project 将在"甘特图"中该任务开始的日期处显示菱形的里程碑符号。该项目各任务的工期设置结果如图 10-25 所示。

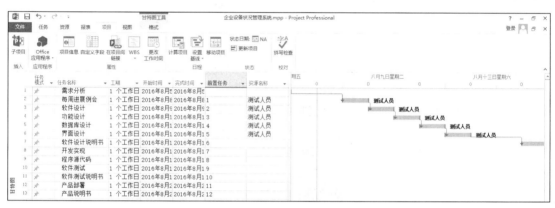

图 10-25　项目工期的设置结果

说明：在最初创建新任务时，Project 为任务指定为期"一天"的估计工期，可修改估计的任务工期以反映任务所需的实际时间量，也可在以后修改估计值。但是，最佳做法是磨炼估计技巧，以使最初的项目计划符合组织的现实情况。在提高工期的计划准确性时，可考虑以下事项：

① 工期取决于执行该任务资源的经验，经验丰富的资源会比经验少的资源更快地完成某些任务。

② 工作开始时应重新检验估计值。

组成项目的各个任务之间在执行过程中，有着紧密的相关性，可参见表 10-1。

表 10-1　项目任务之间的相关性

任务相关性	范例	描　　述
完成—开始（FS）	A→B	只有任务 A 完成后任务 B 才能开始（地基要先建好才能盖房子）
开始—开始（SS）	A B	只有在任务 A 开始后任务 B 才能开始（所有的人员到齐后会议才能开始）

续表

任务相关性	范例	描　述
完成—完成（FF）	A B	只有在任务A完成后任务B才能完成（所有的资料全部准备齐才能结案）
开始—完成（SF）	A B	只有在任务A开始后任务B才能完成（站岗时，下一个站岗的人来了，原先站岗的人才能回去）

3）给任务分配资源

在软件开发的项目管理中，资源主要包括人员和设备，资源是完成项目的重要保证。在项目计划时，任务计划完成后紧接着就是资源计划阶段。资源计划工作最常用的视图就是"资源工作表"。常见资源的类型如下：

工时资源：人员、设备；

材料资源：材料；

成本资源：差旅费等。

向"企业设备状况管理系统项目管理"中添加工时、材料、成本资源的操作步骤如下：

（1）在资源工作表的"资源名称"框中输入系统分析员、设计人员、开发人员和测试人员等。

（2）在"类型"的下拉列表框中选择"工时"。

（3）"最大单位"列包含资源单位的最大百分比或数值，代表在一定时间段资源可用于完成任务的最大工时量，默认值为100%。

（4）"标准费率"显示资源完成的正常非加班工时的付费率，也就是一小时多少工资。

（5）"加班费率"为完成加班工时的工资。

（6）"成本累算"是可选择的，包括开始、按比例和终点，用以确定标准成本和加班成本累计的方式和时间。

（7）"基准日历"为对资源的工作时间描述。在本例中选择前面所建的项目基准日历。

（8）添加材料资源"打印纸"，在"材料标签"（为材料资源的输入度量单位）中输入"公斤"，"标准费率"为60元/千克。

（9）添加"差旅费"成本资源，它的费率到分配任务时再设定。

向任务分配资源，就是指明谁负责完成这些任务。另外，还可帮助用户发现完成任务将需要多少时间。资源就是那些工时、材料、成本资源。

为任务分配资源的操作步骤如下：

① 在项目"甘特图"的"任务名称"中，选择要分配资源的任务。

② 单击"工具分配资源"菜单，弹出如图10-26所示的对话框。

③ 在"资源名称"中单击要分配的资源名称。

④ 在"单位"中输入大于100%的值，此百分比值代表资源在工作时将承担的工作量。例如，资源是5个开发人员，将这5个作为全职资源分配，则输入500%。

⑤ 单击【分配】按钮即可完成为任务分配资源的工作。

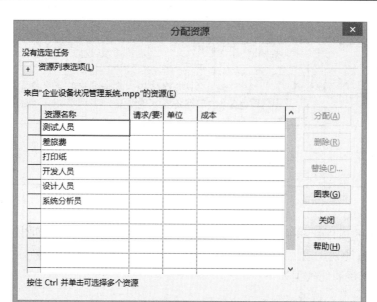

图 10-26 "分配资源"对话框

至此,项目计划阶段的主要工作已经完成。但是,制订的计划还不完善,还需要进行检查和调整。

2. 检查和调整计划

Project 2013 会自动计算用户设置的项目资源的成本,可以使用【项目】|【项目信息】命令。然后选择项目的"统计信息"来查看整个项目的"工期"和"成本",如图 10-27 所示。

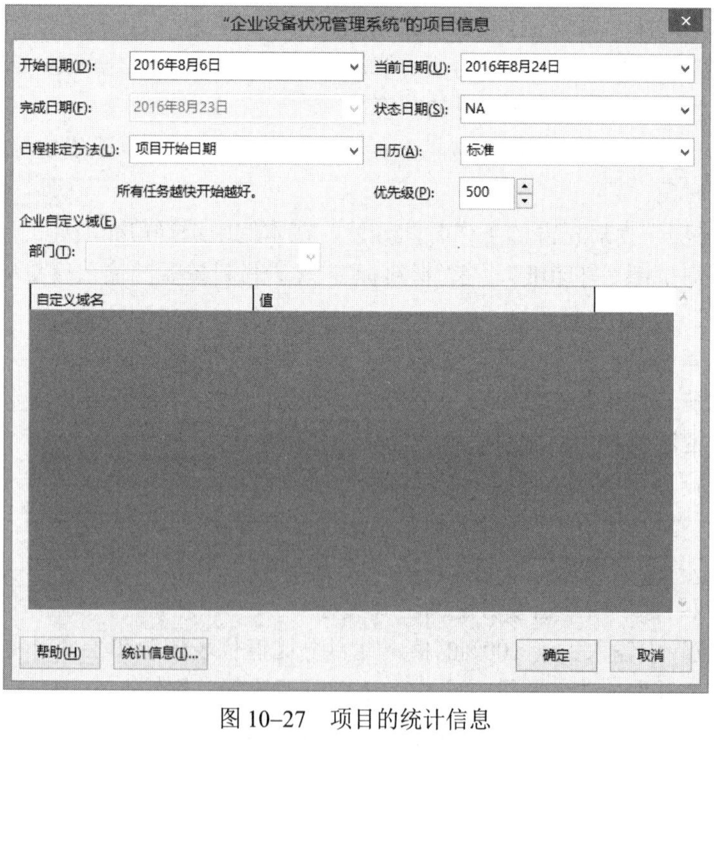

图 10-27 项目的统计信息

调整项目成本就是更改项目任务的工期和费率，从而调整项目成本。

说明：资源的成本=资源的费率×工时。设置资源的成本包括标准费率、加班费率和每次使用成本。

检查资源过度分配。所谓资源过度分配，就是指某项资源在同一工期内完成两项以上的任务。

3. 跟踪和控制项目进度

项目计划经过检查和调整后，紧接着就是执行计划，也就是项目的开展。项目管理人员根据项目的实施进度把项目执行情况记录到 Project 2013 中。

在项目正式执行之前，首先要保存项目的比较基准。比较基准就是项目在执行过程中，某一时间点上项目的状态（即项目的快照），包括时间点的资源、任务、工作分配和成本等，约 20 条信息。一般情况下，在项目计划创建完成后，应立即保存首个比较基准，以便于日后项目的实际数据与项目计划做比较。

如何设置比较基准呢？可选择【工具】|【跟踪】|【设置比较基准】命令，弹出如图 10-28 所示对话框，单击【确定】按钮即可。

在项目中的"跟踪甘特图"中，通过查看黑色的条形就可以看到项目的进度。跟踪输入任务有以下几种情况：

（1）输入任务的完成百分比。这是不精确但最快的跟踪方法，可以指定任务的完成工时的百分比。

（2）输入任务的实际工期和剩余工期。这是相对精确而消耗时间的一种跟踪方法，可以指定每项任务已完成的工时、还剩余的工时。

（3）输入工作分配的实际工时、剩余工时和资源的工时完成百分比。这是最为精确但又最耗费时间的跟踪方法，可指定每一时间段中每项任务用的工时、完成工时的百分比。

跟踪单个任务的执行情况时，其操作可先在甘特图中选择指定的任务，然后选择【工具】|【跟踪】|【更新任务】命令，弹出如图 10-29 所示的对话框。

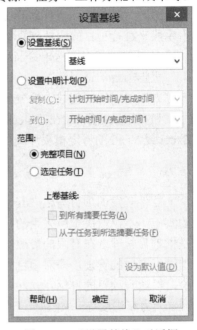

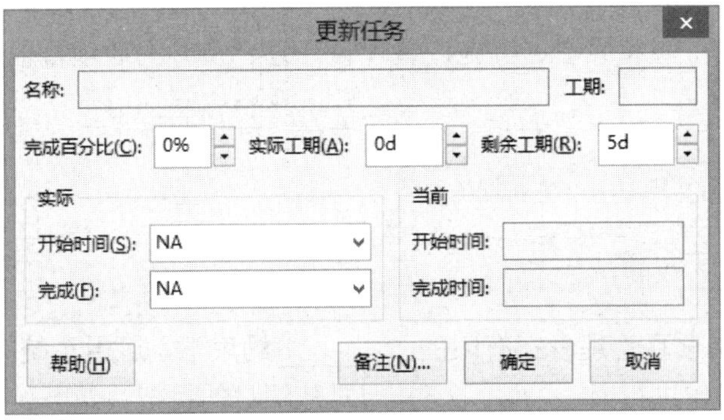

图 10-28 "设置基线"对话框

图 10-29 "更新任务"对话框

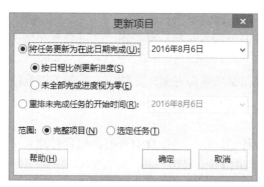

图 10-30 "更新项目"对话框

如果跟踪整个项目的进度，可以选择【工具】|【跟踪】|【更新项目】命令，弹出如图 10-30 所示的对话框。项目会在甘特图中把截止到今日之前项目的完成情况显示出来。

跟踪项目及任务进展的操作，还可以通过选择"跟踪"中的"进度线"来查看。进度线是反映项目进展状况的一条垂线，可根据设定的日期构建，以检查项目的进展。也可以通过保存项目执行过程中的多套比较基准，查看、分析实际状态与比较基准之间的偏差。

总之，制订完项目计划开始执行任务之前，要先保存比较基准，然后采用各种跟踪的技术手段来进行项目的跟踪和查看。

4. 项目状况的报告和分析

报告项目的进展情况，可以采用直接打印甘特图、复制图片、创建报表和创建可视化报表等方法来实现。创建的报表包括总览类报表、当前操作类报表、成本类报表、工作分配类报表和工作量类报表。在 Project 2013 中，增强了可视化报表功能，把项目视图信息以 Microsoft Excel 或 Visio 的特定模板形式生成可编辑的图表。

小 结

软件开发的项目与生产其他产品的工程项目一样，高质量、高效率地完成软件工程项目的实施，不仅取决于所采用的技术、方法和工具，还取决于项目计划和管理水平。项目管理是指项目管理者在有限的资源约束下，运用系统的观点、方法和理论，对项目设计的全部工作进行有效的管理，即对项目的投资决策的全过程进行计划、组织、指挥、协调、控制和评价，以达到项目的目标。软件项目管理过程中，包括制订计划（规定完成的任务、目标、资源、人力和进度等）、建立分工明确的责任组织、分配各种层次和类型的资源及指导项目进度完成情况。

Project 2013 就是集实用性、功能性和灵活性于一体的强大项目管理工具。为了更加合理、有效地规划和管理项目，提高工作效率，选择优秀的项目管理软件工具是非常重要的。对于许多行业，特别是软件工程，使用 Project 2013 计划和管理项目，可以有效组织、跟踪任务和资源，控制项目进度并按计划工期和预算运行。Project 2013 在项目管理中主要可以实现建立任务时间表、分配资源和成本、实施调整项目计划、及时沟通项目信息和跟踪项目进度等功能。

习 题

一、填空题

1. 项目管理是指项目管理者在有限的_____约束下，运用系统的观点、方法和理论，对项目设计的全部工作进行_____管理，即对从项目的投资决策开始到项目结束的全过程进行计划、组织、指挥、协调、_____和评价，以达到项目的目标。

2. 在软件项目管理过程中，包括制订_____、建立分工明确的_____、分配各种层次和各类型的资源及指导项目进度完成情况。

3. 在项目管理的知识领域中，核心领域是范围管理、_____、成本管理、_____管理与综合管理。

4. Project 2013 提供了 3 种类型的视图：任务视图、_____和工作分配视图，这些图通过使用不同的格式和组件来呈现项目信息。

二、简答题

1. Project 2013 系列产品有哪些版本？各种版本又有哪些特点？

2. Project 2013 工具在各种类型项目实施中的功能是非常丰富的，那么它在项目管理过程中的应用主要体现在哪些阶段？

3. 在资源计划将项目资源分配给任务时，如何处理过度分配？

4. 简述对一个项目的管理过程。

参 考 文 献

[1] 史济民，等. 软件工程——原理、方法与应用 [M]. 2 版. 北京：高等教育出版社，2003.
[2] 陆惠恩. 软件工程 [M]. 2 版. 北京：人民邮电出版社，2012.
[3] 张海潘. 软件工程导论 [M]. 4 版. 北京：清华大学出版社，2007.
[4] 王伟. 软件工程技术与实用开发工具 [M]. 北京：中国人民大学出版社，2010.
[5] 陈巧莉. 现代软件工程技术 [M]. 北京：北京邮电大学出版社，2012.
[6] 吴建，郑潮，汪杰. UML 基础和 ROSE 建模案例 [M]. 2 版. 北京：人民邮电出版社，2007.
[7] 陆丽娜. 软件工程 [M]. 北京：经济科学出版社，2007.
[8] 耿建敏，吴文国. 软件工程 [M]. 北京：清华大学出版社，2009.
[9] 管建军. 软件工程 [M]. 武汉：武汉大学出版社，2007.
[10] 韩万江，姜立新. 软件项目管理案例教程 [M]. 北京：机械工业出版社，2009.